# 電気電子数学入門

森　武昭
奥村 万規子
武尾 英哉　共著

森北出版株式会社

# まえがき

電気電子工学を学んでいくうえで，数学が必要不可欠であることはいうまでもない．著者の一人が，「電気電子工学のための基礎数学」を出版して 14 年の歳月が流れた．この間に大学・高専などの高等教育機関を取り巻く状況は大きく変わり，入学してくる学生のレベルや価値観も多様化している．前著では，数学を電気電子工学を学んでいくうえでの道具 (tool) として位置付け，数学的な説明は必要最低限に限定し，多数の例題や演習問題を通して，とにかく使えることを主眼としていた．ところが，最近では，この考え方だけでは機能しないという問題が生じている．すなわち，前著の入門編に相当する書の必要性が，本書の出版となった次第である．本書の特長はつぎの通りである．

① 各項目とも，最初に，数学的な説明をできるだけわかりやすく記している．
② その説明を十分理解できるように，[例] を示している
③ さらに，電気電子工学への応用を念頭に，【例題】を設けている．
④ 章末に基本的な問題を中心に多くの〈演習問題〉を設け，理解が進んだかどうかを自ら確認できるようにしている．
⑤ 最近の IT (情報技術) の進歩にも対応するように，離散数学入門の章を設けるとともに，PC (EXCEL) を利用する演習問題を設けている．
⑥ 一部 HP(ホームページ) も利用して，わかりやすいように工夫している．

なお，本書は大学・高専などで，週 1 回で 1 年間または週 2 回で半年間の講義を想定し，24 章で構成している．昨今，単位の実質化で半期 15 回が定着してきたが，残りの半期 3 回分については，時間不足となった章の追加授業，こまめな小テストの実施，総合演習など，理解を増進するための時間に使用していただくことが有効と考えた次第である．

わかりやすく丁寧をモットーに執筆したつもりであるが，本書が電気電子工学を理解するうえでの礎となれば幸いである．なお，誤りがないとも限らないので，お気付きの向きは何卒ご叱正をお願いしたい．

本書の出版にあたっては，著者らの意向を取り入れて 2 色刷りで出版していただけることになったのは有り難かった．お世話になった，森北出版の関係各位に深謝の意を表する．

2010 年 9 月

著者らしるす

# 目　次

# 第1章 整式の計算

電気電子工学の現象は数式や関数式で表現すると，その特性や物理的意味が理解しやすかったり，別の現象への展開を導けることが多々ある．この章では，その基礎となる整式の計算について述べる．

学習の目標
- □式の展開ができるようになる
- □2 次式の因数分解ができるようになる
- □整式の加算，減算，乗算，除算ができるようになる

## 1.1 整　式

### 1.1.1 整式の定義

$5x^2$，$-2xy$，$-3$ のようにいくつかの数や文字の積であらわされる式を**単項式**という．掛けあわせた文字の個数を単項式の**次数**といい，文字以外の部分を**係数**という．

**[例 1.1]** (1) 単項式 $5x^2$ の次数は 2，係数は 5 である．
(2) 単項式 $x$ の次数は 1，係数も 1 である．

$2x^2 - 7xy + y^2 + 8$ のように，いくつかの単項式の和であらわされる式を**多項式**という．多項式の各単項式をその多項式の**項**といい，文字を含まない項を**定数項**という．

単項式や多項式を**整式**とよび，整式の項のなかで，文字の部分が同じ項を**同類項**という．また，もっとも次数の高い項の次数をその整式の**次数**といい，次数が $n$ の整式を **$n$ 次式**という．

**[例 1.2]** $-5x + 2$ は 1 次式，$2x^3 + x^2 - 3x + 1$ は 3 次式である．

### 1.1.2 整式の加法・減法・定数倍

整式の定数倍は，係数を定数倍することによって計算され，和と差は同類項をまとめることによって計算される．

**[例 1.3]** $A = 2x^2 - x + 5$，$B = x^2 + 1$ のとき，$3A - 2B$ はつぎのようになる．

$$
\begin{aligned}
3A - 2B &= 3(2x^2 - x + 5) - 2(x^2 + 1) = 6x^2 - 3x + 15 - 2x^2 - 2 \\
&= 4x^2 - 3x + 13
\end{aligned}
$$

### 1.1.3 整式の乗法

整式の積は，つぎの指数法則と分配法則を用いて計算される．

**指数法則：** $a^m a^n = a^{m+n}, \quad (a^m)^n = a^{mn}, \quad (ab)^m = a^m b^m, \quad \dfrac{a^m}{a^n} = a^{m-n}$
**分配法則：** $A(B+C) = AB + AC, \quad (A+B)C = AC + BC$

**[例 1.4]** (1) $(3x-1)(x^2+2x-4) = 3x^3+6x^2-12x-x^2-2x+4$

$$= 3x^3+5x^2-14x+4$$

(2) $x^2(x+1)(2x-1) = (x^3+x^2)(2x-1) = 2x^4-x^3+2x^3-x^2$

$$= 2x^4+x^3-x^2$$

［例 1.4］のように，整式の積を計算して一つの整式にすることを，整式の積を**展開**するという．

## 1.2 式の展開

式の展開は，つぎに示す公式を使うと効率よく計算できる．

$$(a+b)^2 = a^2+2ab+b^2 \tag{1.1}$$

$$(a+b)(a-b) = a^2-b^2 \tag{1.2}$$

$$(x+a)(x+b) = x^2+(a+b)x+ab \tag{1.3}$$

$$(ax+b)(cx+d) = acx^2+(ad+bc)x+bd \tag{1.4}$$

$$(a+b)(a^2-ab+b^2) = a^3+b^3 \tag{1.5}$$

$$(a-b)(a^2+ab+b^2) = a^3-b^3 \tag{1.6}$$

$$(a+b)^3 = a^3+3a^2b+3ab^2+b^3 \tag{1.7}$$

$$(a-b)^3 = a^3-3a^2b+3ab^2-b^3 \tag{1.8}$$

**[例 1.5]** (1) $(3x+1)(2x-3) = 6x^2-7x-3$

(2) $(2x-1)^3 = 8x^3-12x^2+6x-1$

(3) $(a+b-c)^2 = \{(a+b)-c\}^2 = (a+b)^2 - 2(a+b)c + c^2$

$$= a^2 + 2ab + b^2 - 2ac - 2bc + c^2$$

$$= a^2 + b^2 + c^2 + 2ab - 2ac - 2bc$$

## 1.3 因数分解

一つの整式を二つ以上の整式の積の形にすることを**因数分解**するという．また，積をつくる整式をもとの整式の**因数**という．因数分解は展開と逆の操作である．

$$x^2 + 4x + 3 \underset{\text{展開}}{\overset{\text{因数分解}}{\rightleftarrows}} (x+1)(x+3)$$

因数分解はつぎのような手順で行う．

① 共通因数をくくり出す

各項に共通の因数があるならば，$ma + mb = m(a+b)$ のように，その**共通因数**をくくり出す．

② 因数分解の公式を利用する

1.2 節で述べた式 (1.1)〜(1.8) の展開の公式を左辺と右辺を逆にみると，因数分解の公式となる．

**[例 1.6]**　つぎの式を因数分解する．

(1) $a^2c - 4abc + 4b^2c = c(a^2 - 4ab + 4b^2) = c(a-2b)^2$

(2) $4x^2 - 9y^2 = (2x)^2 - (3y)^2 = (2x+3y)(2x-3y)$

(3) $x^2 - 5x + 6 = (x-2)(x-3)$

(4) $x^2 - xy - 6y^2 = (x+2y)(x-3y)$

**[例 1.7]**　$2x^2 + x - 3$ を因数分解する．

式 (1.4) の右辺 $acx^2 + (ad+bc)x + bd$ と $2x^2 + x - 3$ とを比較し，

$$ac = 2 \quad ①, \quad ad + bc = 1 \quad ②, \quad bd = -3 \quad ③$$

であるような $a$，$b$，$c$，$d$ をみつければよい．

①に着目して，$a = 1$，$c = 2$ とし，③を満たす $b$，$d$ としてつぎの 4 通りの場合を考える．

(1) $b = 1$，$d = -3$　　(2) $b = -3$，$d = 1$

(3) $b=-1,\ d=3$　　(4) $b=3,\ d=-1$

それぞれについて図1.1に示したやり方で $ad+bc$ を計算し，②を満たすものを探す．

$b=-1,\ d=3$ のとき $ad+bc=1$ となることから，因数分解はつぎのようになる．

$$2x^2+x-3=(x-1)(2x+3)$$

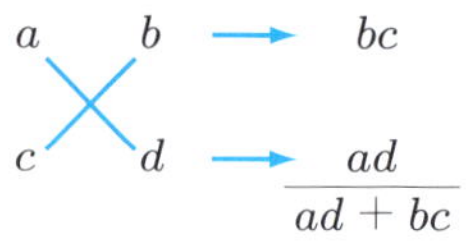


**図 1.1**　係数の計算 1

**[例 1.8]**　$6x^2+11xy-10y^2$ を因数分解する．図1.2の方法より，つぎのようになる．

$$6x^2+11xy-10y^2=(3x-2y)(2x+5y)$$

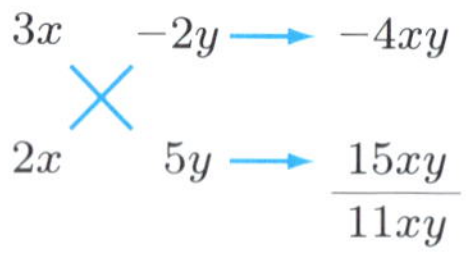


**図 1.2**　係数の計算 2

**[例 1.9]**　式 (1.5),(1.6) を用いて次式を因数分解する．

(1) $8x^3+125=(2x)^3+(5)^3=(2x+5)(4x^2-10x+25)$

(2) $x^3-27=x^3+(-3)^3=(x-3)(x^2+3x+9)$

**【例題 1.1】** つぎの式を因数分解せよ．

(1) $x^4-3x^3+2x^2$　　(2) $3x^2-4x-4$

**【解】**

(1) $x^4-3x^3+2x^2=x^2(x^2-3x+2)=x^2(x-1)(x-2)$

(2) $3x^2-4x-4=(3x+2)(x-2)$

## 1.4 整式の除法

### 1.4.1 整式の割り算

整式 $A(x)$ を整数 $B(x)$ で割ったときの商を $Q(x)$，余りを $R(x)$ とすると，

$$A(x)=B(x)Q(x)+R(x) \tag{1.9}$$

となる．このとき，$R(x)$ の次数は必ず $B(x)$ の次数より低くなる．

**[例 1.10]**　$A(x)=2x^3+x^2+4x+3,\quad B(x)=x^2+x-1$ のとき，式 (1.9) の $Q(x)$，$R(x)$ は，つぎのように計算することができる．

$$\begin{array}{r|l} & 2x - 1 \\ \cline{2-2} x^2+x-1 & 2x^3 + x^2 + 4x + 3 \\ & 2x^3 + 2x^2 - 2x \\ \cline{2-2} & \quad - x^2 + 6x + 3 \\ & \quad - x^2 - x + 1 \\ \cline{2-2} & \qquad\qquad 7x + 2 \end{array}$$

商は $Q(x) = 2x - 1$，余りは $R(x) = 7x + 2$ となり，つぎのように書くことができる．

$$2x^3 + x^2 + 4x + 3 = (x^2 + x - 1)(2x - 1) + 7x + 2$$

## 1.4.2　剰余の定理

整式 $F(x)$ を 1 次式 $ax + b$ で割ったとき，商 $Q(x)$，余り $R(x)$ との関係は, 式 (1.9) より，つぎのようになる．

$$F(x) = (ax + b)Q(x) + R(x) \tag{1.10}$$

式 (1.10) に $x = -b/a$ を代入すると，右辺の第 1 項目は 0 となるから，整式 $F(x)$ を $ax + b$ で割ったときの余りは $F(-b/a)$ となる．これを**剰余の定理**という．剰余とは余りのことである．

**[例 1.11]** $F(x) = 3x^3 - 2x + 4$ を $x - 1$ で割ったときの余りを求めるとつぎのようになる．

$$\begin{array}{r|l} & 3x^2 + 3x + 1 \\ \cline{2-2} x-1 & 3x^3 \qquad - 2x + 4 \\ & 3x^3 - 3x^2 \\ \cline{2-2} & \quad 3x^2 - 2x + 4 \\ & \quad 3x^2 - 3x \\ \cline{2-2} & \qquad\qquad x + 4 \\ & \qquad\qquad x - 1 \\ \cline{2-2} & \qquad\qquad\quad 5 \end{array}$$

商は $3x^2 + 3x + 1$，余りは 5 となり，つぎのように書くことができる．

$$F(x) = (x - 1)(3x^2 + 3x + 1) + 5$$

一方，剰余の定理を使うと，$F(x)$ に $x = 1$ を代入して，$F(1) = 3 - 2 + 4 = 5$

のように簡単に余りを求めることができる．

### 1.4.3 因数定理

式 (1.9) の $R(x)=0$ で余りが 0 のとき，すなわち，$A(x)=B(x)Q(x)$ のとき，$A(x)$ は $B(x)$ で割り切れるという．また，$B(x)$ や $Q(x)$ を $A(x)$ の**因数**という．

整式 $F(x)$ が $ax+b$ を因数にもつとき，剰余の定理より，つぎの**因数定理**が成り立つ．

整式 $F(x)$ が $ax+b$ を因数にもつ　$\iff$　$F\left(-\dfrac{b}{a}\right)=0$

因数定理は，因数分解に利用できる．

**[例 1.12]**　$F(x)=x^3+4x^2+x-6$ を因数分解する．

因数定理より，$F(x)$ が $x-a$ を因数にもつとき，$F(a)=0$ となる．したがって，本例では，$F(1)=1+4+1-6=0$ より，$F(x)$ は $x-1$ を因数にもつ．そこで，つぎのように $F(x)$ を $x-1$ で割ると商は $x^2+5x+6$ となる．

$$
\begin{array}{r|l}
 & x^2+5x+6 \\
\hline
x-1 & x^3+4x^2+x-6 \\
 & x^3-x^2 \\
\hline
 & 5x^2+x-6 \\
 & 5x^2-5x \\
\hline
 & 6x-6 \\
 & 6x-6 \\
\hline
 & 0
\end{array}
$$

$x^2+5x+6$ をさらに因数分解して，つぎのようになる．

$$
\begin{aligned}
F(x)&=(x-1)(x^2+5x+6)\\
&=(x-1)(x+2)(x+3)
\end{aligned}
$$

**【例題 1.2】** つぎの式を因数分解せよ．

$$F(x)=x^3+x^2-4x-4$$

**【解】**

$F(x)$ に $x=-1$ を代入すると $F(-1)=0$ になるから，$F(x)$ は $(x+1)$ を因数にもつことがわかる．

$$
\begin{array}{r|l}
 & x^2 \quad - 4 \\
x+1 & x^3+x^2-4x-4 \\
 & x^3+x^2 \\ \hline
 & \qquad -4x-4 \\
 & \qquad -4x-4 \\ \hline
 & \qquad\qquad 0
\end{array}
$$

したがって，つぎのように因数分解することができる．

$$x^3+x^2-4x-4=(x+1)(x^2-4)=(x+1)(x+2)(x-2)$$

## 演習問題

**〈1.1〉** つぎの式を展開せよ．

(1) $(a+2b)^2$　(2) $(x+3)(x-5)$
(3) $(5x+1)(2x-1)$　(4) $(x+3)(x-3)$
(5) $(x+2)(x+1)(x-2)(x-1)$　(6) $(x+1)(x^2-x+1)$
(7) $(x-2)(x^2+2x+4)$　(8) $(x+3)^3$
(9) $(2x-1)^3$　(10) $(x^2+2y)(x-3y)$

**〈1.2〉** つぎの式を因数分解せよ．

(1) $x^2-7x+12$　(2) $x^2+6x+8$　(3) $x^2-x-6$
(4) $x^2-9x+14$　(5) $x^3+5x^2+6x$　(6) $2x^2-x-3$
(7) $2x^2+5x-3$　(8) $8x^2-26xy+15y^2$　(9) $6x^2-5xy-6y^2$
(10) $x^4-1$　(11) $x^3-27$　(12) $x^6+8$

**〈1.3〉** 整式の除算を $x$ についておこない，商と余りを求めよ．

(1) $(2x^3+7x^2+11x+5)\div(x+1)$　(2) $(4x^3-6x^2-4x+17)\div(2x-3)$
(3) $(ax^2+bx+c)\div(x-1)$　(4) $(x^3+3x^2y+xy^2+3y^3)\div(x+y)$
(5) $(2x^4-3x^3-4x^2+5x+1)\div(x^2-x+1)$

**〈1.4〉** 剰余の定理を使ってつぎの値を求めよ．

(1) $F(x)=3x^3+2x^2+4x+5$ を $x+2$ で割ったときの余り
(2) $F(x)=x^3-5x^2-4x+13$ を $x-3$ で割ったときの余り
(3) $F(x)=2x^3+3x^2-5x-3$ を $2x+1$ で割ったときの余り

**〈1.5〉** つぎの式を因数分解せよ．

(1) $x^3+4x^2-x-4$　(2) $x^3-7x-6$
(3) $4x^3-3x-1$　(4) $x^3+6x^2+11x+6$
(5) $x^3-x^2-8x+12$　(6) $x^4+x^3-x-1$
(7) $x^4-x^3-x+1$　(8) $4x^3+4x^2-7x+2$

# 第2章 数と式

電気電子工学の現象を定量的に検討するためには，“数と式” の概念が重要である．とくに，「複素数」は交流電気回路では必須の項目となっている．また，2 次方程式の解も多方面で使用される．

学習の目標
- □複素数の性質を理解したうえで，四則演算ができるようになる
- □2 次方程式の種類の判別ができて，解が求められるようになる
- □分数式が計算できるようになる

## 2.1 数の種類

### 2.1.1 有理数

自然数 $1, 2, 3, \cdots$ と 0 および $-1, -2, -3, \cdots$ をあわせて**整数**という．整数 $m$ と 0 でない整数 $n$ を用いて $m/n$ とあらわされる数を**有理数**という．整数 $m$ は $m/1$ であるから，有理数である．

整数以外の有理数は，割り算により $1/4 = 0.25$ のような**有限小数**か，または，$2/15 = 0.13333\cdots$，$-4/7 = -0.5714285714285\cdots$ のようにいくつかの同じ数が無限に繰り返される無限小数になる．このような無限小数を**循環小数**という．循環小数は循環する部分の最初と最後の数字の上に記号・(ドット) をつけて，つぎのようにあらわす．

$$0.13333\cdots = 0.1\dot{3}, \quad -0.5714285714285\cdots = -0.\dot{5}7142\dot{8}$$

### 2.1.2 無理数

無限小数には，つぎのように循環しないものがある．

$$\sqrt{2} = 1.41421356233730\cdots, \quad \pi = 3.1415926535\cdots$$

このような数を**無理数**という．

### 2.1.3 実　数

有理数と無理数をあわせて**実数**という．

### 2.1.4　複素数

実数の 2 乗 (平方ともいう) は負になることはないので，$x^2 = -1$ は実数の範囲では解をもたない．そこで，このような方程式も解をもつように，数の範囲を広げる．

2 乗すると $-1$ となる数を文字 $i$ であらわし，**虚数単位**という．すなわち，$i$ は $i^2 = -1$ を満たす数である．

二つの実数 $a, b$ と虚数単位 $i$ を使って，$z = a + bi$ の形で表現できる数のことを**複素数** (complex number) という．ここで，

$$i = \sqrt{-1}$$

$a$ ：実部 (real part)[1)]

$b$ ：虚部 (imaginary part)

とあらわす．電気電子工学では，電流の記号として $i$ を使用することが多いので，虚数単位としては，$j$ という記号を使用し，虚数単位 $j$ は虚部 $b$ の前に書くことを慣習としている．一般に，電気電子工学の分野では複素数をつぎのように書きあらわす．

$$z = a + jb \tag{2.1}$$

### 2.1.5　数の種類

これらの数をまとめると，図 2.1 のようになる．

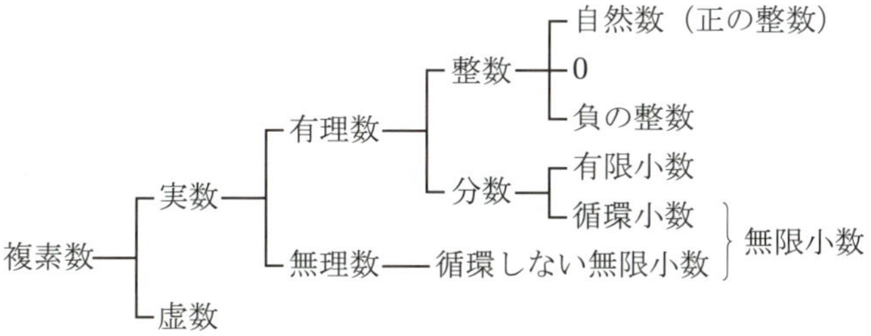


**図 2.1**　数の種類

### 2.1.6　平方根

2 乗して $a$ になる数を $a$ の**平方根**という．正の数 $a$ の平方根は $+$ と $-$ の二つある．たとえば，$a^2 = 3$ のとき，$a = \pm\sqrt{3}$ である．記号 $\sqrt{\phantom{x}}$ を**根号** (ルート) という．

分母に根号を含む式は，つぎのように，分母から根号をなくすことができる．

---

1) 実部は実数部，虚部は虚数部ともよぶ．

**[例 2.1]** (1) $\dfrac{1}{\sqrt{5}} = \dfrac{\sqrt{5}}{\sqrt{5}\sqrt{5}} = \dfrac{\sqrt{5}}{5}$

(2) $\dfrac{1}{\sqrt{3}+\sqrt{2}} = \dfrac{\sqrt{3}-\sqrt{2}}{(\sqrt{3}+\sqrt{2})(\sqrt{3}-\sqrt{2})} = \dfrac{\sqrt{3}-\sqrt{2}}{3-2} = \sqrt{3}-\sqrt{2}$

［例 2.1］(1) は分母分子に $\sqrt{5}$ を，(2) は分母分子に $(\sqrt{3}-\sqrt{2})$ をかけることによって，分母を有理数にすることができる．(2) では，式 (1.2) より，$(\sqrt{3}+\sqrt{2})(\sqrt{3}-\sqrt{2}) = (\sqrt{3})^2 - (\sqrt{2})^2 = 3-2 = 1$ となる．このような変形を**分母の有理化**という．

## 2.2 複素数とその演算

### 2.2.1 複素数の性質

複素数にはつぎのような性質がある．

$$a + jb = c + jd \quad \to \quad a = c,\ b = d$$

$$a + jb = 0 \quad \to \quad a = b = 0$$

また，虚数単位の定義より $j^2 = -1$ であり，次式が成り立つ．

$$\frac{1}{j} = \frac{j}{j \times j} = \frac{j}{-1} = -j$$

$z = a + jb$ のとき，$\overline{z} = \overline{a + jb} = a - jb$ を**共役**（きょうやく）**な複素数** (conjucate complex number) という．すなわち，虚部の符号のみ + と − を入れ替えたものが共役な複素数になる．

**[例 2.2]** 共役な複素数はつぎのようになる．

(1) $\overline{2 + j4} = 2 - j4$　　(2) $\overline{j5} = -j5$

(3) $\overline{-5} = -5$　(虚部が 0 のため，もとの複素数と等しくなる)

### 2.2.2 複素数の四則計算

① **加減算**

複素数の加法，減法はつぎのように実部と虚部を別々に計算する．

$$(a + jb) + (c + jd) = (a + c) + j(b + d)$$

$$(a + jb) - (c + jd) = (a - c) + j(b - d)$$

② 乗　算

乗法では虚数単位 $j$ を文字として扱うが，$j^2$ があらわれたら $-1$ に置き換える．

$$(a+jb)(c+jd)=ac+jad+jbc+j^2bd=(ac-bd)+j(ad+bc)$$

**[例 2.3]** (1) $(3+j2)+(4-j)=(3+4)+j(2-1)=7+j$

(2) $(3+j2)-(4-j)=(3-4)+j(2+1)=-1+j3$

(3) $(3+j2)(4-j)=12-j3+j8-j^22=14+j5$

(4) $(1-j)^2=1-j2+j^2=1-j2-1=-j2$

(5) $(3+j2)(3-j2)=9+j6-j6-j^24=9+4=13$

③ 除　算

複素数の除法は共役な複素数を利用して，分母を実数化し，つぎのように計算する．

$$\frac{a+jb}{c+jd}=\frac{(a+jb)(c-jd)}{(c+jd)(c-jd)}=\frac{ac-jad+jbc-j^2bd}{c^2-j^2d^2}$$
$$=\frac{(ac+bd)+j(bc-ad)}{c^2+d^2}$$

**[例 2.4]** $\dfrac{3+j}{2+j3}=\dfrac{(3+j)(2-j3)}{(2+j3)(2-j3)}=\dfrac{6-j9+j2+3}{4+9}=\dfrac{9-j7}{13}$

## 2.3 2次方程式

### 2.3.1 2次方程式の解

$a, b, c$ が実数で，$a \neq 0$ のとき，2次方程式 $ax^2+bx+c=0$ の解はつぎのように式を変形して求めることができる．

$$ax^2+bx+c=a\left(x^2+\frac{b}{a}x+\frac{c}{a}\right)=a\left\{\left(x+\frac{b}{2a}\right)^2-\frac{b^2}{4a^2}+\frac{c}{a}\right\}$$
$$=a\left\{\left(x+\frac{b}{2a}\right)^2-\frac{b^2-4ac}{4a^2}\right\}=0$$

より，

$$\left(x+\frac{b}{2a}\right)^2=\frac{b^2-4ac}{4a^2}$$

となる．$x^2 = p$ の解は $x = \pm\sqrt{p}$ となるので，

$$x + \frac{b}{2a} = \pm\frac{\sqrt{b^2 - 4ac}}{2a}$$

である．したがって，2 次方程式の解は次式であらわすことができる．

$$x = \frac{-b \pm \sqrt{b^2 - 4ac}}{2a} \tag{2.2}$$

数の範囲を複素数まで広げて考えると，$b^2 - 4ac < 0$ のときも，式 (2.2) の公式を使うことができる．

**[例 2.5]** (1) $2x^2 - 5x + 1 = 0$ の解は，つぎのようになる．

$$x = \frac{5 \pm \sqrt{25 - 8}}{4} = \frac{5 \pm \sqrt{17}}{4}$$

(2) $4x^2 - 4x + 1 = 0$ の解は，つぎのようになる．

$$x = \frac{4 \pm \sqrt{16 - 16}}{8} = \frac{1}{2}$$

(3) $x^2 + 2x + 3 = 0$ の解は，つぎのようになる．

$$x = \frac{-2 \pm \sqrt{4 - 12}}{2} = \frac{-2 \pm j\sqrt{8}}{2} = \frac{-2 \pm j2\sqrt{2}}{2} = -1 \pm j\sqrt{2}$$

### 2.3.2 判別式

実数を係数とする 2 次方程式 $ax^2 + bx + c = 0$ $(a \neq 0)$ の解は，式 (2.2) であるから，解の種類は根号のなかの式 $b^2 - 4ac$ の値で決まる．そこで，この式を**判別式**といい，記号 $D$ であらわす．$D = b^2 - 4ac$ において，つぎのようになる．

$D > 0$：異なる二つの実数解をもつ
$D = 0$：重解をもつ
$D < 0$：異なる二つの虚数解をもつ (二つの解は互いに共役な関係にある)

また，二つの解を $\alpha$，$\beta$ とすると，

$$ax^2 + bx + c = (x - \alpha)(x - \beta) = x^2 - (\alpha + \beta)x + \alpha\beta$$

より，解と係数にはつぎの関係にある．

$$\alpha + \beta = -\frac{b}{a}, \quad \alpha\beta = \frac{c}{a} \quad (a \neq 0)$$

**[例 2.6]** (1) $x^2-3x-1=0$ は $D=(-3)^2+4=13>0$ より，異なる二つの実数解をもつ．

$$x=\frac{3\pm\sqrt{9+4}}{2}=\frac{3\pm\sqrt{13}}{2}$$

(2) $9x^2-12x+4=0$ は $D=(-12)^2-4\times9\times4=144-144=0$ より，重解をもつ．

$$x=\frac{12\pm\sqrt{144-144}}{18}=\frac{2}{3}$$

(3) $x^2-2x+3=0$ は $D=(-2)^2-4\times3=-8<0$ より，異なる二つの虚数解をもつ．

$$x=\frac{2\pm\sqrt{4-12}}{2}=\frac{2\pm j\sqrt{8}}{2}=\frac{2\pm j2\sqrt{2}}{2}=1\pm j\sqrt{2}$$

## 2.4 分数式

整式 $A$ を 0 でない整式 $B$ で割ったとき，$A/B$ を**分数式**という．$A$ を分子式，$B$ を分母式という．

### 2.4.1 分数式の計算

分数式の加減剰余は，数の場合と同様におこなわれる．

$$\frac{A}{C}+\frac{B}{C}=\frac{A+B}{C},\quad \frac{A}{B}\times\frac{C}{D}=\frac{AC}{BD},\quad \frac{A}{B}\div\frac{C}{D}=\frac{A}{B}\times\frac{D}{C}=\frac{AD}{BC}$$

分母が異なる整式のときは，つぎのように通分して計算する．

$$\frac{B}{A}+\frac{D}{C}=\frac{BC+DA}{AC}$$

**[例 2.7]** (1) $$\frac{1}{\dfrac{1}{a}+\dfrac{1}{b}}=\frac{1}{\dfrac{a+b}{ab}}=\frac{ab}{a+b}$$

(2) $$\frac{1}{\dfrac{1}{3}+\dfrac{1}{2}}=\frac{1}{\dfrac{5}{6}}=\frac{6}{5}$$

(3) $$\frac{\dfrac{2}{3}}{-3+\dfrac{1}{2}+\dfrac{5}{6}}=\frac{\dfrac{2}{3}}{\dfrac{-18+3+5}{6}}=\frac{\dfrac{2}{3}}{-\dfrac{10}{6}}=-\frac{12}{30}=-\frac{2}{5}$$

**[例 2.8]** $$\frac{2}{x+1}-\frac{3}{x-2}=\frac{2(x-2)-3(x+1)}{(x+1)(x-2)}=\frac{-x-7}{(x+1)(x-2)}$$

### 2.4.2 分数式の変形

分子式の次数が，分母式の次数以上の分数式については，整式と分数式の和の形に変形できる．

$$A(x) = B(x)Q(x) + R(x)$$

$$\frac{A(x)}{B(x)} = Q(x) + \frac{R(x)}{B(x)}$$

より，分数式 $\dfrac{2x^2 - 3x - 3}{x - 2}$ はつぎのように整式の割り算になる．

$$\begin{array}{r|l} & \quad 2x + \ \ 1 \\ \hline x - 2 & 2x^2 - 3x - 3 \\ & 2x^2 - 4x \\ \hline & \qquad\quad x - 3 \\ & \qquad\quad x - 2 \\ \hline & \qquad\qquad -1 \end{array}$$

その結果，$A(x) = 2x^2 - 3x - 3$，$B(x) = x - 2$，$Q(x) = 2x + 1$，$R(x) = -1$ より，つぎのように書くことができる．

$$\frac{2x^2 - 3x - 3}{x - 2} = 2x + 1 - \frac{1}{x - 2}$$

**[例 2.9]**

$$\begin{array}{r|l} & \qquad 2 \\ \hline x - 1 & 2x - 1 \\ & 2x - 2 \\ \hline & \qquad\ 1 \end{array}$$

であるから，$\dfrac{2x - 1}{x - 1} = 2 + \dfrac{1}{x - 1}$ となる．

**【例題 2.1】** 抵抗 $R_1$ [Ω] と $R_2$ [Ω] が図 2.2(a) のように並列に接続されているとき，合成抵抗 $R$ はつぎのように計算する．図 2.2(b) の合成抵抗を求めよ．

$$\frac{1}{R} = \frac{1}{R_1} + \frac{1}{R_2} \text{ より}$$

$$R = \frac{1}{\dfrac{1}{R_1} + \dfrac{1}{R_2}}$$

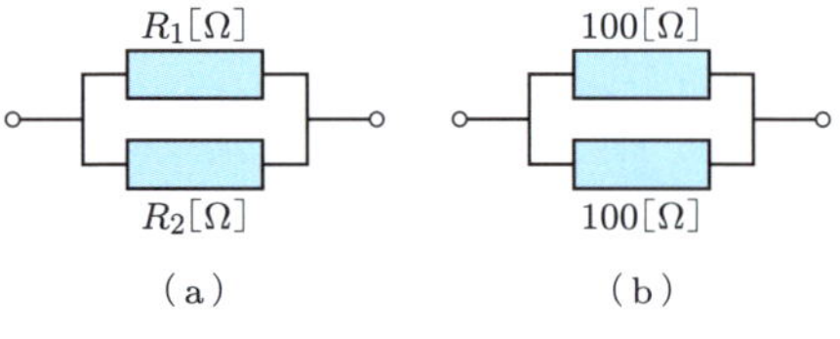


**図 2.2**　抵抗の並列接続

【解】

$$\frac{1}{\dfrac{1}{100}+\dfrac{1}{100}}=\frac{1}{\dfrac{2}{100}}=\frac{100}{2}=50\ [\Omega]$$

【例題 2.2】 図 2.3 のように接続された ab 間の合成抵抗 $R_{\rm ab}$ を求めよ．

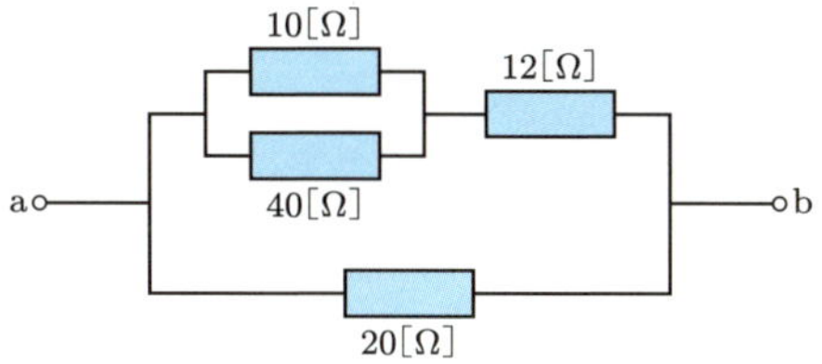


**図 2.3**　抵抗の並直列接続

【解】

10 [Ω] と 40 [Ω] の並列抵抗は，

$$\frac{1}{\dfrac{1}{10}+\dfrac{1}{40}}=\frac{1}{\dfrac{50}{400}}=\frac{400}{50}=8\ [\Omega]$$

となるので，ab 間の合成抵抗 $R_{\rm ab}$ はつぎのようになる．

$$R_{\rm ab}=\frac{1}{\dfrac{1}{8+12}+\dfrac{1}{20}}=\frac{1}{\dfrac{1}{20}+\dfrac{1}{20}}=\frac{1}{\dfrac{40}{400}}=10\ [\Omega]$$

## 演習問題

**〈2.1〉** つぎの分数の計算をせよ．

(1) $\dfrac{\dfrac{1}{30}}{\dfrac{1}{10}+\dfrac{1}{20}}$　(2) $\dfrac{\dfrac{3}{4}}{\dfrac{5}{3}}$　(3) $\dfrac{\dfrac{1}{6}+\dfrac{3}{2}}{\dfrac{5}{2}}$

(4) $\dfrac{1}{10+\dfrac{1}{50}}$　(5) $\dfrac{1}{\dfrac{1}{20}+\dfrac{1}{20}+\dfrac{1}{20}+\dfrac{1}{20}}$　(6) $\dfrac{1}{\dfrac{1}{R}+\dfrac{1}{R}+\dfrac{1}{R}}$

(7) $\dfrac{1}{\dfrac{1}{R_1}+\dfrac{1}{R_2}+\dfrac{1}{R_3}}$　(8) $\dfrac{1}{\dfrac{2}{5}+\dfrac{3}{\dfrac{1}{6}+\dfrac{2}{3}}}$　(9) $\dfrac{1}{\dfrac{1}{\dfrac{1}{R_1}+\dfrac{1}{R_2}}+R_3}$

**〈2.2〉** つぎの無理式を簡単にせよ．

(1) $\dfrac{1}{\sqrt{6}+\sqrt{3}}$　(2) $\dfrac{1}{2\sqrt{3}-\sqrt{7}}$　(3) $\dfrac{\sqrt{3}+\sqrt{5}}{2\sqrt{2}-\sqrt{7}}$

(4) $\dfrac{1}{(\sqrt{3}-1)(\sqrt{3}+2)}$　(5) $\dfrac{a}{\sqrt{a^2+1}+\sqrt{a^2-1}}$　(6) $\dfrac{1+\sqrt{2}}{1-\sqrt{2}}-\dfrac{1-\sqrt{2}}{1+\sqrt{2}}$

**〈2.3〉** つぎの複素数の共役な複素数を求めよ．

(1) $-5+j2$　(2) $3-j5$　(3) $-2$

(4) $j3$　(5) $-2-j\sqrt{2}$　(6) $\dfrac{1}{2}-j\dfrac{\sqrt{3}}{2}$

**〈2.4〉** つぎの複素数の計算をせよ．

(1) $(1+j5)+(2-j3)$　(2) $(2-j5)-(2+j4)$　(3) $(-1+j3)-3(2+j)$

(4) $\left(\dfrac{1}{2}-j\dfrac{3}{2}\right)-\left(\dfrac{3}{2}+j\dfrac{1}{2}\right)$　(5) $\dfrac{1}{2}(3-j)+\dfrac{2}{5}(-2+j3)$　(6) $-\dfrac{1+j\sqrt{3}}{2}+\dfrac{1-j\sqrt{3}}{6}$

**〈2.5〉** つぎの複素数の計算をせよ．

(1) $(3+j2)(2+j4)$　(2) $(-2+j)(3-j2)$　(3) $(1-j2)(4+j2)$

(4) $(-1+j3)(2-j3)$　(5) $(2+j)(2-j)$　(6) $\dfrac{1}{1+j}$

(7) $\dfrac{1}{1-j}$　(8) $(1-j)^2$　(9) $\dfrac{3+j2}{2+j}$

(10) $\dfrac{-3+j}{4-j3}$

**〈2.6〉** つぎの 2 次方程式の解を求めよ．

(1) $2x^2+5x-3=0$　(2) $3x^2-2x-3=0$　(3) $x^2+2x+3=0$

(4) $4x^2+x-2=0$　(5) $9x^2+6x+1=0$　(6) $4x^2-12x+9=0$

**〈2.7〉** つぎの分数式を整式と分数式の和に変形せよ．

(1) $\dfrac{3x-2}{x+1}$　(2) $\dfrac{x+1}{2x-1}$　(3) $\dfrac{2x^2+x+1}{x-1}$

**〈2.8〉** 図 2.4 に示すように，抵抗 $R$ [Ω] に電圧計 V と電流計 A を接続して，これらの読みから抵抗値を測定する．いま，電圧計の内部抵抗が $r_{\mathrm{V}}$ [Ω]，電流計の内部抵抗が $r_{\mathrm{A}}$ [Ω] のとき，つぎの問に答えよ．ただし，$r_{\mathrm{V}}$ は電圧計と並列に，$r_{\mathrm{A}}$ は電流計と直列に接続されているものとする．

(1) ab 間の合成抵抗 $R_{\mathrm{ab}}$ を $r_{\mathrm{V}}, r_{\mathrm{A}}, R$ であらわせ．
(2) 電流計の読み $I$ [A] を $r_{\mathrm{V}}, r_{\mathrm{A}}, R, E$ であらわせ．
(3) 電圧計の読み $V$ [V] を $r_{\mathrm{V}}, r_{\mathrm{A}}, R, E$ であらわせ．
(4) 測定した抵抗値 $R_{\mathrm{m}} = V/I$ [Ω] を求めよ．
(5) $R = 10$ [Ω]，$r_{\mathrm{A}} = 0.1$ [Ω]，$r_{\mathrm{V}} = 10$ [kΩ] とし，ab 間に $E = 10$ [V] の電圧を加えたときの電流 $I$，電圧 $V$，測定した $R_{\mathrm{m}}$ を計算せよ．

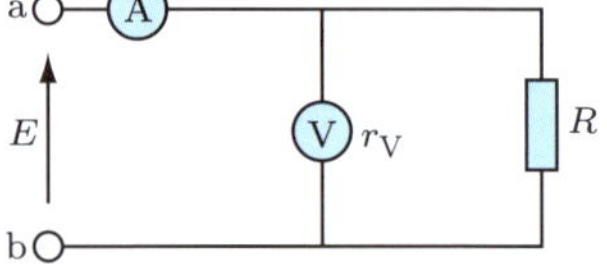


**図 2.4**　抵抗値を測定する回路

# 第3章 部分分数分解

過渡現象 (電気回路でスイッチングなどにより回路条件が変化する際に時間に対する電圧や電流の特性を扱う) を取り扱う制御系の解析では，「ラプラス変換」「逆ラプラス変換」を用いることが多いが [1)]，その計算過程では，本章で述べる "分数式を部分分数に分解" する手法がよく用いられる．

学習の目標
- □分母式から部分分数に分解したときの解の形が分かるようになる
- □部分分数に分解したときの係数が求められるようになる

## 3.1 部分分数分解の基本

分数式 $F(x) = P(x)/Q(x)$ において，分子式 $P(x)$ の次数が分母式 $Q(x)$ の次数より低く，分母式 $Q(x)$ が多項式の積であらわされるとき，分数式 $F(x)$ は複数の分数式の和であらわすことができる．これを部分分数に分解するという．

分母式 $= 0$ の方程式の解がつぎの 3 通りの場合について，それぞれどのような形に分解することができるかを示す．

### 3.1.1 分母式が異なる実数解の場合

分母式が異なる実数解の場合，つぎのような形に分解することができる．

$$\frac{P(x)}{(x+a_m)(x+a_{m-1})\cdots(x+a_1)} = \frac{A_m}{x+a_m} + \frac{A_{m-1}}{x+a_{m-1}} + \cdots + \frac{A_1}{x+a_1}$$

ここで，$A_m$ は定数であり，求め方は 3.2 節で述べる．

**[例 3.1]** $$\frac{x-1}{(x-2)(x+1)} = \frac{A_2}{x-2} + \frac{A_1}{x+1}$$

### 3.1.2 分母式に重解を含む場合

分母に $m$ 重解を含む場合，つぎのような形に分解することができる．

$$\frac{P(x)}{(x+a)^m} = \frac{A_m}{(x+a)^m} + \frac{A_{m-1}}{(x+a)^{m-1}} + \cdots + \frac{A_2}{(x+a)^2} + \frac{A_1}{x+a}$$

---

1) ラプラス変換については，たとえば，「続電気回路の基礎 (第 2 版) (森北出版)」を参照．

**[例 3.2]** $\dfrac{x-1}{(x+1)^2} = \dfrac{A_2}{(x+1)^2} + \dfrac{A_1}{x+1}$

### 3.1.3 分母式に虚数解を含む場合

分母式に虚数解を含む場合，すなわち，実数の範囲で因数分解できない場合は，分母式は 2 次式のままの形で，つぎのように分解することができる．

$$\frac{2x}{(x+1)(x^2+x+1)} = \frac{A}{x+1} + \frac{Bx+C}{x^2+x+1}$$

ここで，第 2 項目の分子式は定数ではなく，1 次式になることに注意する．

## 3.2 係数の求め方

[例 3.1]で示した $\dfrac{x-1}{(x-2)(x+1)}$ を**数値代入法**を用いて部分分数に分解する．

部分分数に分解したときの各係数を $A, B$ とおき，通分すると，

$$\frac{x-1}{(x-2)(x+1)} = \frac{A}{x-2} + \frac{B}{x+1} = \frac{A(x+1)+B(x-2)}{(x-2)(x+1)}$$

となる．もとの式の分子式と通分後の分子式は等しいから次式が成り立つ．

$$x-1 = A(x+1)+B(x-2) \tag{3.1}$$

式 (3.1) は，あらゆる $x$ について成り立つから，$x$ にはどんな値を代入してもよい．そのため，簡単に計算できる $x$ を選び，$A$，$B$ を求める．式 (3.1) の場合，係数 $A$，または $B$ を含む項が 0 になる値を代入すると，計算が簡単になる．たとえば，$x=-1$ を代入すると，係数 $A$ を含む項は 0 となり，

$$-2 = -3B$$

より，$B=2/3$ となる．また，$x=2$ を代入すると，係数 $B$ を含む項は 0 となり，

$$1 = 3A$$

より，$A=1/3$ となる．したがって，つぎのように部分分数に分解することができる．

$$\frac{x-1}{(x-2)(x+1)} = \frac{1}{3(x-2)} + \frac{2}{3(x+1)}$$

**【例題 3.1】** つぎの分数式を部分分数に分解せよ．

$$\frac{4x+2}{x(x+1)(x+2)}$$

**【解】**

$$\begin{aligned}\frac{4x+2}{x(x+1)(x+2)} &= \frac{A}{x}+\frac{B}{x+1}+\frac{C}{x+2}\\ &= \frac{A(x+1)(x+2)+Bx(x+2)+Cx(x+1)}{x(x+1)(x+2)}\end{aligned}$$

これより，以下の式が成り立つ．

$$4x+2 = A(x+1)(x+2)+Bx(x+2)+Cx(x+1) \tag{3.2}$$

式 (3.2) に $x=0$ を代入すると，係数 $B$ と $C$ を含む項は 0 となり，

$$2 = 2A \text{ より，} A = 1$$

となる．また，$x=-1$ を代入すると，係数 $A$ と $C$ を含む項は 0 となり，

$$-2 = -B \text{ より，} B = 2$$

となる．最後に，$x=-2$ を代入すると，係数 $A$ と $B$ を含む項は 0 となり，

$$-6 = 2C \text{ より，} C = -3$$

となる．これより，つぎのように部分分数に分解できる．

$$\frac{4x+2}{x(x+1)(x+2)} = \frac{1}{x}+\frac{2}{x+1}-\frac{3}{x+2}$$

**【例題 3.2】** ［例 3.2］で示したつぎの分数式を部分分数に分解せよ．

$$\frac{x-1}{(x+1)^2}$$

**【解】**

$$\frac{x-1}{(x+1)^2} = \frac{A}{(x+1)^2}+\frac{B}{x+1} = \frac{A+B(x+1)}{(x+1)^2} \tag{3.3}$$

もとの式の分子式と通分後の分子式は等しいから，つぎのようになる．

$$x-1 = A+B(x+1) \tag{3.4}$$

式 (3.4) に $x=-1$ を代入すると，係数 $B$ の項は 0 となり，

$$A = -2$$

である．一方，$x$ に何を代入しても係数 $A$ の項を 0 にすることはできないから，式 (3.4) に $A=-2$ と，たとえば，$x=0$ を代入する．ここで，$x$ にはどんな値を代入してもよいため，なるべく簡単に計算できる値を選ぶ．

$$-1 = -2 + B \text{ より，} B = 1$$

式 (3.3) に求めた係数を代入して，つぎのように部分分数に分解できる．

$$\frac{x-1}{(x+1)^2} = -\frac{2}{(x+1)^2} + \frac{1}{x+1}$$

**【例題 3.3】** つぎの分数式を部分分数に分解せよ．

$$\frac{2x}{(x+1)(x^2+x+1)}$$

**【解】**

$$\frac{2x}{(x+1)(x^2+x+1)} = \frac{A}{x+1} + \frac{Bx+C}{x^2+x+1}$$
$$= \frac{A(x^2+x+1)+(Bx+C)(x+1)}{(x+1)(x^2+x+1)}$$

より，次式が成り立つ．

$$2x = A(x^2+x+1) + (Bx+C)(x+1) \tag{3.5}$$

式 (3.5) に $x = -1$ を代入すると，右辺第 2 項が 0 となり，

$$A = -2$$

となる．また，$A = -2$ と，たとえば，$x = 0$ を代入すると，

$$C = 2$$

となる．つぎに，$A = -2, C = 2, x = 1$ を代入すると，

$$2 = -2 \cdot 3 + (B+2) \cdot 2 \text{ より，} B = 2$$

となる．したがって，部分分数に分解した式はつぎのようになる．

$$\frac{2x}{(x+1)(x^2+x+1)} = \frac{-2}{x+1} + \frac{2x+2}{x^2+x+1} = \frac{-2}{x+1} + \frac{2(x+1)}{x^2+x+1}$$

**【例題 3.4】** つぎの分数式を部分分数に分解せよ．

$$\frac{-x^3+x+2}{x^4+3x^3+2x^2}$$

**【解】**

分母式はつぎのように因数分解できる．

$$x^4+3x^3+2x^2 = x^2(x^2+3x+2) = x^2(x+1)(x+2)$$

分母式が重解を含むため，つぎの形式に部分分数分解できる．

$$\frac{-x^3+x+2}{x^4+3x^3+2x^2} = \frac{-x^3+x+2}{x^2(x+1)(x+2)} = \frac{A}{x^2} + \frac{B}{x} + \frac{C}{x+1} + \frac{D}{x+2}$$

上式を通分すると，

$$\frac{A(x+1)(x+2)+Bx(x+1)(x+2)+Cx^2(x+2)+Dx^2(x+1)}{x^2(x+1)(x+2)}$$

となる．もとの式と通分後の分子式は等しいから，次式が成り立つ．

$$\begin{aligned}&-x^3+x+2\\&=A(x+1)(x+2)+Bx(x+1)(x+2)+Cx^2(x+2)+Dx^2(x+1)\end{aligned} \tag{3.6}$$

式 (3.6) に $x=0$ を代入すると，$B, C, D$ を含む項は 0 となり，

$2=2A$ より，$A=1$

となる．式 (3.6) に $x=-2$ を代入すると，$A, B, C$ を含む項は 0 となり，

$8-2+2=D\cdot 4\cdot(-1)$ より，$D=-2$

となる．式 (3.6) に $x=-1$ を代入すると，$A, B, D$ を含む項は 0 となり，

$1-1+2=C$ より，$C=2$

となる．最後に，$A=1$，$C=2$，$D=-2$ と，たとえば，$x=1$ を代入すると，

$-1+1+2=1\cdot 2\cdot 3+B\cdot 1\cdot 2\cdot 3\cdot +2\cdot 1\cdot 3-2\cdot 1\cdot 2$ より，$B=-1$

となる．したがって，つぎのように部分分数に分解できる．

$$\frac{-x^3+x+2}{x^4+3x^3+2x^2}=\frac{1}{x^2}-\frac{1}{x}+\frac{2}{x+1}-\frac{2}{x+2}$$

## 演習問題

**〈3.1〉** つぎの分数式を部分分数に分解したときの係数 $A, B$ を求めよ．

(1) $\dfrac{3}{(x-1)(x+2)}=\dfrac{A}{x-1}+\dfrac{B}{x+2}$　(2) $\dfrac{x}{(x+3)(x+2)}=\dfrac{A}{x+3}+\dfrac{B}{x+2}$

**〈3.2〉** つぎの分数式を部分分数に分解せよ．

(1) $\dfrac{x+2}{(x+1)(x+3)}$　(2) $\dfrac{1}{(x-1)(x-2)}$　(3) $\dfrac{x+7}{(x+3)(x-1)}$

(4) $\dfrac{2x+9}{(x+2)(x+3)}$　(5) $\dfrac{3}{(x+1)(x+4)}$　(6) $\dfrac{2}{(x+4)(x+2)}$

**〈3.3〉** つぎの分数式を部分分数に分解せよ．

(1) $\dfrac{x+3}{x^2+3x+2}$　(2) $\dfrac{3x}{x^2-2x-8}$　(3) $\dfrac{6}{x^2-4x-5}$

(4) $\dfrac{5}{x^2-3x-4}$　(5) $\dfrac{3x-7}{x^2-5x+6}$　(6) $\dfrac{2x+3}{x^2+5x+6}$

**〈3.4〉** つぎの分数式を部分分数に分解したときの係数 $A, B, C$ を求めよ．

(1) $\dfrac{4x+1}{(x+2)(x^2-x+1)}=\dfrac{A}{x+2}+\dfrac{Bx+C}{x^2-x+1}$

(2) $\dfrac{x}{(x+2)(x+1)^2} = \dfrac{A}{x+2} + \dfrac{B}{(x+1)^2} + \dfrac{C}{x+1}$

**〈3.5〉** つぎの分数式を部分分数に分解せよ.

(1) $\dfrac{3}{x(x^2+3)}$ (2) $\dfrac{x^2+x+1}{(x-1)(x^2+1)}$ (3) $\dfrac{3x^2+5x-4}{(x+2)(x^2+2x-1)}$

(4) $\dfrac{3}{x^3-1}$ (5) $\dfrac{4}{x^4-1}$ (6) $\dfrac{-2x^2+12x-1}{x^3-2x^2-2x+1}$

**〈3.6〉** つぎの分数式を部分分数に分解せよ.

(1) $\dfrac{1}{x(x-2)^2}$ (2) $\dfrac{x-1}{x^2(x+1)}$ (3) $\dfrac{-x+7}{(x-1)^2(x+2)}$

(4) $\dfrac{5x+3}{(x+1)^2(x-1)}$ (5) $\dfrac{x+1}{x^4-3x^3+2x^2}$ (6) $\dfrac{x^2+2x+3}{x^3+5x^2+8x+4}$

**〈3.7〉** つぎの分数式を部分分数に分解せよ.

(1) $\dfrac{6x-7}{4x^2-11x+6}$ (2) $\dfrac{x^2+6x+6}{x^3+5x^2+6x}$ (3) $\dfrac{x^2-2}{x^3+3x^2+2x}$

(4) $\dfrac{x-1}{x^3+1}$ (5) $\dfrac{x^2+x+1}{x^3-x^2+x-1}$ (6) $\dfrac{2}{x^3+3x^2+2x}$

(7) $\dfrac{x+1}{x^2(x^2+1)}$ (8) $\dfrac{3x+1}{x^3+2x^2-x-2}$ (9) $\dfrac{1}{x^4-6x^3+5x^2+24x-36}$

# 第4章 関数と平面図形

電気電子工学の現象を式で取り扱ったり，それを図形で表現すると，現象を理解したり応用する際に便利である．その場合の式はいろいろな関数を用いてあらわす．本章では，関数について述べるとともに，それを図形としてあらわすことにより関数への理解を深める．

学習の目標
- □関数の値域と定義域を求められるようになる
- □与えられた条件から直線 (一次式) の式が求められるようになる
- □2 直線の関係がわかるようになる
- □2 次関数，円，楕円の図が描けるようになる
- □式や図において，与えられた条件で平行移動できるようになる

## 4.1 関数の種類

二つの集合の間の関係を決める規則を関数という．たとえば，二つの変数 $x, y$ があって，$x$ の値が決まれば，それにともなって $y$ の値が決まるとき，$y$ は $x$ の関数であるという．我々が学ぶ初等関数は図 4.1 のように，整式関数，分数関数，無理関数などの代数関数と，指数関数，対数関数，三角算数などの超越関数に分類できる．

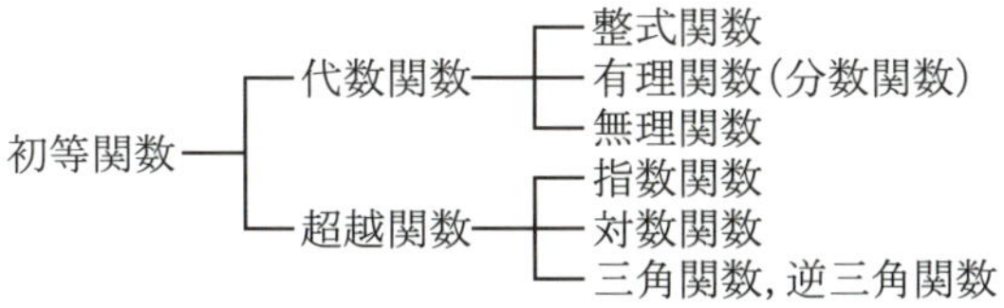


**図 4.1**　関数の種類

## 4.2 定義域と値域

$x$ の関数 $y$ を $f(x)$ と書いて，変数 $x$ と $y$ の対応規則を $y = f(x)$ とあらわすとき，$y = f(x)$ の変数 $x$ の取り得る範囲を**定義域**という．定義域 $x$ に対して $y$ の取り得る範囲を**値域**という．

**[例 4.1]** $y = \dfrac{x+3}{x+2}$ の定義域と値域は，$y = \dfrac{x+3}{x+2} = 1 + \dfrac{1}{x+2}$ より，それぞれ，$-\infty < x < \infty (x \neq -2)$，$-\infty < y < \infty (y \neq 1)$ となる．また，このグラフは図 4.2 のようになる．

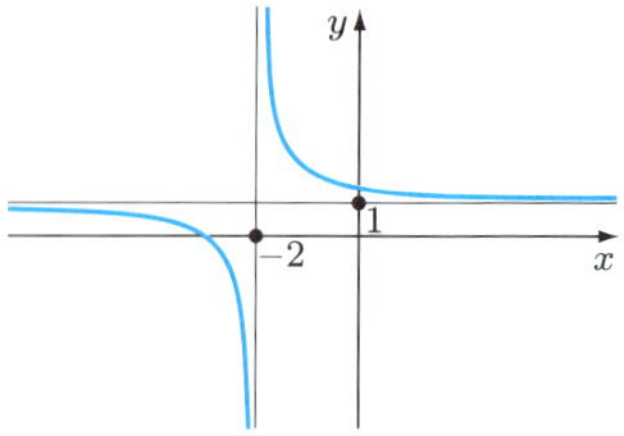


**図 4.2**　[例 4.1]のグラフ

## 4.3 関数とグラフ

平面上に原点 O と，O で垂直に交わる $x$ 軸，$y$ 軸を定めたとき，この平面を座標平面という．座標平面は，座標軸によって四つの部分に分けられ，それぞれを図 4.3 のように，反時計回りに**第 1 象限**，**第 2 象限**，**第 3 象限**，**第 4 象限**という．図 4.4 は，方程式 $y = f(x)$ を満たす関数のグラフである．

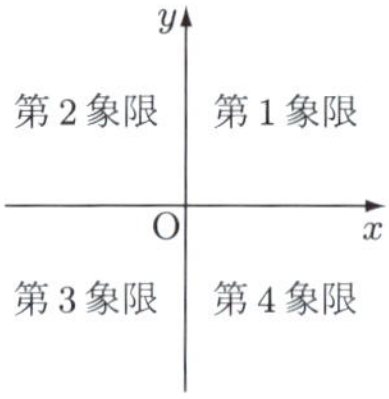


**図 4.3**　座標平面

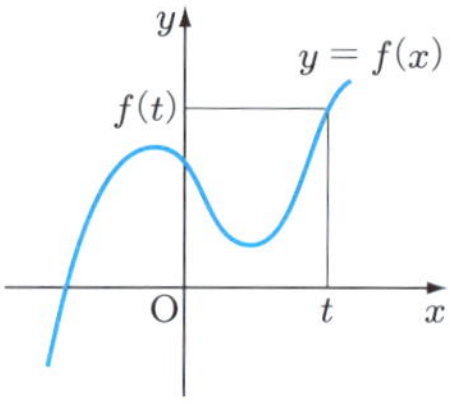


**図 4.4**　関数のグラフ

### 4.3.1 1 次関数

1 次関数 $y = ax + b$ のグラフは傾きが $a$，$y$ 切片が $b$ の直線であり，$y$ 軸と座標 $(0, b)$ で交わる．図 4.5(a) は，傾きが正のグラフ，図 4.5(b) は傾きが負のグラフである．また，図 4.6 のように，点 $(b, 0)$ を通り，$y$ 軸に平行な直線の方程式は $x = b$ となり，図 4.7 のように，点 $(0, b)$ を通り，$x$ 軸に平行な直線の方程式は $y = b$ となる．

これらの直線の方程式は，つぎの形でもあらわされる．

$$ax + by + c = 0$$

ただし，$a \neq 0$ または，$b \neq 0$ である．

また，点 $(x_1, y_1)$ を通り，傾きが $a$ である直線の方程式は次式となる．

$$y - y_1 = a(x - x_1) \tag{4.1}$$

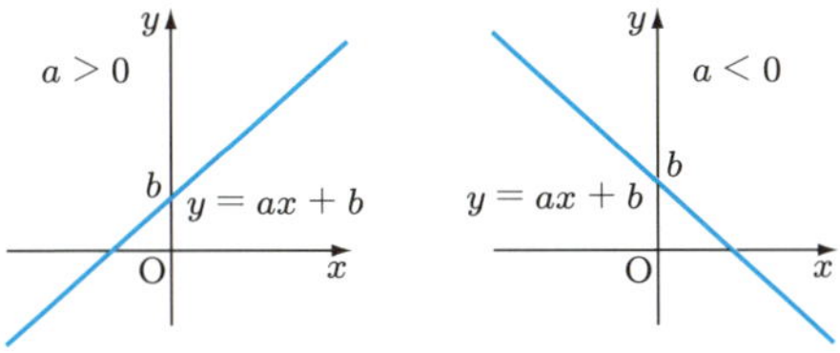


（a）傾きが正のグラフ （b）傾きが負ののグラフ

**図 4.5** 1 次関数のグラフ

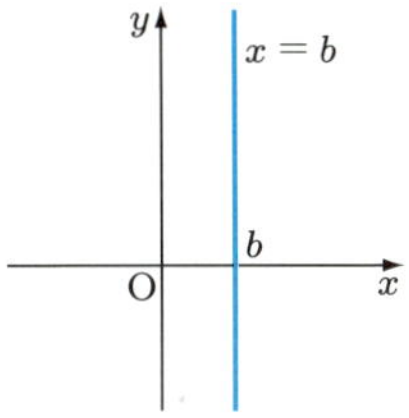


**図 4.6** $x = b$ のグラフ

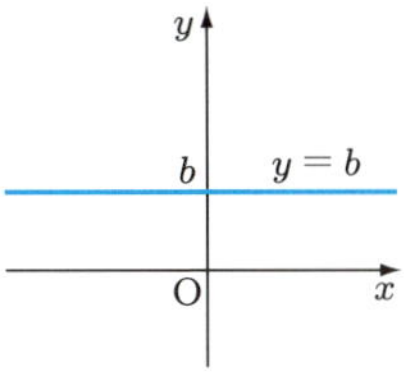


**図 4.7** $y = b$ のグラフ

2 点を通る直線の方程式は次式となる．

$$x_1 \neq x_2 \text{ のとき：} y - y_1 = \frac{y_2 - y_1}{x_2 - x_1}(x - x_1) \tag{4.2}$$

$$x_1 = x_2 \text{ のとき：} x = x_1 \tag{4.3}$$

2 直線 $y = a_1x + b_1$，$y = a_2x + b_2$ の位置関係はつぎの通りである．

交差：$a_1 \neq a_2$

直交：$a_1a_2 = -1$

平行：$a_1 = a_2$，$b_1 \neq b_2$

一致：$a_1 = a_2$，$b_1 = b_2$

これらの 2 直線の傾きと位置を図 4.8 に示す．

**[例 4.2]** (1) 原点を通って，直線 $y = 3x - 1$ に平行な直線は $y = 3x$ である．

(2) 点 (2,1) を通って，直線 $2x + 3y = 2$ に垂直な直線はつぎのように求める．$y = -\frac{2}{3}x + \frac{2}{3}$ より，もとの直線の傾きは $-\frac{2}{3}$ だから，この直

線と垂直な傾きは $\frac{3}{2}$ である．したがって，$y-1=\frac{3}{2}(x-2)$ より，$y=\frac{3}{2}x-2$ となる．

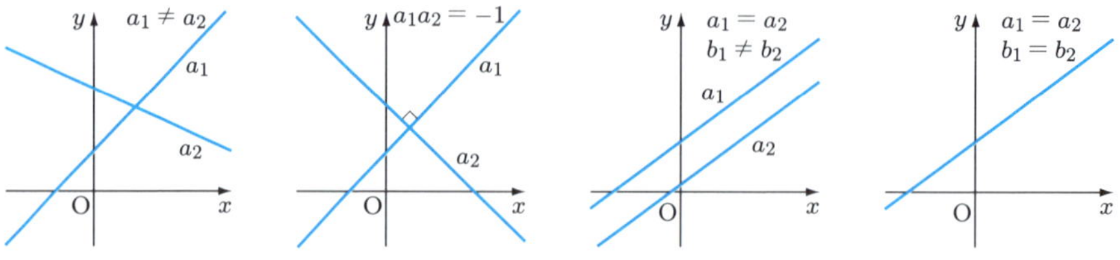


（a）交差　（b）直交　（c）平行　（d）一致

**図 4.8**　2 直線の傾きと位置

## 4.3.2　2 次関数

$y=ax^2+bx+c\ (a \neq 0)$ のように，$y$ が $x$ の 2 次式であらわされる関数を **2 次関数**といい，2 次関数のグラフを**放物線**という．放物線は，つぎのような性質がある．

① $a>0$ のとき，下に凸となる (図 4.9(a))．
　$a<0$ のとき，上に凸となる (図 4.9(b)，第 13 章 微分の応用 (その 1) 参照)．

② 判別式 $D=b^2-4ac$ との関係では，つぎのようになる．
　$D>0$ のとき，$x$ 軸と 2 点で交わる (図 4.10(a))．
　$D=0$ のとき，$x$ 軸と 1 点で交わる (図 4.10(b))．
　$D<0$ のとき，$x$ 軸と交わらない (図 4.10(c))．

③ $y=ax^2+bx+c=a\left(x+\frac{b}{2a}\right)^2-\frac{b^2-4ac}{4a}$ より，頂点は点 $\left(-\frac{b}{2a},-\frac{b^2-4ac}{4a}\right)$，$y$ 軸との交点は，点 $(0,c)$ となる．また，下に凸のグラフは頂点が最小値に，上に凸のグラフは頂点が最大値となる．

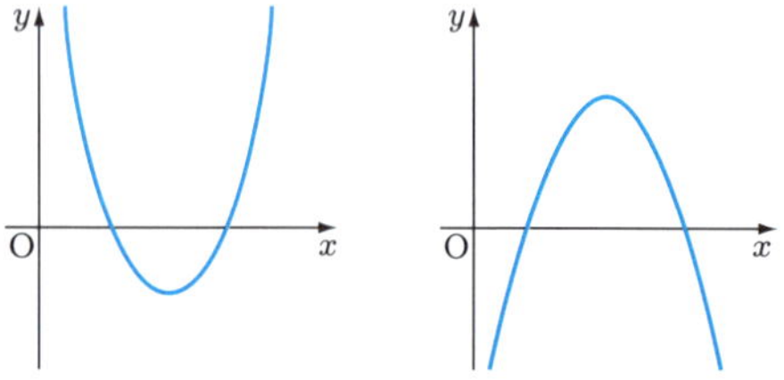


（a）下に凸の放物線　（b）上に凸の放物線

**図 4.9**　放物線

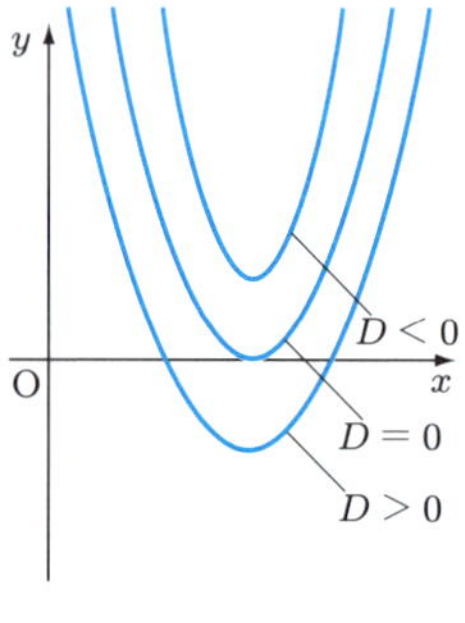


**図 4.10**　$D$ とグラフの関係 ($a>0$ の場合)

**[例 4.3]** $y = 2x^2 + 6x + 1$ のグラフはつぎのようになる.

$$
\begin{aligned}
y &= 2(x^2 + 3x) + 1 \\
&= 2\left(x + \frac{3}{2}\right)^2 - 2 \times \frac{9}{4} + 1 \\
&= 2\left(x + \frac{3}{2}\right)^2 - \frac{7}{2}
\end{aligned}
$$

したがって，頂点の座標は $(-3/2, -7/2)$ で, 下に凸，$y$ 軸と座標 $(0, 1)$ で交わる放物線となる (図 4.11).

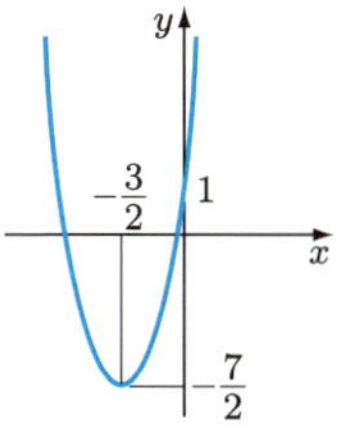


**図 4.11** [例 4.3]のグラフ

**[例 4.4]** $y = -3x^2 + 12x - 9$ の定義域と値域はつぎのようになる.

$$
\begin{aligned}
y &= -3(x^2 - 4x) - 9 \\
&= -3(x - 2)^2 + 3 \times 4 - 9 \\
&= -3(x - 2)^2 + 3
\end{aligned}
$$

よって，上に凸で $y$ の最大値は $+3$ である．したがって，定義域は $-\infty < x < \infty$, 値域は $-\infty < y \leqq 3$ となる.

### 4.3.3 円

点 $(a, b)$ を中心とする半径 $r$ の**円の方程式**は次式となる.

$$
(x - a)^2 + (y - b)^2 = r^2 \tag{4.4}
$$

**[例 4.5]** (1) 原点を中心する半径 1 の円の方程式は，つぎのようになる.

$$
x^2 + y^2 = 1
$$

(2) 中心が $(2, -1)$，半径が 3 の円の方程式は，つぎのようになる.

$$
(x - 2)^2 + (y + 1)^2 = 9
$$

**【例題 4.1】** 点 (2, 4) を中心とし，原点を通る円の方程式を求めよ．

**【解】**

図 4.12 より，半径は $\sqrt{2^2+4^2}=\sqrt{20}$ である．したがって，求める円の方程式はつぎのようになる．

$$(x-2)^2+(y-4)^2=20$$

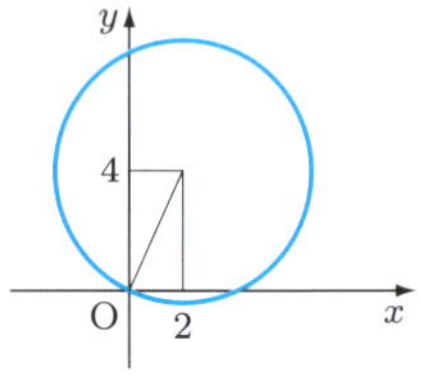


**図 4.12**　【例題 4.1】の円

**【例題 4.2】** $x^2+y^2-4x+10y+20=0$ を図示せよ．

**【解】**

$(x-2)^2-4+(y+5)^2-25+20=0$ より，$(x-2)^2+(y+5)^2=9$ である．したがって，図 4.13 に示すような中心 $(2, -5)$，半径 3 の円となる．

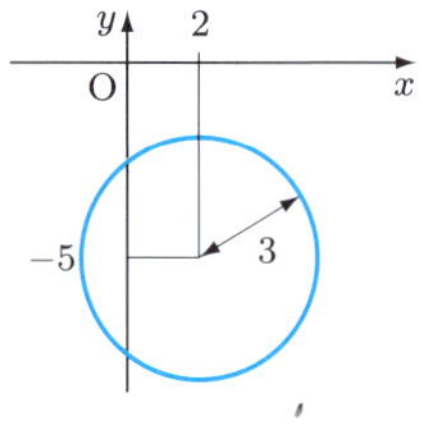


**図 4.13**　【例題 4.2】の円

### 4.3.4 楕　円

原点を中心とし，$x$ 軸と $\pm a$ で交わり，$y$ 軸と $\pm b$ で交わる**楕円の方程式**はつぎのようになる．

$$\frac{x^2}{a^2}+\frac{y^2}{b^2}=1 \tag{4.5}$$

式 (4.5) の表現は楕円の方程式の基本形であり，右辺はいつも 1 である．

**【例題 4.3】** 方程式 $4x^2+y^2=4$ を図示せよ．

【解】

右辺を 1 にするために両辺を 4 で割ると，

$$x^2 + \frac{y^2}{4} = 1$$

$$x^2 + \frac{y^2}{2^2} = 1$$

となり，図 4.14 に示すような $x$ 軸と $\pm 1$，$y$ 軸と $\pm 2$ で交わる楕円となる．

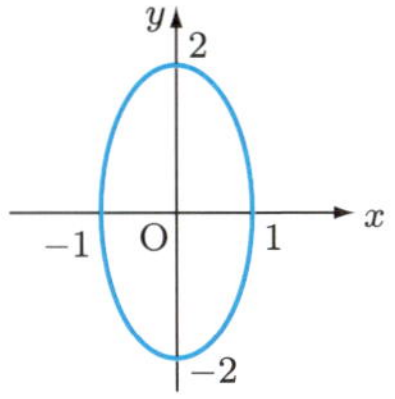


**図 4.14**　【例題 4.3】の楕円

## 4.4 図形の平行移動

$y = f(x)$ のグラフを $x$ 軸の正の向きに $p$，$y$ 軸の正の向きに $q$ だけ平行移動したものは次式であらわされる（図 4.15）．

$$y - q = f(x - p) \qquad (4.6)$$

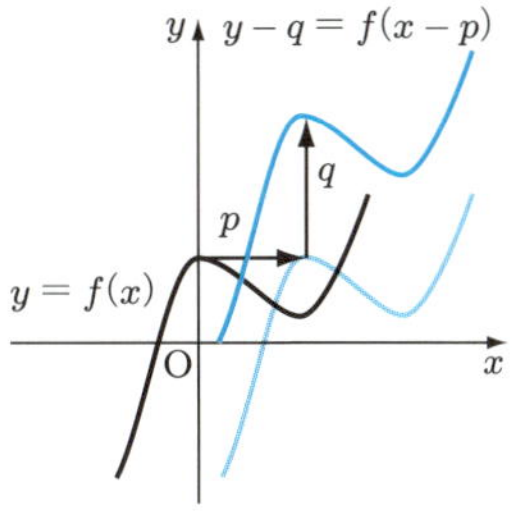


**図 4.15**　図形の平行移動

**［例 4.6］**　直線 $2x + 3y = 2$ を $x$ 軸方向に $+2$，$y$ 軸方向に $+1$ だけ平行移動した直線の方程式は，もとの式の $x$ に $x - 2$ を代入し，$y$ に $y - 1$ を代入すればよいから，$2(x - 2) + 3(y - 1) = 2$ より，$2x + 3y = 9$ となる．

**［例 4.7］**　放物線 $y = 3x^2 + x$ を $x$ 軸方向に $+1$，$y$ 軸方向に $-3$ だけ平行移動した放物線の方程式は，もとの式の $x$ に $x - 1$ を代入し，$y$ に $y + 3$ を代入すればよいから，$y + 3 = 3(x - 1)^2 + (x - 1)$，すなわち，$y = 3x^2 - 5x - 1$ である．

**［例 4.8］**　$(x - 1)^2 + \dfrac{(y + 2)^2}{4} = 1$ のグラフは，図 4.16 のように【例題 4.3】の楕円を $x$ 軸方向に $+1$，$y$ 軸方向に $-2$ 平行移動した楕円となる．

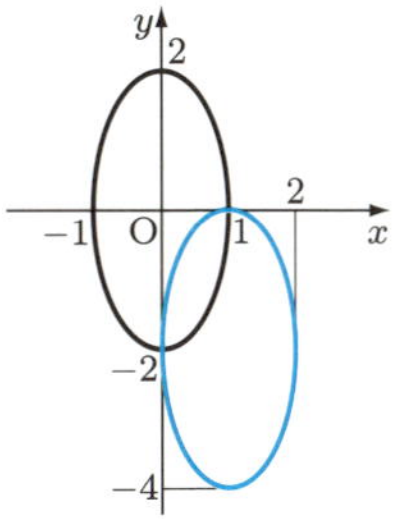


**図 4.16**　［例 4.8］の楕円

**【例題 4.4】** 方程式 $4x^2 + 9y^2 - 8x - 36y + 4 = 0$ を図示せよ.

**【解】**

与式はつぎのように楕円の方程式に変形できる.

$$4(x^2 - 2x) + 9(y^2 - 4y) + 4 = 0$$

$$\{4(x-1)^2 - 4\} + \{9(y-2)^2 - 36\} + 4 = 0$$

$$4(x-1)^2 + 9(y-2)^2 = 36$$

$$\frac{(x-1)^2}{9} + \frac{(y-2)^2}{4} = 1$$

$$\frac{(x-1)^2}{3^2} + \frac{(y-2)^2}{2^2} = 1$$

したがって, $x$ 軸と $\pm 3$ で交わり, $y$ 軸と $\pm 2$ で交わる楕円を $x$ 軸方向に $+1$, $y$ 軸方向に $+2$ 平行移動した楕円となる (図 4.17 参照).

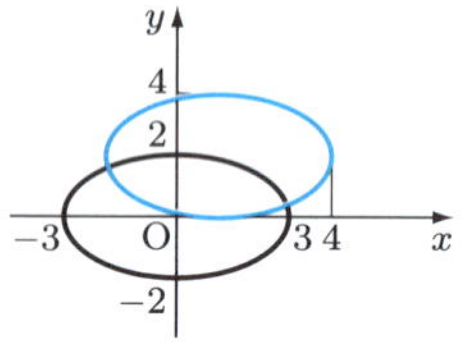


**図 4.17**　【例題 4.4】の楕円

**PC(EXCEL) を使った演習**

EXCEL を使ってつぎの関数のグラフを描け.

(1) $y = -3x^2 + 12x - 9$, $z = 3x^2 - 12x - 4$　($-1 \leqq x \leqq 5$, 0.5 刻み)

(2) $x^2 + y^2 = 4$　($-2 \leqq x \leqq 2$, $-2 \leqq y \leqq 2$, 0.1 刻み)

解答はホームページ http://www.morikita.co.jp/soft/73471/index.html を参照.

## 演習問題

**〈4.1〉** つぎの関数の定義域と値域を求めよ.

(1) $y = \dfrac{1}{x}$　　(2) $y = \log_{10} x$　　(3) $y = 5\sin x$

(4) $y = \sqrt{x^2 - 4}$　　(5) $y = \sqrt{1 - x^2}$　　(6) $y = \dfrac{3 - x}{x - 2}$

(7) $y = 3x^2 - 9x - 1$　　(8) $y = -2x^2 + 7x + 3$

**〈4.2〉** つぎの直線の式を求めよ.

(1) 点 $(-3, 1)$ と点 $(2, 7)$ を通る直線

(2) 点 $(-1, 6)$ を通り, 傾き $-4$ の直線

(3) 点 $(1, 5)$ を通り, $y = \dfrac{2}{3}x - 1$ に平行な直線

(4) 点 $\left(-\dfrac{1}{2}, \dfrac{3}{5}\right)$ を通り, $y = \dfrac{4}{5}x - 1$ に垂直な直線

**〈4.3〉** つぎの方程式を図示せよ.

(1) $y = -2$　　(2) $x = 3$　　(3) $3x - 2y = 6$

(4) $\frac{1}{2}x + \frac{2}{3}y = 2$　(5) $2y - x^2 + 2 = 0$　(6) $y + 2x^2 - 6 = 0$

**⟨4.4⟩** つぎの 2 次曲線を図示せよ．

(1) $y = 2x^2 - 4x + 3$　(2) $y = -\frac{1}{2}x^2 + x + 5$　(3) $(x+1)^2 + (y-1)^2 = 4$

(4) $(x-2)^2 + (y-1)^2 = 9$　(5) $\frac{x^2}{4} + \frac{y^2}{9} = 1$　(6) $4x^2 + \frac{9}{4}y^2 = 1$

**⟨4.5⟩** つぎの方程式を求め，図示せよ．

(1) $-2x + 3y - 8 = 0$ を $x$ 軸方向に $+1$，$y$ 軸方向に $-2$，平行移動した直線．

(2) $2x^2 - 4x - y = 0$ を $x$ 軸方向に $-1$，$y$ 軸方向に $+3$，平行移動した曲線．

(3) $(x-1)^2 + y^2 = 1$ と $y$ 軸に対して対称な曲線 (もとの方程式の図を描いてから，その図形と対称な図形を描き，方程式を求めるとよい)．

**⟨4.6⟩** つぎの 2 次曲線を図示せよ．

(1) $x^2 + 16y^2 = 4$　(2) $\frac{(x+2)^2}{4} + \frac{(y-1)^2}{9} = 1$　(3) $\frac{(x-1)^2}{18} + \frac{(y-2)^2}{8} = 2$

**⟨4.7⟩** つぎの 2 次曲線の種類を述べ，図示せよ．

(1) $x^2 + y^2 + 2x - 4y + 1 = 0$　(2) $x^2 + y^2 - 2x - 4y = 0$

(3) $x^2 + 4x + y + 5 = 0$　(4) $9x^2 + 4y^2 - 36x - 8y + 4 = 0$

(5) $4x^2 + 9y^2 - 18y - 27 = 0$　(6) $x^2 + 4y^2 - 2x - 3 = 0$

**⟨4.8⟩** $x = 4\sin\omega t$, $y = 4\cos\omega t$ において，$t$ を 0 から 1 周期 $(2\pi/\omega)$ まで変化させたとき，点 $(x, y)$ の軌跡はどのようになるか．

ヒント：$\sin^2\omega t + \cos^2\omega t = 1$ を利用して，$\omega t$ を消去する．この問題は第 5 章の三角関数を学んだあとに解いてもよい．

# 第5章 三角関数(その1)

交流電気回路をはじめ，電気電子工学の分野では三角関数を非常によく用いる．また，本章で学ぶ三角関数の公式などもよく用いられるので，これらを理解しておくことは必須である．

学習の目標
- □角度表示における度数法と弧度法の変換ができるようになる
- □sin, cos, tan の定義，相互関係式，主な値，象限と符号の関係を理解する
- □加法定理と倍角の公式が使えるようになる
- □三角関数の積を和または差であらわす式およびその逆をあらわす式を使えるようになる

## 5.1 一般角と角度の表示法

### 5.1.1 一般角

図 5.1 のように，$x$ 軸上にある半直線 OP が点 O を中心として回転するとき，回転する半直線 OP を動径という．動径の回転において，時計の針の回転と逆の向きを**正の向き**，時計の針の回転と同じ向きを**負の向き**といい，角の大きさに符号をつけてあらわす．ここで，動径が回転する量を考えると，360°より大きい角や，負の角も考えることができる．このように，角の大きさを制限しないで，正負の符号も含めて考えた角を**一般角**という．

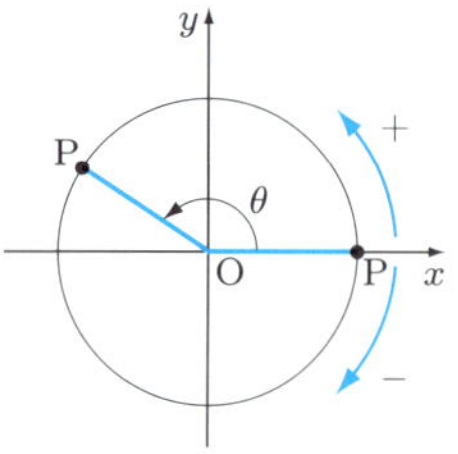


図 5.1　動径と一般角

### 5.1.2 角度の表示法

角度の大きさのあらわし方には，**度数法**と**弧度法**がある．弧度法は，半径 $r$ の円において，弧の長さを $l$，中心角の大きさを $\theta$ としたとき，$\theta = l/r$ で角の大きさをあらわし，単位として [**rad**] (**ラジアン**) を用いる．とくに，$l$ が半円周のとき，$l = \pi r$ であるから，中心角の大きさは，$(\pi r)/r = \pi$ である．一方，これは度数法では 180°であるから，つぎの関係が成り立つ．

$$180^\circ = \pi \ [\mathrm{rad}]$$

$1^\circ = \pi/180$ [rad] であり，度から弧度に変換するには，$\pi/180$ をかける．逆に，

$1\ [\mathrm{rad}] = 180^\circ/\pi$ であり，弧度から度に変換するには，$180/\pi$ をかける．なお，弧度法では，単位 [rad] を省略することが多い．

**[例 5.1]** 度と弧度の変換計算するとつぎのようになる．

(1)　$150^\circ = 150 \times \dfrac{\pi}{180} = \dfrac{5}{6}\pi\ [\mathrm{rad}]$　　(2)　$\dfrac{7}{6}\pi\ [\mathrm{rad}] = \dfrac{7}{6}\pi \times \dfrac{180}{\pi} = 210^\circ$

## 5.2 三角関数の定義

### 5.2.1 三角比

直角三角形の鋭角 $(0 < \theta < \pi/2)$ の一つを $\theta$ とし，斜辺の長さを $r$，ほかの辺の長さを図 5.2 のように $x$，$y$ とするとき，**正弦** (サイン)，**余弦** (コサイン)，**正接** (タンジェント) をつぎのように定義する．

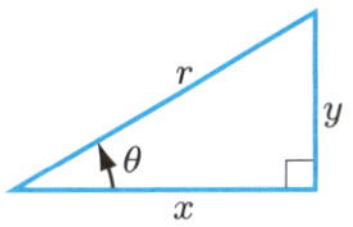


図 5.2　直角三角形

$$\sin\theta = \frac{y}{r}, \quad \cos\theta = \frac{x}{r}, \quad \tan\theta = \frac{y}{x} \quad (x \neq 0)$$

### 5.2.2 三角関数

三角比 $\sin\theta$, $\cos\theta$, $\tan\theta$ における $\theta$ を，一般角 (鋭角に限らない)$\theta$ に拡張する．図 5.3 で示す座標平面上で，角 $\theta$ の動径と原点を中心とする半径 $r$ の円との交点 $P$ の座標を $(x, y)$ とする．このとき，三角比と同様に，$\sin\theta$, $\cos\theta$, $\tan\theta$ をつぎのように定める．

$$\sin\theta = \frac{y}{r}, \quad \cos\theta = \frac{x}{r}, \quad \tan\theta = \frac{y}{x} \quad (x \neq 0) \tag{5.1}$$

これらを，一般角 $\theta$ の正弦，余弦，正接といい，まとめて**三角関数**という．ただし，$\tan\theta$ は $x = 0$ となるような $\theta$ に対しては定義されない．

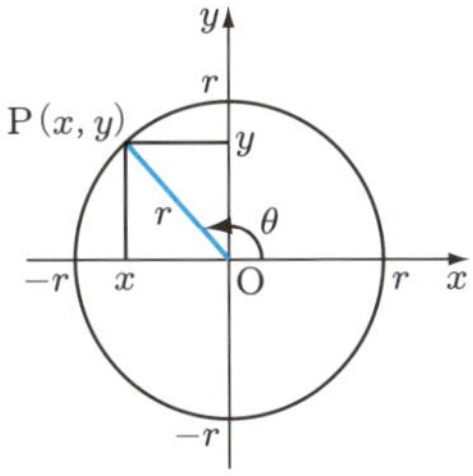


図 5.3　三角関数の定義のための座標平面

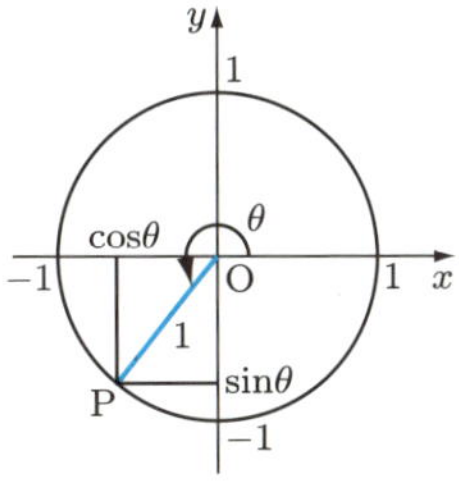


図 5.4　単位円の場合

$r = 1$ のとき (このような円を単位円という), 図5.4に示すように, $y$ 座標が $\sin\theta$ の値となり, $x$ 座標が $\cos\theta$ の値となる.

角度 $\theta$ が $0 \leqq \theta \leqq \pi/2$ の場合の三角関数の主な値は表5.1の通りである. この表の値は, 非常によく用いられる. また, $\theta$ がこれらの倍数, その負の値も5.3節の三角関数の基本公式を利用して求めることができる. また, 三角関数の値の符号は, $\theta$ のとる象限により表5.2のようになる.

**表 5.1**　三角関数の主な値

| $\theta$ | $0\ (0^\circ)$ | $\frac{\pi}{6}\ (30^\circ)$ | $\frac{\pi}{4}\ (45^\circ)$ | $\frac{\pi}{3}\ (60^\circ)$ | $\frac{\pi}{2}\ (90^\circ)$ |
|---|---|---|---|---|---|
| $\sin\theta$ | $0$ | $\frac{1}{2}$ | $\frac{1}{\sqrt{2}}$ | $\frac{\sqrt{3}}{2}$ | $1$ |
| $\cos\theta$ | $1$ | $\frac{\sqrt{3}}{2}$ | $\frac{1}{\sqrt{2}}$ | $\frac{1}{2}$ | $0$ |
| $\tan\theta$ | $0$ | $\frac{1}{\sqrt{3}}$ | $1$ | $\sqrt{3}$ | $*$ |

$*$ $\pi/2$ より小さい値から限りなく $\pi/2$ に近づいたときは $+\infty$ となり, $\pi/2$ より大きい値から限りなく $\pi/2$ に近づいたときは $-\infty$ となる. $\theta = \pi/2$ のときは解をもたない.

**表 5.2**　三角関数の符号

| $\theta$ の象限 | 1 | 2 | 3 | 4 |
|---|---|---|---|---|
| $\sin\theta$ | $+$ | $+$ | $-$ | $-$ |
| $\cos\theta$ | $+$ | $-$ | $-$ | $+$ |
| $\tan\theta$ | $+$ | $-$ | $+$ | $-$ |

## 5.3 三角関数の基本公式

### 5.3.1 三角関数の相互関係

式 (5.1) より, 三角関数にはつぎのような関係が成り立ち, $\theta$ の象限と, $\sin\theta$, $\cos\theta$, $\tan\theta$ のいずれか一つの値がわかれば, ほかの三角関数の値がわかる.

$$\tan\theta = \frac{\sin\theta}{\cos\theta} \tag{5.2}$$

$$\sin^2\theta + \cos^2\theta = 1 \tag{5.3}$$

式 (5.3) は三平方の定理 $x^2 + y^2 = r^2$ より容易に求められる.

### 5.3.2 いろいろな角の三角関数

$n$ が整数であるとき, 角 $\theta + 2n\pi$ の動径は角 $\theta$ の動径と一致する. したがって, つぎの公式が得られる.

$$\left.\begin{aligned} \sin(\theta + 2n\pi) &= \sin\theta \\ \cos(\theta + 2n\pi) &= \cos\theta \\ \tan(\theta + 2n\pi) &= \tan\theta \end{aligned}\right\} \tag{5.4}$$

図 5.5(a) に示すように，角 $\theta$ の動径と角 $-\theta$ の動径は $x$ 軸に対して対称であるから，つぎの公式が得られる．

$$\left.\begin{aligned}\sin(-\theta) &= -\sin\theta\\ \cos(-\theta) &= \cos\theta\\ \tan(-\theta) &= -\tan\theta\end{aligned}\right\} \tag{5.5}$$

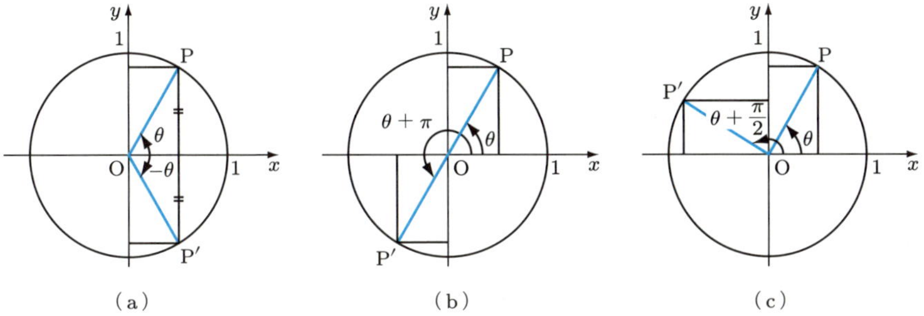


**図 5.5**　いろいろな角の三角関数

図 5.5(b) に示すように，角 $\theta$ の動径と角 $\theta+\pi$ の動径は原点に対して対称であるから，つぎの公式が得られる．

$$\left.\begin{aligned}\sin(\theta+\pi) &= -\sin\theta\\ \cos(\theta+\pi) &= -\cos\theta\\ \tan(\theta+\pi) &= \tan\theta\end{aligned}\right\} \tag{5.6}$$

図 5.5(c) に示すように，角 $\theta$ の動径と角 $\theta+\pi/2$ の動径を考えると，つぎの公式が得られる．

$$\left.\begin{aligned}\sin\left(\theta+\frac{\pi}{2}\right) &= \cos\theta\\ \cos\left(\theta+\frac{\pi}{2}\right) &= -\sin\theta\\ \tan\left(\theta+\frac{\pi}{2}\right) &= -\frac{1}{\tan\theta}\end{aligned}\right\} \tag{5.7}$$

**[例 5.2]**　式 (5.4)〜(5.7) を用いて，大きい角度の三角関数の値を求める．

(1) $\sin\left(-\frac{5}{3}\pi\right) = -\sin\left(\frac{5}{3}\pi\right) = -\sin\left(2\pi-\frac{\pi}{3}\right) = -\sin\left(-\frac{\pi}{3}\right) = \sin\left(\frac{\pi}{3}\right)$

$$= \frac{\sqrt{3}}{2}$$

(2) $\cos\left(\dfrac{10}{3}\pi\right) = \cos\left(4\pi - \dfrac{2}{3}\pi\right) = \cos\left(-\dfrac{2}{3}\pi\right) = -\cos\left(-\dfrac{2}{3}\pi + \pi\right)$

$= -\cos\left(\dfrac{\pi}{3}\right) = -\dfrac{1}{2}$

(3) $\tan\left(-\dfrac{13}{3}\pi\right) = -\tan\left(\dfrac{13}{3}\pi\right) = -\tan\left(4\pi + \dfrac{\pi}{3}\right) = -\tan\dfrac{\pi}{3} = -\sqrt{3}$

### 5.3.3 加法定理

二つの角 $\alpha$ と $\beta$ の和 $\alpha+\beta$ や差 $\alpha-\beta$ の三角関数は，つぎのように，$\alpha$，$\beta$ の三角関数であらわすことができる．これを**加法定理**という．

$$\sin(\alpha \pm \beta) = \sin\alpha\cos\beta \pm \cos\alpha\sin\beta \quad \text{[複合同順]}$$

[1]

$$\cos(\alpha \pm \beta) = \cos\alpha\cos\beta \mp \sin\alpha\sin\beta \quad \text{[複合同順]} \qquad (5.8)$$

$$\tan(\alpha \pm \beta) = \frac{\tan\alpha \pm \tan\beta}{1 \mp \tan\alpha\tan\beta} \quad \text{[複合同順]}$$

これらの関係式が成り立つことは，ホームページ http://www.morikita.co.jp/soft/73471/index.html で示している．

**【例題 5.1】** 加法定理を用いて，$\sin 75^\circ$, $\cos 15^\circ$, $\tan(-15^\circ)$ の値を求めよ．

**【解】**

$$\sin 75^\circ = \sin(45^\circ + 30^\circ) = \sin 45^\circ \cos 30^\circ + \cos 45^\circ \sin 30^\circ$$
$$= \frac{1}{\sqrt{2}} \cdot \frac{\sqrt{3}}{2} + \frac{1}{\sqrt{2}} \cdot \frac{1}{2} = \frac{\sqrt{3}+1}{2\sqrt{2}}$$

$$\cos 15^\circ = \cos(45^\circ - 30^\circ) = \cos 45^\circ \cos 30^\circ + \sin 45^\circ \sin 30^\circ$$
$$= \frac{1}{\sqrt{2}} \cdot \frac{\sqrt{3}}{2} + \frac{1}{\sqrt{2}} \cdot \frac{1}{2} = \frac{\sqrt{3}+1}{2\sqrt{2}}$$

$$\tan(-15^\circ) = \tan(30^\circ - 45^\circ) = \frac{\tan 30^\circ - \tan 45^\circ}{1 + \tan 30^\circ \tan 45^\circ} = \frac{(1/\sqrt{3}) - 1}{1 + (1/\sqrt{3}) \cdot 1}$$
$$= \frac{1-\sqrt{3}}{\sqrt{3}+1} = \frac{(1-\sqrt{3})(\sqrt{3}-1)}{(\sqrt{3}+1)(\sqrt{3}-1)} = \frac{-4+2\sqrt{3}}{2} = -2+\sqrt{3}$$

1) 複合同順：+/− の記号は，左辺の上段の記号は右辺の上段の記号に対応し，左辺の下段の記号は右辺の下段の記号に対応していることを意味している．

### 5.3.4 倍角の公式

加法定理で $\alpha=\beta$ とおくと，つぎのように倍角の公式が得られる．

$$\sin 2\alpha=\sin(\alpha+\alpha)=\sin\alpha\cos\alpha+\cos\alpha\sin\alpha=2\sin\alpha\cos\alpha \tag{5.9}$$

$$\cos 2\alpha=\cos(\alpha+\alpha)=\cos\alpha\cos\alpha-\sin\alpha\sin\alpha=\cos^2\alpha-\sin^2\alpha \tag{5.10}$$

式 (5.10) の右辺に式 (5.3) を用いて $\cos^2\alpha=1-\sin^2\alpha$ を代入すると，

$$\cos 2\alpha=(1-\sin^2\alpha)-\sin^2\alpha=1-2\sin^2\alpha \tag{5.11}$$

となる．同様にして，式 (5.10) の右辺に $\sin^2\alpha=1-\cos^2\alpha$ を代入すると次式となる．

$$\cos 2\alpha=\cos^2\alpha-(1-\cos^2\alpha)=2\cos^2\alpha-1 \tag{5.12}$$

式 (5.11), (5.12) は余弦の倍角の公式とよばれる．これらの式を変形した次式は積分計算などでよく使われる．

$$\sin^2\alpha=\frac{1-\cos 2\alpha}{2},\quad \cos^2\alpha=\frac{1+\cos 2\alpha}{2} \tag{5.13}$$

**[例 5.3]** つぎの値を求めよ．

$$\cos^2\frac{\pi}{8}=\frac{1+\cos(\pi/4)}{2}=\frac{1+(1/\sqrt{2})}{2}=\frac{\sqrt{2}+1}{2\sqrt{2}}=\frac{2+\sqrt{2}}{4}$$

**【例題 5.2】** $\cos\alpha=3/5$ で，$0<\alpha<\pi/2$ のとき，$\sin\alpha, \tan\alpha, \sin 2\alpha, \cos 2\alpha$ を求めよ．

**【解】**

$\sin^2\alpha+\cos^2\alpha=1$ より，$\sin^2\alpha=1-\cos^2\alpha=1-9/25=16/25$ となる．
$\alpha$ は鋭角で第 1 象限にあるから，求める値はつぎのようになる．

$$\sin\alpha=\frac{4}{5},\quad \tan\alpha=\frac{\sin\alpha}{\cos\alpha}=\frac{4}{3}$$

$$\sin 2\alpha=2\sin\alpha\cos\alpha=2\times\frac{4}{5}\times\frac{3}{5}=\frac{24}{25}$$

$$\cos 2\alpha=\cos^2\alpha-\sin^2\alpha=\frac{9}{25}-\frac{16}{25}=-\frac{7}{25}$$

### 5.3.5 積→和または差

三角関数の積は，つぎのように，和または差であらわすことができる．

$$\begin{aligned}
\sin\alpha\cos\beta &= \frac{1}{2}\{\sin(\alpha+\beta)+\sin(\alpha-\beta)\} \\
\cos\alpha\sin\beta &= \frac{1}{2}\{\sin(\alpha+\beta)-\sin(\alpha-\beta)\} \\
\cos\alpha\cos\beta &= \frac{1}{2}\{\cos(\alpha+\beta)+\cos(\alpha-\beta)\} \\
\sin\alpha\sin\beta &= -\frac{1}{2}\{\cos(\alpha+\beta)-\cos(\alpha-\beta)\}
\end{aligned} \tag{5.14}$$

**【例題 5.3】** 式 (5.8) の加法定理を用いて，式 (5.14) を証明せよ．

**【解】**

第 1 式の右辺に加法定理を適用すると，

$$\begin{aligned}
(\text{右辺}) &= \frac{1}{2}\{\sin(\alpha+\beta)+\sin(\alpha-\beta)\} \\
&= \frac{1}{2}\{(\sin\alpha\cos\beta+\cos\alpha\sin\beta)+(\sin\alpha\cos\beta-\cos\alpha\sin\beta)\} \\
&= \sin\alpha\cos\beta \quad (\text{左辺})
\end{aligned}$$

となる．したがって，第 1 式が成り立つ．ほかの式も同様にして，右辺に加法定理を適用すれば，左辺となることが証明できる (ホームページ http://www.morikita.co.jp/soft/73471/index.html で示している)．

### 5.3.6 和または差→積

三角関数の和は，つぎのように，積であらわすことができる．式 (5.14) に $\alpha = (A+B)/2$, $\beta = (A-B)/2$ を代入すれば得られる．

$$\begin{aligned}
\sin A + \sin B &= 2\sin\frac{A+B}{2}\cos\frac{A-B}{2} \\
\sin A - \sin B &= 2\cos\frac{A+B}{2}\sin\frac{A-B}{2} \\
\cos A + \cos B &= 2\cos\frac{A+B}{2}\cos\frac{A-B}{2} \\
\cos A - \cos B &= -2\sin\frac{A+B}{2}\sin\frac{A-B}{2}
\end{aligned} \tag{5.15}$$

**[例 5.4]** つぎの式を簡単な形にせよ．

(1) $\dfrac{\sin\{(n-1)x\}+\sin\{(n+1)x\}}{\sin(nx)} = \dfrac{2\sin(nx)\cos(-x)}{\sin(nx)} = 2\cos x$

(2) $\dfrac{\cos\{(n-1)x\}+\cos\{(n+1)x\}}{\cos(nx)} = \dfrac{2\cos(nx)\cos(-x)}{\cos(nx)} = 2\cos x$

## 演習問題

**〈5.1〉** 度表示と弧度表示を変換せよ．

(1) $45^\circ$　(2) $30^\circ$　(3) $60^\circ$　(4) $90^\circ$　(5) $120^\circ$　(6) $150^\circ$

(7) $225^\circ$　(8) $\dfrac{7}{6}\pi$　(9) $-\dfrac{3\pi}{4}$　(10) $\dfrac{5\pi}{12}$　(11) $-\dfrac{4\pi}{9}$　(12) $3\pi$

**〈5.2〉** つぎの三角関数の値を求めよ．

(1) $\sin 90^\circ$　(2) $\cos 45^\circ$　(3) $\cos(-45^\circ)$　(4) $\sin 135^\circ$

(5) $\sin(-45^\circ)$　(6) $\cos 60^\circ$　(7) $\cos 120^\circ$　(8) $\sin(-60^\circ)$

(9) $\cos 240^\circ$　(10) $\tan(-60^\circ)$　(11) $\tan 150^\circ$　(12) $\cos\pi$

(13) $\cos\left(\dfrac{\pi}{3}\right)$　(14) $\sin\left(\dfrac{2}{3}\pi\right)$　(15) $\tan\left(-\dfrac{5}{6}\pi\right)$　(16) $\cos\left(-\dfrac{\pi}{4}\right)$

(17) $\sin\left(\dfrac{7}{4}\pi\right)$　(18) $\sin\left(\dfrac{3}{2}\pi\right)$　(19) $\tan\left(\dfrac{4}{3}\pi\right)$　(20) $\tan(-\pi)$

**〈5.3〉** つぎの三角関数の値を求めよ．

(1) $\sin 405^\circ$　(2) $\cos(-690^\circ)$　(3) $\tan 870^\circ$

(4) $\sin\left(-\dfrac{17}{6}\pi\right)$　(5) $\cos\left(\dfrac{16}{3}\pi\right)$　(6) $\tan\left(-\dfrac{11}{4}\pi\right)$

(7) $\sin 15^\circ$　(8) $\cos 105^\circ$　(9) $\tan(-75^\circ)$

**〈5.4〉** 次式を同時に満たす $\theta$ は第何象限にあるか述べ，そのときの角度 $\theta$ [rad] を求めよ．ただし，$\theta$ の範囲は $-\pi \leqq \theta < \pi$ とする．

(1) $\cos\theta = \dfrac{\sqrt{3}}{2},\ \sin\theta = \dfrac{1}{2}$　(2) $\cos\theta = -\dfrac{\sqrt{3}}{2},\ \sin\theta = \dfrac{1}{2}$

(3) $\cos\theta = \dfrac{\sqrt{2}}{2},\ \sin\theta = -\dfrac{\sqrt{2}}{2}$　(4) $\cos\theta = -\dfrac{1}{2},\ \sin\theta = -\dfrac{\sqrt{3}}{2}$

**〈5.5〉** $\sin\theta = 3/5$ のとき，つぎの値を求めよ．ただし，$0 < \theta < \pi/2$ である．

(1) $\cos\theta$　(2) $\tan\theta$　(3) $\cos\left(\dfrac{\theta}{2}\right)$　(4) $\sin 2\theta$　(5) $\cos 2\theta$

**〈5.6〉** つぎの式を簡単にせよ．

(1) $\cos\left(\theta+\dfrac{\pi}{6}\right)+\cos\left(\theta-\dfrac{\pi}{6}\right)$　(2) $\sin\left(\theta+\dfrac{2}{3}\pi\right)+\sin\left(\theta+\dfrac{4}{3}\pi\right)$

(3) $\cos\left(-\theta+\dfrac{\pi}{2}\right)\sin(-\theta+\pi)-\sin\left(-\theta+\dfrac{\pi}{2}\right)\cos(-\theta+\pi)$　(4) $\dfrac{1-\cos 2\theta}{\sin 2\theta}$

**⟨5.7⟩** 電圧の瞬時値を $e = E\sin\omega t$，電流の瞬時値を $i = I\sin(\omega t - \phi)$ とするとき，電力の瞬時値 $p = ie$ が次式であらわされることを示せ．

$$p = \frac{1}{2}IE\left\{\cos\phi - \sin\left(2\omega t + \frac{\pi}{2} - \phi\right)\right\}$$

**⟨5.8⟩** AM ラジオなどで使用されている振幅変調の信号 $v_{\mathrm{am}}$ が，次式であらわされることを示せ．

$$\begin{aligned} v_{\mathrm{am}} &= (V_{\mathrm{s}} + V_{\mathrm{cm}})\sin(2\pi f_{\mathrm{c}}t) \\ &= V_{\mathrm{cm}}\sin(2\pi f_{\mathrm{c}}t) + \frac{V_{\mathrm{sm}}}{2}\sin\{2\pi(f_{\mathrm{c}} - f_{\mathrm{s}})t\} + \frac{V_{\mathrm{sm}}}{2}\sin\{2\pi(f_{\mathrm{c}} + f_{\mathrm{s}})t\} \end{aligned}$$

ここで，$V_{\mathrm{c}} = V_{\mathrm{cm}}\sin(2\pi f_{\mathrm{c}}t)$ は搬送波，$V_{\mathrm{s}} = V_{\mathrm{sm}}\cos 2\pi f_{\mathrm{s}}t$ は信号波である．

# 第6章 三角関数(その2)

日常生活で用いる商用 (交流) 電源は数式であらわすと，周期的に繰り返す三角関数となる．本章では，交流回路を学ぶうえでの基礎となる正弦波関数について述べる．

学習の目標

- □逆三角関数の定義と主値がわかるようになる
- □正弦波関数の振幅，角周波数，初期位相角を理解し，その波形が描けるようになる
- □正弦波関数を二つの成分に分解したり，逆に二つの正弦波関数を一つに合成することができるようになる

## 6.1 三角関数のグラフ

図 6.1(a) に示すように，単位円と角 $\theta$ の動径との交点を P とすると，点 P の $x$ 座標は $\cos\theta$ の値で，$y$ 座標は $\sin\theta$ の値である．したがって，$\sin\theta$ のグラフは動径 OP を $\theta=0$ より反時計回りに回転させたときの $y$ 座標の変化として得られ，図 6.1(b) のように描くことができる．同様にして，$\cos\theta$ のグラフは $x$ 座標の変化を図示したも

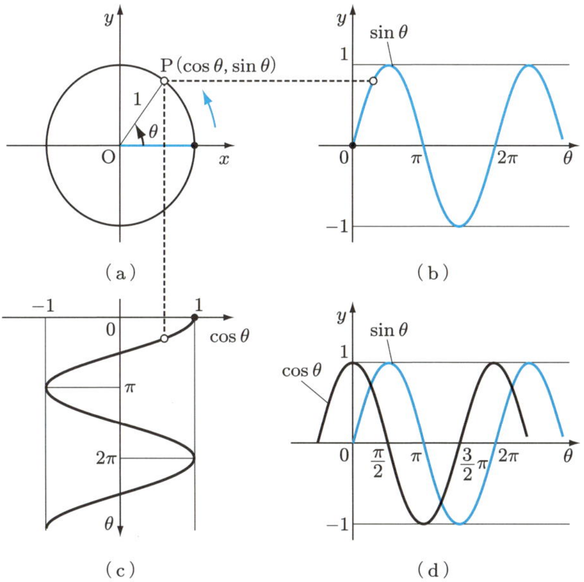


**図 6.1** 三角関数のグラフ

のであり，図 6.1(c) のように描くことができる．図 6.1(d) は，$\sin\theta$ と $\cos\theta$ を同じグラフ上に描いたものであり，これより $\cos\theta$ のグラフは，$\sin\theta$ のグラフを横軸方向に $-\pi/2$ 平行移動したものであることがわかる．

これを式であらわすと，つぎのようになる．

$$\sin\left(\theta + \frac{\pi}{2}\right) = \cos\theta$$

関数 $\sin\theta$ と $\cos\theta$ のグラフは $2\pi$ ごとに同じ変化を繰り返している．このように，ある値 (周期) ごとに同じ変化を繰り返している関数を**周期関数**という．

## 6.2 逆三角関数

### 6.2.1 逆三角関数の定義

$\sin\theta = a$ のとき，この式を満たす $\theta$ の値を**逆正弦** (アークサイン) といい，$\theta = \sin^{-1} a$ または $\theta = \arcsin a$ であらわす．

$\cos\theta = a$ のとき，この式を満たす $\theta$ の値を**逆余弦** (アークコサイン) といい，$\theta = \cos^{-1} a$ または $\theta = \arccos a$ であらわす．

$\tan\theta = a$ のとき，この式を満たす $\theta$ の値を**逆正接** (アークタンジェント) といい，$\theta = \tan^{-1} a$ または $\theta = \arctan a$ であらわす．

これらをまとめて，**逆三角関数**という．

**[例 6.1]**　$\theta = \sin^{-1} 1/2$ は，$\sin\theta = 1/2$ を満たす $\theta$ であるから，

$$\theta = \frac{\pi}{6},\quad \frac{5}{6}\pi,\quad \frac{13}{6}\pi,\quad \frac{17}{6}\pi, \cdots$$

となる．すなわち，$\theta$ はつぎのようにあらわせる．

$$\theta = \frac{\pi}{6} + 2n\pi,\quad \theta = \frac{5}{6}\pi + 2n\pi \quad (n = 0, \pm 1, \pm 2, \cdots)$$

これを一般解という．

### 6.2.2 逆三角関数の主値

[例 6.1]で示したように，逆三角関数の解は無数にあるため，つぎのように領域を定め，定めた領域内の解を**主値**とよぶ (図 6.2 参照)．一般解と区別するために最初の一文字を大文字で書く．一般に，電卓で逆三角関数を計算すると，この主値のみが表示される．

$$-\frac{\pi}{2} \leqq \mathrm{Sin}^{-1} a \leqq \frac{\pi}{2},\quad 0 \leqq \mathrm{Cos}^{-1} a \leqq \pi,\quad -\frac{\pi}{2} < \mathrm{Tan}^{-1} a < \frac{\pi}{2}$$

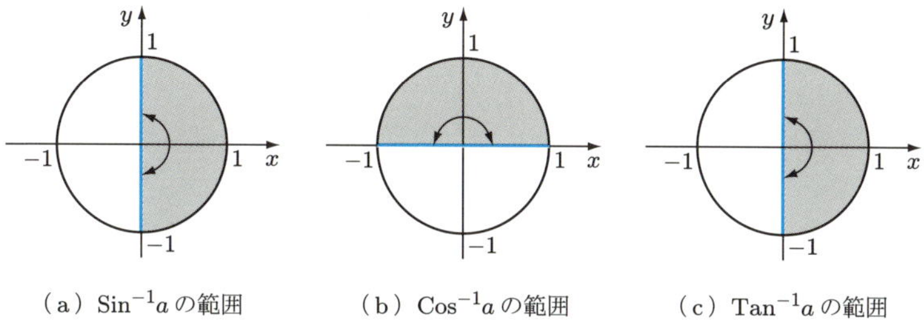


**図 6.2**　主値の角度の範囲

**[例 6.2]**　$\theta = \mathrm{Sin}^{-1}(1/2)$ は，$-\pi/2 \leqq \theta \leqq \pi/2$ の範囲で，$\sin\theta = 1/2$ を満たす $\theta$ であるから，$\theta = \pi/6$ である．

**[例 6.3]**　$\theta = \mathrm{Sin}^{-1}(-\sqrt{3}/2)$ は，$-\pi/2 \leqq \theta \leqq \pi/2$ の範囲で，$\sin\theta = -\sqrt{3}/2$ を満たす $\theta$ であるから，$\theta = -\pi/3$ である．

## 6.3 正弦波関数

### 6.3.1 正弦波関数のグラフ

正弦波関数のグラフは図 6.3(a) のように，長さが $A_\mathrm{m}$ である動径 OP が時刻 $t = 0$ のときに水平線となす角が $\phi$ の位置から出発して，反時計方向に一定の角速度 $\omega$ [rad/s] で回転するとき，点 P の $y$ 座標の変化として得られる．これを時間 $t$ に対する変化として図示すると図 6.3(b) のようなグラフとなる．これを式であらわすと，つぎのようになる．

$$y = A_\mathrm{m} \sin(\omega t + \phi) \tag{6.1}$$

ここで，$A_\mathrm{m}, \omega, \phi$ は定数であり，つぎのようによばれている．

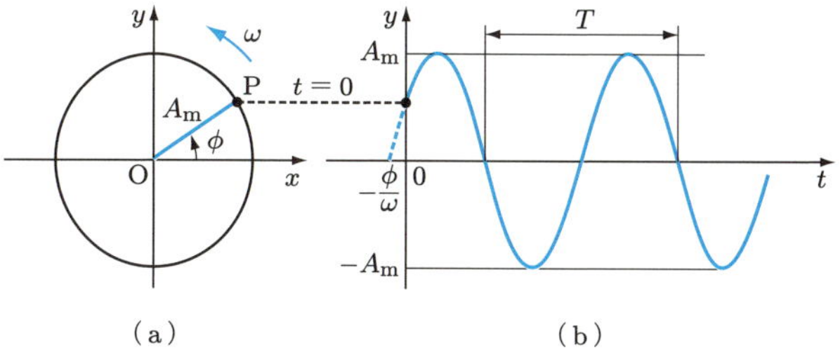


**図 6.3**　正弦波関数のグラフ

$A_\mathrm{m}$ : 振幅 (最大値)
$\omega$ : 角周波数 [rad/s]
$\phi$ : 初期位相角 [rad] (電気回路の分野では慣例として [°] を使うこともある)

$y$ の変化が1周する時間 $T$ [s] が周期で，これは動径 OP が1回転 $(2\pi)$ する時間に相当する．したがって，つぎの関係が成り立つ．

$$\omega T = 2\pi \ [\mathrm{rad}] \tag{6.2}$$

$$\omega = \frac{2\pi}{T} \ [\mathrm{rad/s}] \tag{6.3}$$

**[例 6.4]**　初期位相角 $\phi$ が (1) 0，(2) $\pi/6$，(3) $\pi/2$，(4) $-\pi/2$ の正弦波関数を式であらわすとつぎのようになり，それぞれのグラフは図 6.4 のようになる．

(1)　$y = A_m \sin(\omega t)$　　(2)　$y = A_m \sin\left(\omega t + \dfrac{\pi}{6}\right)$

(3)　$y = A_m \sin\left(\omega t + \dfrac{\pi}{2}\right)$　　(4)　$y = A_m \sin\left(\omega t - \dfrac{\pi}{2}\right)$

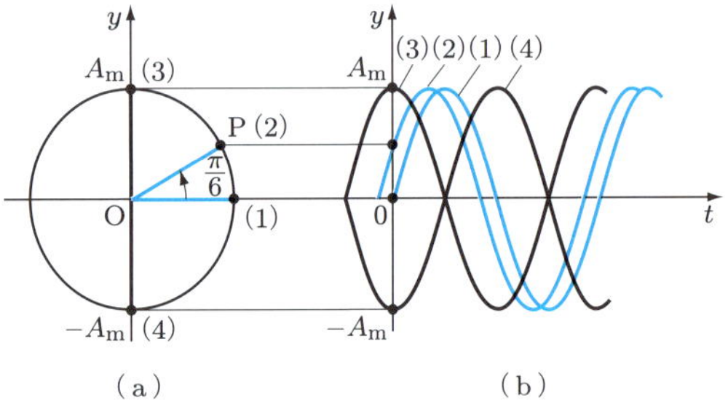


**図 6.4**　いろいろな初期位相角の正弦波関数のグラフ

## 6.3.2　正弦波関数の分解と合成

正弦波関数 $y = A_\mathrm{m}\sin(\omega t + \phi)$ に式 (5.8) の加法定理を適用すると，つぎのように，$\sin\omega t$ の項と $\cos\omega t$ の項に**分解**することができる．

$$\begin{aligned} y &= A_\mathrm{m}\sin(\omega t + \phi) \\ &= A_\mathrm{m}(\sin\omega t\cos\phi + \cos\omega t\sin\phi) \\ &= A_\mathrm{m}\cos\phi\sin\omega t + A_\mathrm{m}\sin\phi\cos\omega t \end{aligned}$$

$$= a\sin\omega t + b\cos\omega t \qquad (6.4)$$

ここで，正弦の成分 $a$ と余弦の成分 $b$ はつぎの値となる．

$$a = A_\mathrm{m}\cos\phi, \quad b = A_\mathrm{m}\sin\phi \qquad (6.5)$$

分解とは逆に，$a\sin\omega t + b\cos\omega t$ の形の式を，一つの正弦波関数 $A_\mathrm{m}\sin(\omega t + \phi)$ に変形することを**合成**という．

式 (6.5) より，つぎの関係が成り立つ．

$$A_\mathrm{m} = \sqrt{a^2+b^2}, \quad \cos\phi = \frac{a}{A_\mathrm{m}} \text{ かつ } \sin\phi = \frac{b}{A_\mathrm{m}}, \quad \text{あるいは } \tan\phi = \frac{b}{a}$$

上の式を逆三角関数を使ってあらわすと，つぎのようになる．

$$\phi = \cos^{-1}\frac{a}{A_\mathrm{m}} \quad \text{かつ} \quad \phi = \sin^{-1}\frac{b}{A_\mathrm{m}} \quad \text{あるいは} \quad \phi = \tan^{-1}\frac{b}{a}$$

これらの定数の関係を図 6.5 に示す．$a$, $b$ の符号により，$\phi$ が第何象限の角度であるかが決まる．たとえば，$a<0$, $b>0$ のとき，$\phi$ は第 2 象限の角度となる．

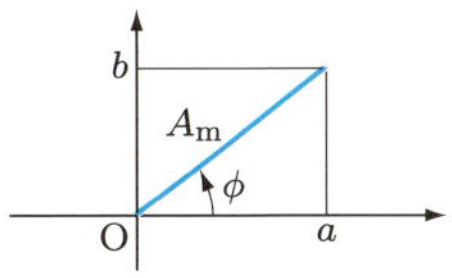


**図 6.5**　正弦波関数のパラメータ

**【例題 6.1】** $y = 5\sin(\omega t - \pi/3)$ を正弦と余弦の各成分に分解せよ．

**【解】**

$a = 5\cos(-\pi/3) = 5/2$, $b = 5\sin(-\pi/3) = -5\sqrt{3}/2$ より，つぎのようになる．

$$y = \frac{5}{2}\sin\omega t - \frac{5\sqrt{3}}{2}\cos\omega t$$

**【例題 6.2】** $y = \sin\omega t - \sqrt{3}\cos\omega t$ を一つの正弦波関数に合成せよ．

**【解】**

振幅 $A_\mathrm{m} = \sqrt{1+3} = 2$ である．

式 (6.5) より，$2\cos\phi = 1$, $2\sin\phi = -\sqrt{3}$ であるから，

$$\cos\phi = \frac{1}{2} \quad \text{かつ} \quad \sin\phi = -\frac{\sqrt{3}}{2}, \quad \text{あるいは} \quad \tan\phi = -\sqrt{3}$$

となる．ここで，$\cos\phi$ の符号が正，$\sin\phi$ の符号が負であることから，初期位相角 $\phi$ は第 4 象限にあることがわかる (表 5.2 参照)．したがって，これらの式を満たす $\phi$ は，

$\phi = -\pi/3$ [rad] である (図 6.6 参照). これより, つぎのようになる.

$$y = 2\sin\left(\omega t - \frac{\pi}{3}\right)$$

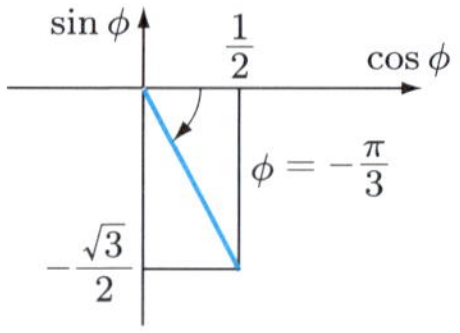


図 6.6　【例題 6.2】の初期位相角

**【例題 6.3】** $y = -\sin\omega t + \cos\omega t$ を一つの正弦波関数に合成せよ.

**【解】**

振幅 $A_{\mathrm{m}} = \sqrt{(-1)^2 + 1^2} = \sqrt{2}$ である.
式 (6.5) より, $\sqrt{2}\cos\phi = -1$, $\sqrt{2}\sin\phi = 1$ であるから,

$$\cos\phi = -\frac{1}{\sqrt{2}} \quad かつ \quad \sin\phi = \frac{1}{\sqrt{2}}, \quad あるいは \quad \tan\phi = -1$$

となる. ここで, $\cos\phi$ の符号が負, $\sin\phi$ の符号が正であることから, 初期位相角 $\phi$ は第 2 象限にあることがわかる. したがって, これらの式を満たす $\phi$ は, $\phi = (3/4)\pi$ [rad] となる (図 6.7 参照). これより, つぎのようになる.

$$y = \sqrt{2}\sin\left(\omega t + \frac{3}{4}\pi\right)$$

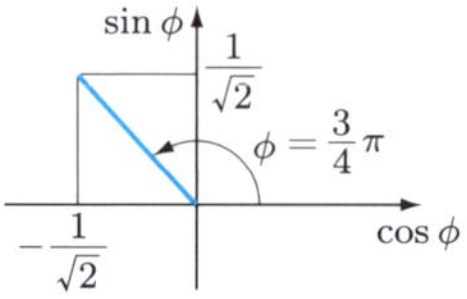


図 6.7　【例題 6.3】の初期位相角

**【例題 6.4】** 図 6.8 の波形 $y$ を式であらわし, 正弦と余弦の各成分に分解せよ.

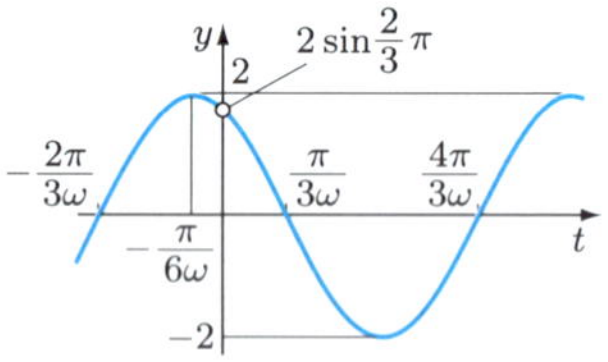


図 6.8　【例題 6.4】の波形

**【解】**

$t = 0$ のとき, $y = 2\sin\{(2/3)\pi\}$ であるから, 初期位相角は $\phi = (2/3)\pi$ である. したがって, 式 (5.8) を利用すると, つぎのようになる.

$$y = 2\sin\left(\omega t + \frac{2}{3}\pi\right) = 2\left(\sin\omega t\cos\frac{2}{3}\pi + \cos\omega t\sin\frac{2}{3}\pi\right)$$

$$= 2\left(-\frac{1}{2}\sin\omega t + \frac{\sqrt{3}}{2}\cos\omega t\right) = -\sin\omega t + \sqrt{3}\cos\omega t$$

**PC(EXCEL) を使った演習**

(1) $y=\sin x$, $y=\cos x$ $(-4.71 \leqq x \leqq 4.69$, 0.2 刻み$)$ のグラフを描け．

(2) $y=\cos x$, $y=\sin(x+1.57)$ $(-4.71 \leqq x \leqq 4.69$, 0.2 刻み$)$ のグラフを描き，二つが重なることを確認せよ．ただし，$\pi/2 \fallingdotseq 1.57$ とする．

(3) $y=\tan x$ のグラフを描け．ただし，$\tan x$ は，$x=\pm\pi/2, \pm(3/2)\pi, \pm(5/2)\pi, \cdots$ で値をもたないので，たとえば，$x$ の範囲は，$-4.64 \leqq x \leqq -1.64$, $-1.5 \leqq x \leqq 1.5$, $1.64 \leqq x \leqq 4.64$, 0.2 刻みとする．

(4) 【例題 6.2】で $\omega=1$ のとき，EXCEL を使って合成前と合成後のグラフ $(0 \leqq t \leqq 10$, 0.5 刻み$)$ を描き，二つが等しいことを確認せよ．

解答はホームページ http://www.morikita.co.jp/soft/73471/index.html を参照.

## 演習問題

**〈6.1〉** つぎの逆三角関数の主値を求めよ．

(1) $\mathrm{Sin}^{-1}\left(\dfrac{1}{\sqrt{2}}\right)$　(2) $\mathrm{Cos}^{-1}\left(\dfrac{\sqrt{3}}{2}\right)$　(3) $\mathrm{Tan}^{-1}(\sqrt{3})$

(4) $\mathrm{Sin}^{-1}\left(-\dfrac{\sqrt{3}}{2}\right)$　(5) $\mathrm{Cos}^{-1}\left(-\dfrac{1}{2}\right)$　(6) $\mathrm{Tan}^{-1}\left(-\dfrac{1}{\sqrt{3}}\right)$

(7) $\mathrm{Sin}^{-1}(1)$　(8) $\mathrm{Cos}^{-1}(-1)$　(9) $\mathrm{Tan}^{-1}(-1)$

**〈6.2〉** つぎの三角関数の最大値，角周波数 $\omega$，周期 $T$，初期位相角 $\phi$ を求めよ．必ず単位も書くこと．

(1) $v(t)=3\sin\left(100t+\dfrac{\pi}{2}\right)$ [V]　(2) $i(t)=2\sin\left(t-\dfrac{\pi}{4}\right)$ [A]

**〈6.3〉** つぎの三角関数を正弦 (sin) 成分と余弦 (cos) 成分に分解せよ．

(1) $\sqrt{2}\sin\left(\omega t+\dfrac{\pi}{4}\right)$　(2) $\dfrac{1}{2}\sin\left(\omega t-\dfrac{\pi}{3}\right)$　(3) $\sqrt{3}\sin\left(\omega t+\dfrac{5}{6}\pi\right)$

(4) $2\sin\left(\omega t-\dfrac{\pi}{4}\right)$　(5) $2\sin\left(\omega t+\dfrac{2}{3}\pi\right)$　(6) $3\sin\left(\omega t-\dfrac{\pi}{6}\right)$

(7) $\sin\left(\omega t+\dfrac{4}{3}\pi\right)+\dfrac{1}{\sqrt{2}}\cos\left(\omega t+\dfrac{1}{4}\pi\right)$　(8) $2\sin\left(\omega t+\dfrac{\pi}{6}\right)+3\sin\left(\omega t-\dfrac{\pi}{3}\right)$

**〈6.4〉** 次式を同時に満たす $\theta$ は第何象限にあるか述べ，そのときの角度 $\theta$ [rad] を求めよ．ただし，$\theta$ の範囲は，$-\pi \leqq \theta < \pi$ とする．

(1) $\theta=\cos^{-1}\left(\dfrac{\sqrt{3}}{2}\right)$, $\theta=\sin^{-1}\left(\dfrac{1}{2}\right)$　(2) $\theta=\cos^{-1}\left(-\dfrac{1}{2}\right)$, $\theta=\sin^{-1}\left(\dfrac{\sqrt{3}}{2}\right)$

(3) $\theta=\cos^{-1}\left(\dfrac{\sqrt{2}}{2}\right)$, $\theta=\sin^{-1}\left(-\dfrac{\sqrt{2}}{2}\right)$

**〈6.5〉** つぎの三角関数を一つの正弦式であらわせ．

(1) $2\cos\omega t$　(2) $\sqrt{3}\sin\omega t+\cos\omega t$

(3) $\sqrt{3}\sin\omega t - \cos\omega t$　(4) $-\sqrt{3}\sin\omega t - \cos\omega t$

(5) $\sin\omega t - \cos\omega t$　(6) $2\cos\omega t - 2\sin\omega t$

(7) $-\dfrac{3}{2}\sin\omega t + \dfrac{\sqrt{3}}{2}\cos\omega t$　(8) $\sqrt{3}\sin\left(\omega t + \dfrac{5\pi}{6}\right) + 2\sin\omega t$

(9) $2\sin\left(\dfrac{\pi}{6} - \omega t\right) - 2\cos\omega t$　(10) $2\sqrt{3}\sin\left(\omega t + \dfrac{\pi}{6}\right) - 4\sin\omega t$

**〈6.6〉** つぎの三角関数の波形を描け．ただし，(1) (2) は横軸を角度 $\theta$ [rad] とし，(3) は横軸を時間 $t$ [s] とする．図中には最大値，最小値，$y=0$ となる横軸の値 (3 点) を記入せよ．

(1) $y(\theta) = 2\sin\left(\theta + \dfrac{\pi}{6}\right)$ [V]　(2) $y(\theta) = 3\sin\left(\theta - \dfrac{\pi}{3}\right)$ [V]

(3) $y(t) = \sin\left(2t + \dfrac{\pi}{3}\right)$ [V]

**〈6.7〉** 図 6.9 において，電源の電圧を $e(t) = 10\sin\omega t$ [V] とすると，抵抗とコンデンサに流れる電流 $i_R(t)$, $i_C(t)$ は次のようにあらわされる．

$$i_R(t) = \frac{10}{R}\sin\omega t \quad [\mathrm{A}], \quad i_C(t) = 10\omega C\cos\omega t \quad [\mathrm{A}]$$

いま，$\omega = 100$ [rad], $R = 5$ [Ω], $C = 2\times 10^{-3}$ [F] のとき，つぎの設問に答えよ．

(1) $i_R(t)$ と $i_C(t)$ をグラフに描け．

(2) $i(t) = i_R(t) + i_C(t)$ を一つの三角関数であらわせ．

(3) $i(t)$ をグラフに描け．

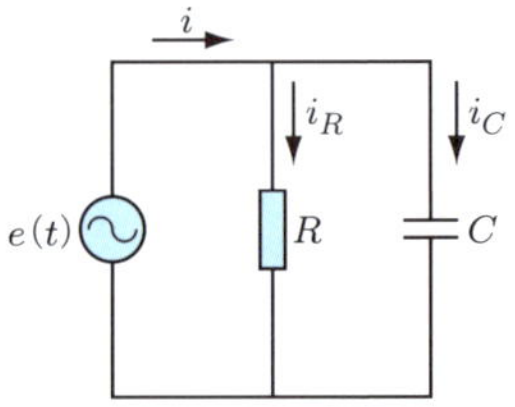


**図 6.9**　RC 並列回路

# 第7章 指数関数と対数関数

電気電子工学では，非常に大きな数値から非常に小さな数値まで幅広く扱う．したがって，取り扱いを容易にするためには，本章で学ぶ対数や指数を用いる．これらは，関数としても重要で三角関数とともに十分理解しておく必要がある．

学習の目標
- □指数法則を用いた演算ができるようになる
- □対数の性質を利用した演算ができるようになる
- □指数関数と対数関数のグラフが描けるようになる
- □デシベルの定義を理解し，演算ができるようになる
- □片対数グラフと両対数グラフの目盛りを理解し，グラフが描けるようになる

## 7.1 指数法則

第 1 章で述べたように，$a \neq 0, b \neq 0$ で，$m, n$ が実数のとき，つぎの指数法則が成り立つ．

$$\left.\begin{array}{ll} a^m a^n = a^{m+n}, & \dfrac{a^m}{a^n} = a^{m-n} \\ (a^m)^n = a^{mn}, & (ab)^m = a^m b^m \end{array}\right\} \tag{7.1}$$

また，$a^0 = 1$ と定義されている．したがって，$\dfrac{1}{a^n} = a^{-n}$ となる．

**[例 7.1]** (1) $5^0 = 1$

(2) $2^{-3} = \dfrac{1}{2^3} = \dfrac{1}{8}$

(3) $8^{-\frac{2}{3}} = (2^3)^{-\frac{2}{3}} = 2^{-2} = \dfrac{1}{2^2} = \dfrac{1}{4}$

(4) $a^{\frac{2}{3}} \times a^{\frac{5}{2}} \div a^{\frac{1}{6}} = a^{\frac{2}{3}+\frac{5}{2}-\frac{1}{6}} = a^{\frac{4+15-1}{6}} = a^{\frac{18}{6}} = a^3$

また，つぎのような累乗根は，指数を使ってつぎのようにあらわすことができる．

$$\sqrt[n]{a} = a^{\frac{1}{n}} \tag{7.2}$$

**[例 7.2]** (1) $\sqrt[3]{x} = x^{\frac{1}{3}}$

(2) $\sqrt{a} = a^{\frac{1}{2}}$

**【例題 7.1】** つぎの式を簡単にせよ．

(1) $1^{\frac{1}{2}} + 8^{\frac{2}{3}} + 5^0$　　(2) $\sqrt[3]{4} \times \dfrac{1}{\sqrt{2}}$

**【解】**

(1) $1^{\frac{1}{2}} + 8^{\frac{2}{3}} + 5^0 = 1 + (2^3)^{\frac{2}{3}} + 1 = 1 + 4 + 1 = 6$

(2) $\sqrt[3]{4} \times \dfrac{1}{\sqrt{2}} = (2^2)^{\frac{1}{3}} \times 2^{-\frac{1}{2}} = 2^{\frac{2}{3}-\frac{1}{2}} = 2^{\frac{4-3}{6}} = 2^{\frac{1}{6}}$

## 7.2 指数関数のグラフ

$\boldsymbol{y = a^x}$ であらわされる関数を $a$ を**底**とする**指数関数**という．ただし，$a$ は1でない正の実数とする．指数関数 $y = a^x$ のグラフを図 7.1 と図 7.2 に示す．

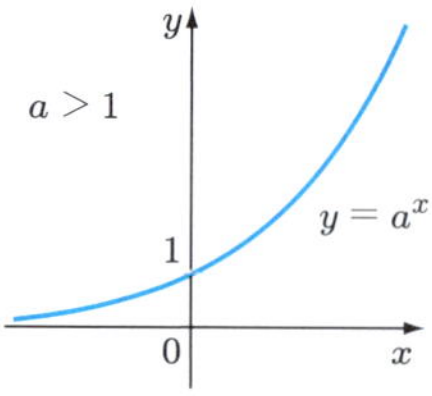


**図 7.1**　指数関数のグラフ $(a > 1)$

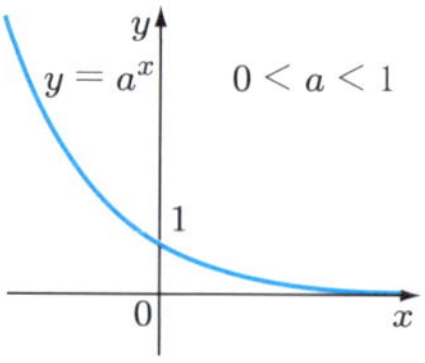


**図 7.2**　指数関数のグラフ $(0 < a < 1)$

指数関数 $y = a^x$ には，つぎの性質がある．

① 定義域 ($x$ の範囲) は**実数全体**，値域 ($y$ の範囲) は**正の実数全体**である．

② グラフは点 (0, 1) を通り，$x$ 軸を漸近線とする．

③ $a > 1$ のとき，$x$ が増加すれば $y$ も増加する．すなわち単調増加であり，

$$x_1 < x_2 \qquad \Longleftrightarrow \qquad a^{x_1} < a^{x_2}$$

が成り立つ．また，$0 < a < 1$ のとき，$x$ が増加すれば $y$ は減少する．すなわち単調減少であり，つぎの関係が成り立つ．

$$x_1 < x_2 \qquad \Longleftrightarrow \qquad a^{x_1} > a^{x_2}$$

## 7.3 対数の性質

任意の正の数 $N$ に対して，$N = a^x$ を満たす $x$ の値はただ一つ定まる．この $x$ を $\log_a N$ とあらわし，$a$ を底とする $N$ の**対数**といい，$N$ をこの対数の**真数**という．したがって，対数と指数の関係はつぎのようになる．

$$a^p = N \qquad \Longleftrightarrow \qquad p = \log_a N \tag{7.3}$$

ここで，$a \neq 1, N > 0$ である．$a^0 = 1, a^1 = a$ より，つぎの等式が得られる．

$$\log_a 1 = 0, \quad \log_a a = 1$$

同様にして，式 (7.3) より，つぎのようになる．

$$\log_a a^p = p$$

指数法則と対数の定義から，対数についてつぎの性質が導かれる．

$$\log_a MN = \log_a M + \log_a N \tag{7.4}$$

$$\log_a \frac{M}{N} = \log_a M - \log_a N \tag{7.5}$$

$$\log_a M^r = r \log_a M \tag{7.6}$$

$$\log_a b = \frac{\log_c b}{\log_c a} \tag{7.7}$$

**【例題 7.2】** 式 (7.4) を証明せよ．

**【解】**

$\log_a M = p, \log_a N = q$ とおくと，

$$M = a^p, \quad N = a^q$$

であるから，$MN = a^p \times a^q = a^{p+q}$ となる．したがって，$\log_a MN = p + q = \log_a M + \log_a N$ である．

**【例題 7.3】** 式 (7.6) を証明せよ．

**【解】**

$\log_a M = p$ とおくと，

$$M = a^p, \quad M^r = a^{rp}$$

であるから，$\log_a M^r = \log_a a^{rp} = rp = r \log_a M$ である．

## 7.4 常用対数と自然対数

対数関数 $y = \log_a x$ において，$a = 10$ のとき，$\log_{10} x$ を**常用対数**とよぶ．また，$a = e$ のとき，$\log_e x$ を**自然対数**という．$e$ を**自然対数の底** ($e = 2.71828\cdots$) とよぶ[1]．自然対数は微分や積分などを用いて関数の計算をおこなったり，性質を調べるのに都合がよく，底 $e$ を省略して，単に $\log x$ と書くことがおおい．また，電卓の表示などではつぎのように表示することもある．

$$\log_e x = \ln x$$

**【例題 7.4】** つぎの各式を満たす $x$ の値を求めよ．

(1) $x^{\frac{1}{4}} = \sqrt{5}$　　(2) $\log_{10}(x-2) + \log_{10}(x-5) = 1$

**【解】**

(1) 両辺の log を取ると，$\log x^{\frac{1}{4}} = \log\sqrt{5}$，$\dfrac{1}{4}\log x = \dfrac{1}{2}\log 5$ である．

$$\log x = 2\log 5 = \log 5^2$$

$$\therefore\ x = 5^2 = 25$$

(2) $\log_{10}(x-2)(x-5) = \log_{10} 10$ より，$(x-2)(x-5) = 10$ である．

$$x^2 - 7x = 0$$

$$x(x-7) = 0$$

$$\therefore\ x = 0 \text{ または } 7$$

ここで，対数関数の真数は正であるから，与式より，$x > 5$ である．したがって，解は $x = 7$ のみである．

**【例題 7.5】** $\log_{10} 2 \fallingdotseq 0.3$，$\log_{10} 3 \fallingdotseq 0.48$ として，つぎの値を求めよ．

(1) $\log_{10} 600$　　(2) $\log_{10} 50$

**【解】**

(1) $\log_{10} 600 = \log_{10}(100 \times 2 \times 3) = \log_{10} 10^2 + \log_{10} 2 + \log_{10} 3 = 2 + 0.3 + 0.48$
$= 2.78$

(2) $\log_{10} 50 = \log_{10} \dfrac{100}{2} = \log_{10} 10^2 - \log_{10} 2 = 2 - 0.3$
$= 1.7$

1) 式 (14.15) 参照

## 7.5 対数関数のグラフ

$\boldsymbol{y = \log_a x}$ であらわされる関数を，$a$ を**底**とする**対数関数**という．ただし，$a \neq 1$ である．対数関数と指数関数は逆関数の関係があるから，対数関数 $y = \log_a x$ のグラフは，図 7.3, 7.4 に示すように，指数関数 $y = a^x$ のグラフを直線 $y = x$ に関して対称移動したものとなる．

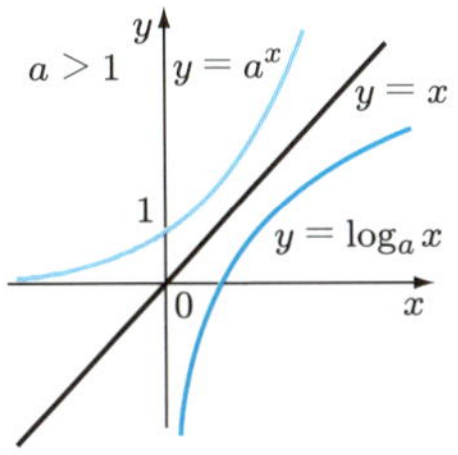


**図 7.3** 対数関数のグラフ $(a > 1)$

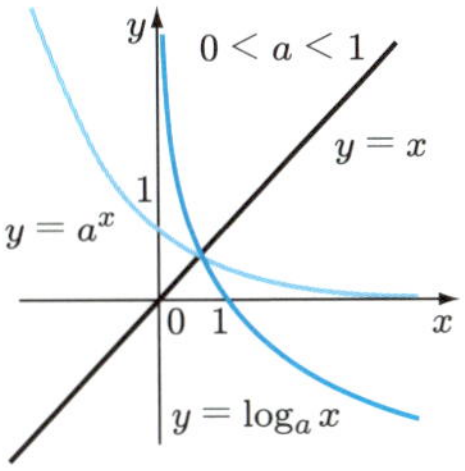


**図 7.4** 対数関数のグラフ $(0 < a < 1)$

対数関数 $y = \log_a x$ には，つぎの性質がある．

① 定義域は**正の実数全体**，値域は**実数全体**である．

② グラフは点 (1, 0) を通り，$y$ 軸を漸近線とする．

③ $a > 1$ のとき，$x$ が増加すれば $y$ も増加する．すなわち単調増加であり，

$$x_1 < x_2 \qquad \Longleftrightarrow \qquad \log_a x_1 < \log_a x_2$$

が成り立つ．また，$0 < a < 1$ のとき，$x$ が増加すれば $y$ は減少する．すなわち単調減少であり，つぎの関係が成り立つ．

$$x_1 < x_2 \qquad \Longleftrightarrow \qquad \log_a x_1 > \log_a x_2$$

## 7.6 デシベル

電気電子工学では，増幅器などで，入力電力 $P_{\rm i}$ と出力電力 $P_{\rm o}$ の比である利得 $G$ は，大きな数になることがあるため，常用対数を用いたデシベルを使うことが多い．単位は [dB] であらわす．デシベルは次式で定義される．

$$G = 10 \log_{10} \frac{P_{\rm o}}{P_{\rm i}} \text{ [dB]} \tag{7.8}$$

また，電力は入出力の抵抗が等しいとき，電圧の 2 乗に比例するため，入力電圧 $V_{\rm i}$ と出力電圧 $V_{\rm o}$ を用いると，利得はつぎのようになる．

$$G = 10\log_{10}\frac{{V_\mathrm{o}}^2}{{V_\mathrm{i}}^2} = 20\log_{10}\frac{V_\mathrm{o}}{V_\mathrm{i}}\ [\mathrm{dB}] \tag{7.9}$$

**[例 7.3]**　出力電力が入力電力の 100 倍である回路の利得をデシベルであらわすと，つぎのようになる．デシベルの値が正の場合は，一般に増幅器という．

$$10\log_{10}100 = 10\log_{10}10^2 = 20\ [\mathrm{dB}]$$

**[例 7.4]**　出力電力が入力電力の 100 分の 1 である回路の利得をデシベルであらわすと，つぎのようになる．デシベルの値が負の場合は，一般に減衰器という．

$$10\log_{10}\frac{1}{100} = 10\log_{10}10^{-2} = -20\ [\mathrm{dB}]$$

**[例 7.5]**　図 7.5 のように，増幅器を縦続接続した系の利得 $G = 10\log_{10}(P_3/P_1)$ の値を求める．

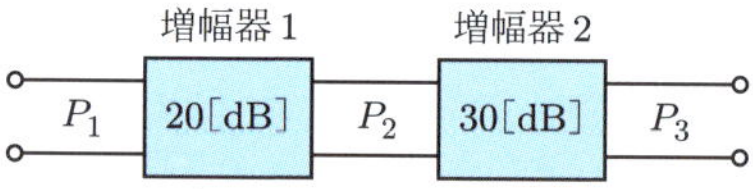


**図 7.5**　増幅器の縦続接続

それぞれの増幅器には，つぎのような関係が成り立つ．

$$10\log_{10}\frac{P_2}{P_1} = 20\ [\mathrm{dB}], \quad 10\log_{10}\frac{P_3}{P_2} = 30\ [\mathrm{dB}]$$

したがって，系の利得 $G$ は次式のようになる．

$$G = 10\log_{10}\frac{P_3}{P_1} = 10\log_{10}\left(\frac{P_2}{P_1}\cdot\frac{P_3}{P_2}\right) = 10\log_{10}\frac{P_2}{P_1} + 10\log_{10}\frac{P_3}{P_2}$$

$$= 20 + 30 = 50\ [\mathrm{dB}]$$

**【例題 7.6】** 利得が 40 [dB] の増幅器に，2 [V] の電圧を入力したときの出力 [V] を求めよ．

**【解】**

出力を $x$ [V] とすると，$20\log_{10}(x/2) = 40$．したがって，つぎのようになる．

$$\log_{10}\frac{x}{2} = \frac{40}{20} = 2 = \log_{10}10^2 = \log_{10}100$$

$$\frac{x}{2} = 100$$

$$\therefore x = 200\ [\mathrm{V}]$$

## 7.7 対数目盛りのグラフ

関数や数値データをグラフに表示するとき，取り扱うデータの桁数が大きく違う場合は，一般に用いられる等間隔の目盛りより，対数目盛りを使うと便利である．対数目盛りでは，$10^1$, $10^2$, $10^3$ の間隔が等間隔となる．

たとえば，0.001 と 1 と 1000 を同じグラフ上に描こうとすると，0.001 と 1 を区別できる目盛りで 1000 をあらわすとグラフは膨大となる．しかし，これらを $10^{-3}$，$10^0$，$10^3$ と考え，指数を 1 目盛りとすれば，簡単にグラフを描くことができる．

$x$ 軸，$y$ 軸をともに対数目盛りとしたものを**両対数グラフ**，どちらか一方だけを対数目盛りとしたものを**片対数グラフ**という．両対数グラフで $y = x^r$ ($r$ は実数) のグラフを描くと，傾き $r$ の直線になる．

図 7.6 は両対数グラフで，$y = \sqrt{x}$, $y = x$, $y = x^2$ の関数を表示したものである．それぞれ直線となり，$x$ の指数の違いが傾きの違いになってあらわれる．

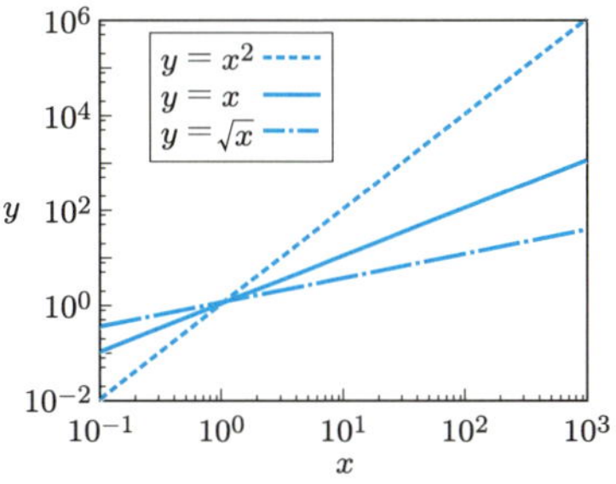


**図 7.6**　両対数グラフ

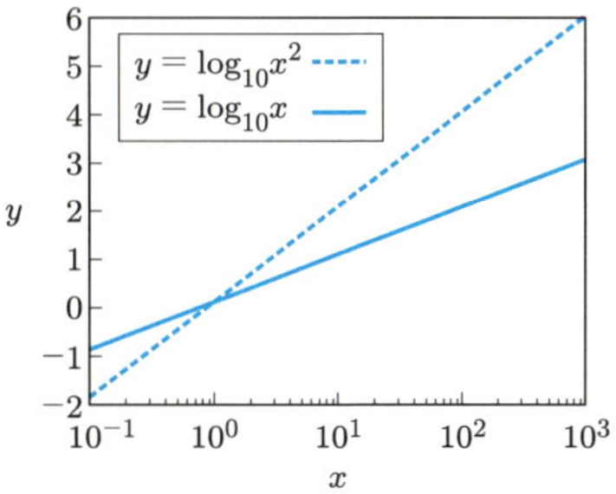


**図 7.7**　片対数グラフ

図 7.7 は $x$ 軸のみ対数目盛りを使った片対数グラフで，関数 $y = \log x^2$ と $y = \log x$ を表示したものである．これらの関数も，片対数グラフ上では直線となる．

また，$y$ 軸の数値データの単位が 7.6 節で述べた [dB] の場合は，これらの数値は既に対数にしているので，対数目盛りを使う必要はない．

**PC(EXCEL) を使った演習**

(1) つぎの三つの関数のグラフを等間隔の目盛りで描け．ただし，$-4 \leqq x \leqq 4$ の範囲とする．

$$y = 2^x, \quad y = 2^{-x}, \quad y = \left(\frac{1}{2}\right)^x$$

(2) $y = x^2$, $y = x^3$, $y = x^4$ の三つの関数を，等間隔の目盛りのグラフと両対数グラフに描け．

(3) $y = x^2$，$y = 10x^2$，$y = (1/10)x^2$ の三つの関数を，等間隔の目盛りのグラフと両対数グラフに描け．

解答はホームページ http://www.morikita.co.jp/soft/73471/index.html を参照．

## 演習問題

**〈7.1〉** つぎの計算をせよ．

(1) $a^2 \times a^0$　(2) $(a^2)^{-3} \times a^{10}$

(3) $\left(\dfrac{1}{a}\right)^{-2}$　(4) $a^{2/3} \div a^{1/4} \times a^{5/6}$

(5) $(5^{1/2})^{-2} \times 5^3 + 2^3 - (3^{-1})^{-2}$　(6) $(\sqrt{2})^3 \times (2\sqrt{2})^{1/2} \div 2^{-3/2}$

(7) $\sqrt{a^2b^{-1}c^3} \div \sqrt[3]{a^4b^2c}$　(8) $\dfrac{3 \times 10^{-6} \times 8 \times 10^9}{4 \times 10^{-4} \times 10^3}$

(9) $\dfrac{2}{5} \times 10^{-10} \times \dfrac{3}{4} \times 10^9 \div \left(\dfrac{3}{5} \times 10^6\right)$

(10) $\dfrac{1}{\sqrt{5}} \times 10^{-7} \times \dfrac{\sqrt{3}}{4} \times 10^8 \div \left(\dfrac{\sqrt{3}}{5} \times 10^{-2}\right)$

**〈7.2〉** (1) 光の進む速さは $3.0 \times 10^8$ [m/s] である．光は 3 [km] を何秒で進むか．

(2) 地球から太陽までの距離は $1.5 \times 10^8$ [km] である．光が太陽から地球に到達するまでに，何秒かかるか．

**〈7.3〉** つぎの値を求めよ．

(1) $\log_{10} 10$　(2) $\log_{10} 1$　(3) $\log_{10} 100$　(4) $\log_{10} \dfrac{1}{10}$

(5) $\log_{10} 5 + \log_{10} 2$　(6) $\log_{10} 20 - \log_{10} 2$　(7) $\log_2 3 \cdot \log_3 5 \cdot \log_5 8$

**〈7.4〉** 次式を満たす $x$ を求めよ．

(1) $\log_{10} 0.01 = x$　(2) $2^{2x+1} = 64$

(3) $\log_3 \sqrt{x} = 1$　(4) $x^{1/3} = 1 + 6x^{1/3}$

(5) $\log_{10}(2x-1) - \log_{10}(x+1) = 0$　(6) $\log_5(x+1) + \log_5(x-3) = 1$

(7) $\ln(x+1) = 2$　(8) $(\ln x)^2 - 3\ln x = 0$

**〈7.5〉** $\log_{10} 2 = a$, $\log_{10} 3 = b$ とするとき，つぎの値を $a$ と $b$ を用いてあらわせ．

(1) $\log_{10} 6$　(2) $\log_{10} 24$　(3) $\log_{10} \dfrac{2}{3}$　(4) $\log_{10} 60$　(5) $\log_{10} 120$

(6) $\log_{10} 5$　(7) $\log_{10} 0.15$　(8) $\log_2 180$　(9) $\log_4 9$

**〈7.6〉** つぎの電力比をデシベルであらわせ．ただし，$\log_{10} 2 \fallingdotseq 0.3$, $\log_{10} 3 \fallingdotseq 0.48$ とし，電卓を使わずに概算で求めよ．

(1) 100　(2) 40　(3) 0.25　(4) 1

(5) 50　(6) 270　(7) $\dfrac{1}{100}$　(8) $\dfrac{1}{2}$

**〈7.7〉** つぎの電圧比をデシベルであらわせ．ただし，$\log_{10} 2 \fallingdotseq 0.3$, $\log_{10} 3 \fallingdotseq 0.48$ とし，電卓を使わずに概算で求めよ．

(1) 200　(2) 80　(3) 500　(4) $\dfrac{1}{60}$

(5) $\dfrac{1}{50}$　(6) $\dfrac{1}{\sqrt{2}}$　(7) 1000　(8) 10000

**⟨7.8⟩** つぎの設問に答えよ．ただし，$\log_{10} 2 \fallingdotseq 0.3$, $\log_{10} 3 \fallingdotseq 0.48$ とする．

(1) 出力電力が入力電力の 15 倍のとき，利得をデシベルであらわせ．

(2) 入力電圧が 1 [V] のとき，出力電圧は 5 [V] であった．利得をデシベルであらわせ．

(3) 入力電圧が 10 [mV] のとき，出力電圧が 1.5 [V] であった．利得をデシベルであらわせ．

(4) 利得が −20 [dB] の減衰器に入力電力として 50 [W] を加えた．出力電力は何 [W] か．

(5) 利得が 20 [dB] の電力増幅器の出力電力が 50 [W] であった．入力電力は何 [W] か．

(6) 利得が 20 [dB] の電力増幅器に入力として 3 [W] を加えた．出力電力は何 [W] か．

(7) 2 段で構成された電力増幅器の増幅率がそれぞれ 3 [dB] と 17 [dB] であるとき，入力に 10 [mW] を加えたときの出力電力を求めよ．

(8) 初段の利得が 3 [dB] である 2 段増幅器の入力に 1 [W] を加えたところ，出力は 40 [W] であった．後段の増幅器の利得を求めよ．

(9) 信号レベルが最大 3 [V] のオーディオ用増幅器で $SN$ 比を 80 [dB] 以上とするとき雑音は何 [V] 以下にすればよいか．ただし，$SN$ 比は信号 $S$ と雑音 $N$ をつぎのようにデシベルであらわしたものである．$SN$ 比 $= 20\log_{10}(S/N)$ [dB].

**⟨7.9⟩** 図 7.8 の直列回路に角周波数 $\omega$ [rad/s] の交流電源を加えるとき，つぎの設問に答えよ．ただし，$R = 2$ [kΩ], $L = 0.1$ [mH], $C = 100$ [pF] とする．

(1) 角周波数 $\omega_0 = 1/\sqrt{LC}$ で共振する．このときの $\omega_0$ を求めよ．

(2) リアクタンス $X = \omega L - 1/\omega C$ は $X = 10^3\{\omega/\omega_0 - \omega_0/\omega\}$ とあらわされることを示せ．

(3) インピーダンス $Z = \sqrt{R^2 + X^2}$ は $Z = 10^3\{\omega/\omega_0 + \omega_0/\omega\}$ とあらわされることを示せ．

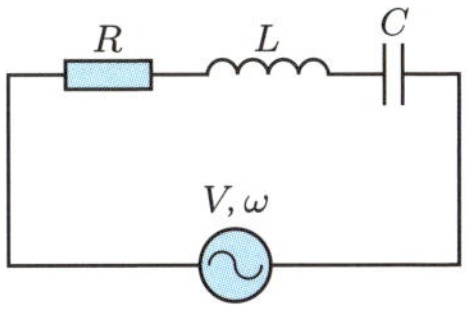


**図 7.8**　RLC 回路

# 第8章 複素数

第 2 章でも取り扱った“複素数”は，その性質を理解しておくと，交流電気回路を解析していく際に非常に便利である．本章では複素数の性質などについて詳しく述べる．

学習の目標
- □複素数の直交表示と極表示を変換できるようになる
- □直交表示と極表示された複素数を複素数平面上で示せるようになる
- □極表示した複素数の乗除算ができるようになる
- □オイラーの公式とド・モアブルの定理を使えるようになる

## 8.1 複素数平面

複素数は，2.1.4 項で述べたように，実部と虚部からなる数であり，つぎのような形であらわされる．

$$a + jb \tag{8.1}$$

ここで，$a$ は実部，$b$ は虚部である．

横軸に実数 (実軸)，縦軸に虚数 (虚軸) を取った平面を**複素平面**といい，式 (8.1) の複素数を複素平面上に描くと，図 8.1 のように一点で表示できる．図 8.1 は直交した実軸と虚軸の成分であらわされるので，**直交座標**という．また，図 8.2 のように，原点からの距離 $r$ と実軸からの角度 $\theta$ を使ってあらわすこともできる．これを**極座標**といい，$r$ を大きさ，$\theta$ を偏角とよぶ．

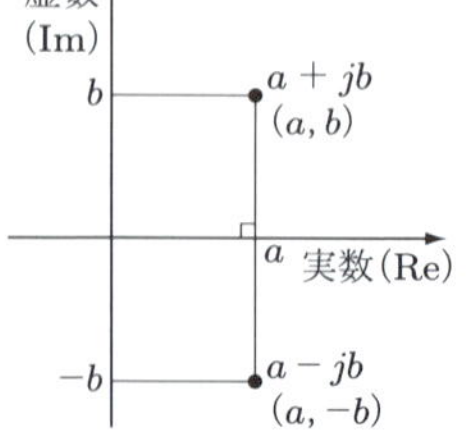


**図 8.1**　複素平面 (直交座標)

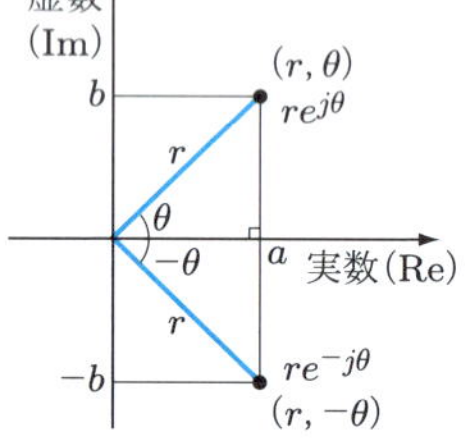


**図 8.2**　複素平面 (極座標)

複素数の虚部の + と − の符号を入れ換えた複素数，または，偏角の + と − の符号を入れ換えた複素数を共役な複素数といい，複素平面上で共役な複素数は実軸に対して対称の点となる (2.2.1 項参照)．

## 8.2 複素数の表示

### 8.2.1 直交表示

つぎのように直交座標の実部と虚部であらわす表示方法を**直交表示**という．

$$a + jb \tag{8.2}$$

### 8.2.2 極表示

極座標の大きさ $r$ と偏角 $\theta$ を使ってあらわす方法を**極表示**という．極表示では，第6章で述べた $e$ を底とする指数関数 $e^{j\theta}$ を使ってあらわす (詳しくは 14.5 節で述べる)．したがって，極表示はつぎのようになる．

$$re^{j\theta} \tag{8.3}$$

ここで，偏角 $\theta$ はつぎの範囲とする．

$$-\pi \leqq \theta < \pi \quad (-180^\circ \leqq \theta < 180^\circ)$$

また，つぎのように表記する場合もあり，このとき，偏角 $\theta$ の単位は，[°] を用いる．

$$r\angle\theta \tag{8.4}$$

## 8.3 直交表示と極表示の相互変換

図 8.2 から明らかなように，直交表示と極表示の間には，つぎのような関係が成り立つ．

$$a = r\cos\theta, \quad b = r\sin\theta \tag{8.5}$$

$$r = \sqrt{a^2 + b^2} \tag{8.6}$$

式 (8.5) より，つぎの関係が成り立つ

$$\cos\theta = \frac{a}{r} \text{ かつ } \sin\theta = \frac{b}{r} \quad \left(\theta = \cos^{-1}\frac{a}{r} \text{ かつ } \theta = \sin^{-1}\frac{b}{r}\right) \tag{8.7}$$

あるいは，つぎの式も成り立つ．

$$\tan\theta = \frac{b}{a} \quad \left(\theta = \tan^{-1}\frac{b}{a}\right) \tag{8.8}$$

式 (8.6) であらわされる複素数の大きさ $r$ は**絶対値**ともいう．絶対値の記号を使ってあらわすと，つぎのようになる．

$$r = |a + jb| = \sqrt{a^2 + b^2}$$

**[例 8.1]** (1) $|1 - j| = \sqrt{1^2 + (-1)^2} = \sqrt{1+1} = \sqrt{2}$

(2) $|3 + j4| = \sqrt{3^2 + 4^2} = \sqrt{9 + 16} = \sqrt{25} = 5$

(3) $|-1 + j3| = \sqrt{(-1)^2 + 3^2} = \sqrt{1+9} = \sqrt{10}$

(4) $|1 - j2| = \sqrt{1^2 + (-2)^2} = \sqrt{1+4} = \sqrt{5}$

(5) $|-j4| = \sqrt{0^2 + (-4)^2} = \sqrt{16} = 4$

偏角 $\theta$ は，式 (8.7), (8.8) の (　) 内の式のように，逆三角関数を使って求められるが，$a$ と $b$ の $\pm$ の符号から，複素平面上の第何象限にあるかを考える必要がある (表 5.2 参照).

式 (8.2), (8.3), (8.5) で $r = 1$ とおくと，有名な**オイラーの公式**が導かれる．オイラーの公式について，詳しくは 14.5 節を参照のこと．

$$e^{j\theta} = \cos\theta + j\sin\theta \tag{8.9}$$

さらに，$\theta$ を $-\theta$ とおくと，

$$e^{-j\theta} = \cos\theta - j\sin\theta \tag{8.10}$$

となる．また，式 (8.9), (8.10) で，$\theta = n\theta$ とおくと，

$$e^{\pm jn\theta} = (e^{\pm j\theta})^n = (\cos\theta \pm j\sin\theta)^n = \cos n\theta \pm j\sin n\theta \quad [\text{複合同順}] \tag{8.11}$$

となる．式 (8.11) を**ド・モアブルの定理**とよぶ．

式 (8.9), (8.10) より，三角関数は複素数を用いてつぎのようにあらわすことができる．

$$\sin x = \frac{e^{jx} - e^{-jx}}{j2}, \quad \cos x = \frac{e^{jx} + e^{-jx}}{2} \tag{8.12}$$

**【例題 8.1】** つぎの絶対値を計算せよ．

$$\left|\frac{(1+j)^2}{1-j\sqrt{3}}\right|$$

【解】

$$\left|\frac{(1+j)^2}{1-j\sqrt{3}}\right| = \frac{|1+j|^2}{|1-j\sqrt{3}|} = \frac{(\sqrt{1+1})^2}{\sqrt{1+3}} = \frac{2}{2} = 1$$

**【例題 8.2】** 図 8.3 の複素平面上の点 A, B, C をそれぞれつぎの表示形式で示せ.

(1) 直交表示

(2) 指数関数 $re^{j\theta}$ の極表示

(3) $r\angle\theta$ の極表示

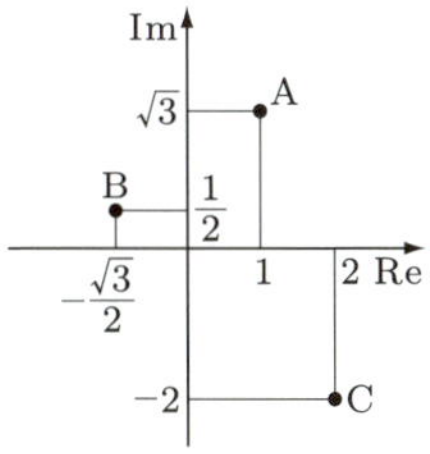


**図 8.3** 複素平面

【解】

点 A： (1) $A = 1 + j\sqrt{3}$

(2) 大きさは $r = \sqrt{1+3} = 2$ である．また，大きさと座標より，$2\cos\theta = 1$, $2\sin\theta = \sqrt{3}$ である．点 A は第 1 象限にあり，$\cos\theta = 1/2$ と $\sin\theta = \sqrt{3}/2$ を満足する $\theta$ は $\theta = \pi/3$ である．したがって，$A = 2e^{j\pi/3}$ となる．

(3) $\pi/3 = 60^\circ$ より，$A = 2\angle 60^\circ$ となる．

点 B： (1) $B = -\sqrt{3}/2 + j(1/2)$

(2) 大きさは $r = \sqrt{3/4 + 1/4} = 1$ である．大きさと座標より，$\cos\theta = -\sqrt{3}/2$, $\sin\theta = 1/2$ である．点 B は第 2 象限にあり，これらの式を満足する $\theta$ は $\theta = (5/6)\pi$ である．したがって，$B = e^{j(5/6)\pi}$ となる．ここで，大きさ 1 は省略してもよい．

(3) $(5/6)\pi = 150^\circ$ より，$B = 1\angle 150^\circ$ (ここでは，1 は省略してはいけない).

点 C： (1) $C = 2 - j2$

(2) $r = \sqrt{4+4} = 2\sqrt{2}$, $2\sqrt{2}\cos\theta = 2$, $2\sqrt{2}\sin\theta = -2$ より，$\cos\theta = 1/\sqrt{2}$, $\sin\theta = -(1/\sqrt{2})$ である．点 C は第 4 象限にあり，これらの式を満足する $\theta$ は $\theta = -\pi/4$ である．したがって，$C = 2\sqrt{2}e^{-j(\pi/4)}$ となる．

(3) $\pi/4 = -45^\circ$ より，$C = 2\sqrt{2}\angle -45^\circ$ となる．

**【例題 8.3】** $\alpha^3 - 1 = 0$ の三つの解を直交表示，極表示であらわし，複素平面に図示せよ．

【解】

与式を因数分解すると，式 (1.6) より

$$(\alpha - 1)(\alpha^2 + \alpha + 1) = 0$$

となる．したがって，式 (2.2) より，解は直交表示では，

$$\alpha = 1, \quad -\frac{1}{2} + j\frac{\sqrt{3}}{2}, \quad -\frac{1}{2} - j\frac{\sqrt{3}}{2}$$

となる．指数関数による極表示では，

$$\alpha = e^{j0}, \quad e^{j(2/3)\pi}, \quad e^{-j(2/3)\pi}$$

となる．$r\angle\theta$ の形式の表示では，

$$\alpha = 1\angle 0^\circ, \quad 1\angle 120^\circ, \quad 1\angle -120^\circ$$

となる．これらの関係を複素平面に表示すると，図 8.4 のようになる．

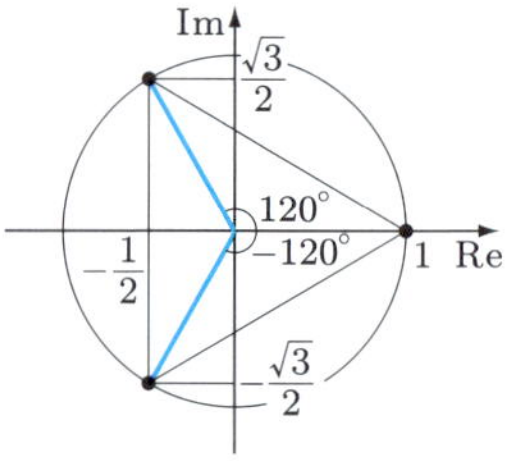


図 8.4　複素平面

この三つの点は，原点を中心とする半径 1 の円周上にあり，正三角形の頂点に位置している．これは電力関係で用いる三相交流の基本的な考え方である．

## 8.4 極表示の複素数の計算

直交表示の複素数の四則計算は 2.2 節で説明したが，乗算や除算は極表示でおこなう方が容易に計算できる．ここでは，指数関数を用いた極表示による乗算と除算について述べる．

### 8.4.1 複素数の乗算

乗算では，大きさ $r$ はそのまま積になるが，偏角 $\theta$ は指数であるから，つぎのように足し算になる．

$$\begin{aligned} r_1e^{j\theta_1} \times r_2e^{j\theta_2} &= r_1r_2e^{j(\theta_1+\theta_2)} \\ &= r_1r_2\angle(\theta_1+\theta_2) \\ &= r_1r_2\{\cos(\theta_1+\theta_2) + j\sin(\theta_1+\theta_2)\} \end{aligned}$$

**[例 8.2]**　$2e^{j\pi/3} \times 2e^{j\pi/6} = 4e^{j\pi/2} = 4\angle 90^\circ = 4(\cos 90^\circ + j\sin 90^\circ) = j4$

### 8.4.2 複素数の除算

除算では，大きさはそのまま割り算になるが，偏角 $\theta$ は指数であるから，つぎのように分子式から分母式を引く計算になる．

$$\frac{r_1 e^{j\theta_1}}{r_2 e^{j\theta_2}} = \frac{r_1}{r_2} e^{j(\theta_1-\theta_2)}$$
$$= \frac{r_1}{r_2} \angle(\theta_1 - \theta_2)$$
$$= \frac{r_1}{r_2} \{\cos(\theta_1 - \theta_2) + j\sin(\theta_1 - \theta_2)\}$$

**[例 8.3]** (1) $\dfrac{3e^{j\pi/6}}{4e^{j\pi/3}} = \dfrac{3}{4} e^{j(\pi/6-\pi/3)} = \dfrac{3}{4} e^{-j\pi/6} = \dfrac{3}{4}\left\{\cos\left(-\dfrac{\pi}{6}\right) + j\sin\left(-\dfrac{\pi}{6}\right)\right\}$

$$= \frac{3}{4}\left(\frac{\sqrt{3}}{2} - j\frac{1}{2}\right) = \frac{3\sqrt{3}}{8} - j\frac{3}{8}$$

(2) $\dfrac{1}{4e^{-j\pi/3}} = \dfrac{1}{4} e^{j\pi/3} = \dfrac{1}{4}\left(\cos\dfrac{\pi}{3} + j\sin\dfrac{\pi}{3}\right) = \dfrac{1}{8} + j\dfrac{\sqrt{3}}{8}$

### 8.4.3 複素数の平方根

$$\sqrt{re^{j\theta}} = \sqrt{r}e^{j\theta/2} = \sqrt{r}\angle\frac{\theta}{2} = \sqrt{r}\left(\cos\frac{\theta}{2} + j\sin\frac{\theta}{2}\right)$$

ここで，$e^{j\theta} = e^{j(\theta+2\pi)}$ であるから，つぎのような場合も考える必要がある．

$$\sqrt{re^{j\theta}} = \sqrt{re^{j(\theta+2\pi)}} = \sqrt{r}e^{j(\theta/2+\pi)} = \sqrt{r}\angle\left(\frac{\theta}{2} + \pi\right)$$
$$= \sqrt{r}\left\{\cos\left(\frac{\theta}{2} + \pi\right) + j\sin\left(\frac{\theta}{2} + \pi\right)\right\} = \sqrt{r}\left(-\cos\frac{\theta}{2} - j\sin\frac{\theta}{2}\right)$$

**【例題 8.4】** つぎの複素数を計算し，極表示と直交表示で示せ．

(1) $(1-j)^5$　　(2) $(1+j)^{-3}$

**【解】**

(1) $(1-j)^5 = \left(\sqrt{2}e^{-j\pi/4}\right)^5 = 4\sqrt{2}e^{-j(5/4)\pi} = 4\sqrt{2}e^{j\{-(5/4)\pi+2\pi\}} = 4\sqrt{2}e^{j(3/4)\pi}$

$$= 4\sqrt{2}\left(\cos\frac{3}{4}\pi + j\sin\frac{3}{4}\pi\right) = 4\sqrt{2}\left(-\frac{1}{\sqrt{2}} + j\frac{1}{\sqrt{2}}\right) = -4 + j4$$

(2) $(1+j)^{-3} = \left(\sqrt{2}e^{j\pi/4}\right)^{-3} = 2^{-3/2}e^{-j(3/4)\pi} = \dfrac{1}{2\sqrt{2}}e^{-j(3/4)\pi}$

$$= \frac{1}{2\sqrt{2}}\left\{\cos\left(-\frac{3}{4}\pi\right) + j\sin\left(-\frac{3}{4}\pi\right)\right\} = -\frac{1}{4} - j\frac{1}{4}$$

## 演習問題

〈8.1〉 つぎの $A, B, C$ の複素数について設問に答えよ.

$$A = 1 - j\sqrt{3}, \quad B = \sqrt{3} + j, \quad C = -1 + j$$

(1) 複素平面上に $A, B, C$ の座標を ● 印で示せ.
(2) それぞれの共役な複素数 $\overline{A}, \overline{B}, \overline{C}$ を求め，その座標を×印で示せ.

〈8.2〉 つぎの複素数を計算し，その絶対値を求めよ.

(1) $(2 + j5) - (2 - j)$　(2) $(3 + j5) - (2 + j4)$　(3) $\left(\frac{1}{2} - j\frac{3}{2}\right) - \left(\frac{3}{4} + j\frac{1}{3}\right)$

(4) $\left(2e^{j\pi/3}\right)^3$　(5) $\left(\frac{2e^{j\pi/3}}{\sqrt{2}e^{j\pi/2}}\right)^2$　(6) $\left(\frac{\sqrt{3}}{2}e^{j\pi/4}\right)^2 \frac{1}{2}e^{j\pi/6}$

〈8.3〉 (1) $\omega = 500$ [krad/s] の信号を取り扱うとき，抵抗 $R = 100$ [Ω] と $L = 0.2$ [mH] のコイルが直列に接続されている回路のインピーダンス $Z$ の絶対値を求めよ. ここで，$Z = R + j\omega L$ である.

(2) $\omega = 1$ [Mrad/s] の信号を取り扱うとき，抵抗 $R = 100$ [Ω] と $C = 20$ [nF] のコンデンサが並列に接続されている回路のアドミタンス $Y$ の絶対値を求めよ. ここで，$Y = (1/R) + j\omega C$ であり，$\mathrm{M} = 1 \times 10^6$, $\mathrm{n} = 1 \times 10^{-9}$ である.

〈8.4〉 $Z = R + j\omega L + (1/j\omega C)$, $\omega = 2\pi f$ とするとき，虚数部が 0 となるための $f$ を求めよ.

〈8.5〉 つぎの極表示の複素数を直交表示であらわせ.

(1) $2e^{j\pi/3}$　(2) $e^{j\pi/4}$　(3) $\sqrt{2}e^{j3\pi/4}$　(4) $e^{j\pi}$　(5) $2e^{-j\pi/3}$

(6) $5e^{j\pi/2}$　(7) $\sqrt{3}e^{-j2\pi/3}$　(8) $3e^{j0}$　(9) $\sqrt{3}e^{-j16\pi/3}$

〈8.6〉 つぎの複素数を直交表示であらわせ.

(1) $\sqrt{2}\angle -45^\circ$　(2) $2\angle 120^\circ$　(3) $3\angle 30^\circ$

(4) $1\angle -60^\circ$　(5) $2\angle 90^\circ$　(6) $\sqrt{3}\angle -150^\circ$

〈8.7〉 つぎの複素数を極表示 ($re^{j\theta}$ と $r\angle\theta$) であらわせ. ただし，$-\pi \leqq \theta < \pi$ ($-180^\circ \leqq \theta < 180^\circ$) とする.

(1) $1 + j\sqrt{3}$　(2) $-5$　(3) $j$　(4) $-1 + j\sqrt{3}$　(5) $j2$

(6) $3\sqrt{3} + j9$　(7) $-\sqrt{2} + j\sqrt{2}$　(8) $1 - j$　(9) $-\frac{1}{2} - j\frac{\sqrt{3}}{2}$

〈8.8〉 つぎの複素数を計算し，極表示 ($re^{j\theta}$ と $r\angle\theta$) と直交表示で示せ.

(1) $\frac{1}{j}$　(2) $\frac{1}{\sqrt{3} - j}$　(3) $\frac{1}{-1 + j\sqrt{3}}$　(4) $\left(\frac{-1 + j\sqrt{3}}{2 - j2}\right)^3$

(5) $2e^{j(2/3)\pi} - 2e^{-j(2/3)\pi}$　(6) $\frac{\left(-\sqrt{2} + j\sqrt{2}\right)^4}{\left(1 + j\sqrt{3}\right)^5}$　(7) $\frac{\left(\sqrt{3} + j\right)^2 (1 + j)^2}{\left(1 - j\sqrt{3}\right)^4}$

〈8.9〉 (1) 複素数 $A$, $B$ と，その共役な複素数 $\overline{A}$, $\overline{B}$ について，表 8.1 の (a)〜(j) の空欄を埋めよ.

(2) 複素平面上に $A, B, \overline{A}, \overline{B}$ の座標を図示せよ.

**表 8.1**

| | 極表示 $re^{j\theta}$ | 極表示 $r\angle\theta$ | 直交表示 |
|---|---|---|---|
| $A$ | $2e^{j(2/3)\pi}$ | (a) | (b) |
| $B$ | (c) | $\sqrt{2}\angle-30^\circ$ | (d) |
| $\overline{A}$ | (e) | (f) | (g) |
| $\overline{B}$ | (h) | (i) | (j) |

**⟨8.10⟩** つぎの式を計算して，(1)〜(3) は直交表示，(4)〜(6) は極表示 ($re^{j\theta}$) であらわせ.

(1) $\left(\dfrac{1}{\sqrt{3}-j}\right)^2$　　(2) $\sqrt{3e^{j(1/2)\pi}}$　　(3) $\left(1-j\sqrt{3}\right)^{1/2}$

(4) $(1-j)^n$　　(5) $\left(\dfrac{1-j}{\sqrt{2}}\right)^n$　　(8) $\left(\dfrac{-1+j\sqrt{3}}{2}\right)^{-n}$

# 第9章 行列と行列式

電気電子回路を解析する際に，取扱う物理現象をわかりやすくシステマチックに表現すると便利である．本章で扱う行列と行列式はこのニーズに対応するもので，計算も機械的におこなうことができる利点がある．パソコンで用いる **EXCEL** もこの行列の考え方にもとづいている．

学習の目標
- □行列の和，差，実数倍，積の計算ができるようになる
- □**2** 次正方行列の逆行列の計算ができるようになる
- □**2** 次の行列式の計算ができるようになる
- □サラスの方法と小行列式展開を用いて，**3** 次の行列式の計算ができるようになる

## 9.1 行 列

数や記号を配列したものを**行列**といい，数や記号の横の並びを**行**，縦の並びを**列**という．行は上から順に第 1 行，第 2 行，$\cdots$ と数え，列は左から順に第 1 列，第 2 列，$\cdots$ と数える．また，個々の数や記号を**要素**あるいは**成分**といい，第 $i$ 行，第 $j$ 列の要素を $ij$ 要素という．

$m$ 個の行と $n$ 個の列からなる行列を $\boldsymbol{m}$ **行** $\boldsymbol{n}$ **列の行列**，または簡単に $\boldsymbol{m \times n}$ **行列**という．とくに，$n \times n$ 行列を $n$ 次**正方行列**という．

行列は，たとえば，

$$\boldsymbol{A} = \begin{pmatrix} 12 & 20 & 14 \\ 19 & 32 & 22 \end{pmatrix}, \quad \boldsymbol{B} = \begin{pmatrix} -2 & 3 \\ 2 & -4 \end{pmatrix}$$

のように，$\boldsymbol{A}$，$\boldsymbol{B}$，$\boldsymbol{C}$ などの太文字を用いてあらわすことが多い．また，$[A]$, $[B]$, $[C]$ のように $[\ \ ]$ であらわすこともある．

一つの行だけからなる $1 \times n$ 行列は $n$ 次**行ベクトル**，一つの列だけからなる $m \times 1$ 行列を $m$ 次**列ベクトル**という．

## 9.2 行列の計算

### 9.2.1 和と差

つぎのように，それぞれの行列の対応する要素の和またを差をとればよい．

$$\begin{pmatrix} a & b \\ c & d \end{pmatrix} \pm \begin{pmatrix} a' & b' \\ c' & d' \end{pmatrix} = \begin{pmatrix} a \pm a' & b \pm b' \\ c \pm c' & d \pm d' \end{pmatrix} \quad \text{[複合同順]} \qquad (9.1)$$

### 9.2.2　行列の実数倍

$k$ が実数のとき，行列 $\boldsymbol{A}$ のすべての成分を $k$ 倍してできる行列を $\boldsymbol{A}$ の $k$ 倍といい，$k\boldsymbol{A}$ であらわす．$2 \times 2$ 行列の場合，$k$ 倍はつぎのようになる．

$$k \begin{pmatrix} a & b \\ c & d \end{pmatrix} = \begin{pmatrix} ka & kb \\ kc & kd \end{pmatrix} \qquad (9.2)$$

**[例 9.1]**　つぎの計算をせよ．

$$\begin{aligned} &2 \begin{pmatrix} 4 & 1 \\ -3 & 2 \end{pmatrix} + 3 \begin{pmatrix} -1 & 2 \\ 4 & -1 \end{pmatrix} - 4 \begin{pmatrix} 2 & -1 \\ -2 & 3 \end{pmatrix} \\ &\quad = \begin{pmatrix} 8-3-8 & 2+6+4 \\ -6+12+8 & 4-3-12 \end{pmatrix} \\ &\quad = \begin{pmatrix} -3 & 12 \\ 14 & -11 \end{pmatrix} \end{aligned}$$

### 9.2.3　行列の積

① 行列と列ベクトルの積

$2 \times 2$ 行列と 2 次列ベクトルの積はつぎのように定義される．

$$\begin{pmatrix} a & b \\ c & d \end{pmatrix} \begin{pmatrix} x \\ y \end{pmatrix} = \begin{pmatrix} ax+by \\ cx+dy \end{pmatrix} \qquad (9.3)$$

② 行列と行列の積

$2 \times 2$ 行列は二つの列ベクトルを並べたものと考えられるので，$2 \times 2$ 行列と $2 \times 2$ 行列の積はつぎのように定義される．

$$\begin{pmatrix} a & b \\ c & d \end{pmatrix} \begin{pmatrix} e & f \\ g & h \end{pmatrix} = \begin{pmatrix} ae+bg & af+bh \\ ce+dg & cf+dh \end{pmatrix} \qquad (9.4)$$

**[例 9.2]**
$$\begin{pmatrix} 1 & 4 \\ -1 & 2 \end{pmatrix}\begin{pmatrix} 3 & 1 \\ 2 & -2 \end{pmatrix} = \begin{pmatrix} 1\cdot 3+4\cdot 2 & 1\cdot 1+4\cdot(-2) \\ -1\cdot 3+2\cdot 2 & -1\cdot 1+2\cdot(-2) \end{pmatrix}$$
$$= \begin{pmatrix} 11 & -7 \\ 1 & -5 \end{pmatrix}$$

③　行列の積の性質

行列についても，数と同様に，つぎのような等式が成り立つ．

$k(\boldsymbol{AB}) = (k\boldsymbol{A})\boldsymbol{B} = \boldsymbol{A}(k\boldsymbol{B})$

分配法則：$\boldsymbol{A}(\boldsymbol{B}+\boldsymbol{C}) = \boldsymbol{AB}+\boldsymbol{AC}$，　$(\boldsymbol{A}+\boldsymbol{B})\boldsymbol{C} = \boldsymbol{AC}+\boldsymbol{BC}$

結合法則：$(\boldsymbol{AB})\boldsymbol{C} = \boldsymbol{A}(\boldsymbol{BC})$

また，つぎのような性質がある．

①　$\boldsymbol{AB} \neq \boldsymbol{BA}$　行列は数の場合と異なり，$\boldsymbol{A} = \boldsymbol{B}$ のような特殊な場合を除いては交換法則は成り立たない．

②　一般に，$\boldsymbol{A}$ が $l \times m$ 行列，$\boldsymbol{B}$ が $m \times n$ 行列のとき，これらの積 $\boldsymbol{AB}$ は $l \times n$ 行列となる．ただし，$\boldsymbol{A}$ の列数と $\boldsymbol{B}$ の行数は必ず等しくなければならない．

**[例 9.3]**　$\boldsymbol{A} = \begin{pmatrix} 4 & 1 \\ -3 & 2 \end{pmatrix}$，　$\boldsymbol{B} = \begin{pmatrix} -1 & 2 \\ 4 & -1 \end{pmatrix}$ のとき，行列の積 $\boldsymbol{AB}$ と $\boldsymbol{BA}$ を求める．

$$\boldsymbol{AB} = \begin{pmatrix} 4 & 1 \\ -3 & 2 \end{pmatrix}\begin{pmatrix} -1 & 2 \\ 4 & -1 \end{pmatrix} = \begin{pmatrix} -4+4 & 8-1 \\ 3+8 & -6-2 \end{pmatrix} = \begin{pmatrix} 0 & 7 \\ 11 & -8 \end{pmatrix}$$

$$\boldsymbol{BA} = \begin{pmatrix} -1 & 2 \\ 4 & -1 \end{pmatrix}\begin{pmatrix} 4 & 1 \\ -3 & 2 \end{pmatrix} = \begin{pmatrix} -4-6 & -1+4 \\ 16+3 & 4-2 \end{pmatrix} = \begin{pmatrix} -10 & 3 \\ 19 & 2 \end{pmatrix}$$

[例 9.3]でもわかるように，一般に $\boldsymbol{AB} \neq \boldsymbol{BA}$ となるので，行列積の計算では，掛ける順序が重要である．

**[例 9.4]**

$$\begin{pmatrix} -1 & 0 & 2 \\ 1 & 2 & 3 \end{pmatrix}\begin{pmatrix} 2 & 3 \\ 1 & -5 \\ 4 & 0 \end{pmatrix} = \begin{pmatrix} -1\cdot 2+0\cdot 1+2\cdot 4 & -1\cdot 3+0\cdot(-5)+2\cdot 0 \\ 1\cdot 2+2\cdot 1+3\cdot 4 & 1\cdot 3+2\cdot(-5)+3\cdot 0 \end{pmatrix}$$

$$= \begin{pmatrix} 6 & -3 \\ 16 & -7 \end{pmatrix}$$

**[例 9.5]** $\boldsymbol{A} = \begin{pmatrix} 2 & -3 \\ 1 & -4 \end{pmatrix}$ のとき，$\boldsymbol{A}^2$ を求める．

$$\boldsymbol{A}^2 = \boldsymbol{AA} = \begin{pmatrix} 2 & -3 \\ 1 & -4 \end{pmatrix}\begin{pmatrix} 2 & -3 \\ 1 & -4 \end{pmatrix} = \begin{pmatrix} 1 & 6 \\ -2 & 13 \end{pmatrix}$$

**【例題 9.1】** 図 9.1 に示すように，点 $\mathrm{P}(x, y)$ を角 $\theta$ だけ回転したときの座標点 $\mathrm{P}'(x', y')$ は，次式より計算できる．

$$\begin{pmatrix} x' \\ y' \end{pmatrix} = \begin{pmatrix} \cos\theta & -\sin\theta \\ \sin\theta & \cos\theta \end{pmatrix}\begin{pmatrix} x \\ y \end{pmatrix}$$

上式を使って，点 $\mathrm{A}(1, 0)$ を $120^\circ$ 回転したときの座標 $\mathrm{A}'(x', y')$ と，$\mathrm{A}'$ をさらに $120^\circ$ 回転したときの座標 $\mathrm{A}''(x'', y'')$ を求めよ．

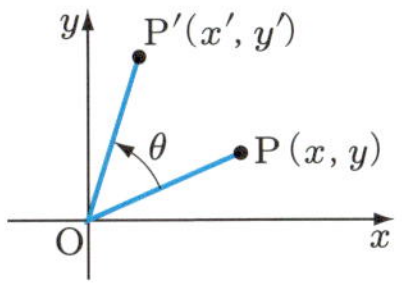


**図 9.1** 座標の回転

**【解】**

$\cos 120^\circ = -1/2$, $\sin 120^\circ = \sqrt{3}/2$ だから，

$$\begin{pmatrix} x' \\ y' \end{pmatrix} = \begin{pmatrix} -\frac{1}{2} & -\frac{\sqrt{3}}{2} \\ \frac{\sqrt{3}}{2} & -\frac{1}{2} \end{pmatrix}\begin{pmatrix} 1 \\ 0 \end{pmatrix} = \begin{pmatrix} -\frac{1}{2} \\ \frac{\sqrt{3}}{2} \end{pmatrix}$$

$$\begin{pmatrix} x'' \\ y'' \end{pmatrix} = \begin{pmatrix} -\frac{1}{2} & -\frac{\sqrt{3}}{2} \\ \frac{\sqrt{3}}{2} & -\frac{1}{2} \end{pmatrix}\begin{pmatrix} -\frac{1}{2} \\ \frac{\sqrt{3}}{2} \end{pmatrix} = \begin{pmatrix} -\frac{1}{2}\cdot\left(-\frac{1}{2}\right) - \frac{\sqrt{3}}{2}\cdot\left(\frac{\sqrt{3}}{2}\right) \\ \frac{\sqrt{3}}{2}\cdot\left(-\frac{1}{2}\right) - \frac{1}{2}\cdot\left(\frac{\sqrt{3}}{2}\right) \end{pmatrix}$$

$$= \begin{pmatrix} -\frac{1}{2} \\ -\frac{\sqrt{3}}{2} \end{pmatrix}$$

となる．したがって，$\mathrm{A}' = \left(-\frac{1}{2}, \frac{\sqrt{3}}{2}\right)$, $\mathrm{A}'' = \left(-\frac{1}{2}, -\frac{\sqrt{3}}{2}\right)$ である．

## 9.3 特殊な行列

### 9.3.1 零行列

つぎのように，すべての要素が 0 である行列を**零行列**といい，$\mathbf{0}$ であらわす．

$$\mathbf{0} = \begin{pmatrix} 0 & 0 & \cdots & 0 \\ 0 & 0 & \cdots & 0 \\ \vdots & \vdots & \ddots & \vdots \\ 0 & 0 & \cdots & 0 \end{pmatrix}$$

### 9.3.2 対角行列

正方行列の対角線上の要素以外 (非対角要素) がすべて 0 である行列を**対角行列**という．

**[例 9.6]** つぎの行列は対角行列である．

$$\begin{pmatrix} 2 & 0 & 0 & 0 \\ 0 & 1 & 0 & 0 \\ 0 & 0 & 3 & 0 \\ 0 & 0 & 0 & 4 \end{pmatrix}, \quad \begin{pmatrix} -1 & 0 & 0 \\ 0 & 2 & 0 \\ 0 & 0 & -4 \end{pmatrix}$$

### 9.3.3 単位行列

対角行列で，対角要素がすべて 1 である行列を単位行列という．$\boldsymbol{U}$ や $[U]$ であらわす[1]．たとえば，$2 \times 2$ 行列の単位行列 $\boldsymbol{U}$ はつぎのようになる．

$$\boldsymbol{U} = \begin{pmatrix} 1 & 0 \\ 0 & 1 \end{pmatrix}$$

### 9.3.4 転置行列

行と列を入れ換えた行列を転置行列という．$\boldsymbol{A}$ の転置行列は $\boldsymbol{A}^T$ とあらわす[2]．たとえば，

1) 数学では，単位行列を $\boldsymbol{I}$ または $\boldsymbol{E}$ であらわすが，電気電子工学では，電流や電圧と混同することを避けて $\boldsymbol{U}$ であらわすことが多い．

2) $T$ は英語の transpose の頭文字を意味している．

$$\boldsymbol{A} = \begin{pmatrix} 2 & -1 & 3 \\ 0 & 1 & -2 \\ 4 & 2 & -3 \end{pmatrix} \text{のとき，} \boldsymbol{A}^T = \begin{pmatrix} 2 & 0 & 4 \\ -1 & 1 & 2 \\ 3 & -2 & -3 \end{pmatrix}$$

である．

### 9.3.5　対称行列

$\boldsymbol{A} = \boldsymbol{A}^T$ の場合，$\boldsymbol{A}$ を対称行列という．電気電子工学で取り扱う行列は，この行列が多い．たとえば，つぎのような行列は対称行列である．

$$\boldsymbol{A} = \begin{pmatrix} 1 & 4 & 5 \\ 4 & 2 & 6 \\ 5 & 6 & 3 \end{pmatrix}$$

零行列，対角行列，単位行列はいずれも対称行列である．

## 9.4　2 次正方行列の逆行列

### 9.4.1　逆行列の定義

$$\boldsymbol{A}\boldsymbol{A}^{-1} = \boldsymbol{U} \quad \text{または} \quad \boldsymbol{A}^{-1}\boldsymbol{A} = \boldsymbol{U} \tag{9.5}$$

を満たすような行列 $\boldsymbol{A}^{-1}$ を $\boldsymbol{A}$ の**逆行列**という．

### 9.4.2　2 次正方行列の逆行列の計算

$2 \times 2$ 行列 $\boldsymbol{A}$ について，式 (9.5) の定義を満たす逆行列 $\boldsymbol{A}^{-1}$ はつぎのようになる．$\boldsymbol{A} = \begin{pmatrix} a & b \\ c & d \end{pmatrix}$ に対して，

$$ad - bc \neq 0 \text{ のとき：} \boldsymbol{A}^{-1} = \frac{1}{ad - bc} \begin{pmatrix} d & -b \\ -c & a \end{pmatrix} \tag{9.6}$$

$$ad - bc = 0 \text{ のとき：} \boldsymbol{A}^{-1} \text{ は存在しない．}$$

ここで，$ad - bc$ は 2 次正方行列の行列式である．行列式については，9.5 節で詳しく述べる．$\boldsymbol{A}$ の逆行列が存在するとき，$\boldsymbol{A}$ は**正則行列**という．

**[例 9.7]**　$\boldsymbol{A} = \begin{pmatrix} 4 & 3 \\ 2 & 2 \end{pmatrix}$，　$\boldsymbol{B} = \begin{pmatrix} -4 & 6 \\ -2 & 3 \end{pmatrix}$ について，$\boldsymbol{A}$ では，$4 \cdot 2 - 2 \cdot 3 = 8 - 6 = 2 \neq 0$ であるから，

$$A^{-1} = \frac{1}{2}\begin{pmatrix} 2 & -3 \\ -2 & 4 \end{pmatrix} = \begin{pmatrix} 1 & -\frac{3}{2} \\ -1 & 2 \end{pmatrix}$$

$\boldsymbol{B}$ では，$-4 \cdot 3 - 6 \cdot (-2) = -12 - (-12) = 0$ であるから，逆行列は存在しない．

### 9.4.3 $\boldsymbol{AB}$ の逆行列

積 $\boldsymbol{AB}$ の逆行列は $\boldsymbol{A}$，$\boldsymbol{B}$ がともに正則行列のとき，次式となる．

$$(\boldsymbol{AB})^{-1} = \boldsymbol{B}^{-1}\boldsymbol{A}^{-1} \tag{9.7}$$

**【例題 9.2】** 式 (9.7) を証明せよ．

**【解】**

$$(\boldsymbol{AB})(\boldsymbol{B}^{-1}\boldsymbol{A}^{-1}) = \boldsymbol{A}(\boldsymbol{BB}^{-1})\boldsymbol{A}^{-1} = \boldsymbol{AUA}^{-1} = \boldsymbol{AA}^{-1} = \boldsymbol{U}$$

したがって，$(\boldsymbol{AB})^{-1} = \boldsymbol{B}^{-1}\boldsymbol{A}^{-1}$ となる．

## 9.5 行列式

### 9.5.1 行列式の定義

**行列式** (determinant) は正方行列に対して定義され，二次の行列

$$\boldsymbol{A} = \begin{pmatrix} a & b \\ c & d \end{pmatrix}$$

の行列式 $|\boldsymbol{A}|$ はつぎのように定義される．

$$|\boldsymbol{A}| = \begin{vmatrix} a & b \\ c & d \end{vmatrix} = ad - bc$$

行列式は行列の要素どうしの演算であり，単なる値 (**スカラー量**[3]) となる．$|\boldsymbol{A}|$ は行列式をあらわす英単語の略を使って $\det \boldsymbol{A}$ と書く場合もある．

3) スカラー量については 22.1 節を参照．

### 9.5.2 サラスの方法

3次正方行列の行列式は，図9.2に示すサラスの方法を使って，つぎのように計算することができる．

$$\begin{vmatrix} a & b & c \\ d & e & f \\ g & h & i \end{vmatrix} = aei+bfg+chd-ceg-bdi-ahf$$

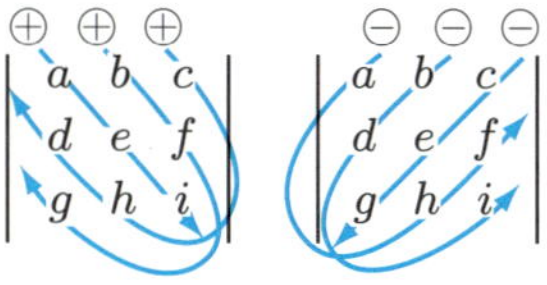


**図 9.2** サラスの方法

**[例 9.8]**
$$\begin{vmatrix} 2 & 1 & 3 \\ -1 & 2 & 1 \\ 0 & 1 & -1 \end{vmatrix} = 2\cdot 2\cdot(-1)+1\cdot 1\cdot 0+3\cdot 1\cdot(-1)-3\cdot 2\cdot 0$$
$$-1\cdot(-1)\cdot(-1)-2\cdot 1\cdot 1$$
$$= -4+0-3-0-1-2=-10$$

### 9.5.3 行列式の展開

3次以上の行列式は，$ij$ 要素に $i$ 行 $j$ 列を取り去った行列式をかけて，つぎのように展開できる．このような方法を小行列式展開とよぶ．

$$\begin{vmatrix} a & b & c \\ d & e & f \\ g & h & i \end{vmatrix} = a\begin{vmatrix} e & f \\ h & i \end{vmatrix} - b\begin{vmatrix} d & f \\ g & i \end{vmatrix} + c\begin{vmatrix} d & e \\ g & h \end{vmatrix} \tag{9.8}$$

式(9.8)は第1行について展開しているが，どの行，または列についても展開することができる．また，展開する行または列の各要素 $i$ 行 $j$ 列の符号は $(-1)^{i+j}$ であり，つぎのようになる．

$$\begin{vmatrix} + & - & + \\ - & + & - \\ + & - & + \end{vmatrix}$$

第2列について展開すると，2列目の符号は $-+-$ であるから，つぎのようになる．

$$\begin{vmatrix} a & b & c \\ d & e & f \\ g & h & i \end{vmatrix} = -b\begin{vmatrix} d & f \\ g & i \end{vmatrix} + e\begin{vmatrix} a & c \\ g & i \end{vmatrix} - h\begin{vmatrix} a & c \\ d & f \end{vmatrix} \tag{9.9}$$

**[例 9.9]** [例 9.8]で示した行列式を1列目で展開して求める．

$$\begin{vmatrix} 2 & 1 & 3 \\ -1 & 2 & 1 \\ 0 & 1 & -1 \end{vmatrix} = 2\begin{vmatrix} 2 & 1 \\ 1 & -1 \end{vmatrix} - (-1)\begin{vmatrix} 1 & 3 \\ 1 & -1 \end{vmatrix} + 0\begin{vmatrix} 1 & 3 \\ 2 & 1 \end{vmatrix}$$

$$= 2\cdot(-2-1) + (-1-3) + 0 = -6 - 4 = -10$$

## 演習問題

**〈9.1〉** 二つの行列 $\boldsymbol{A}$ と $\boldsymbol{B}$ がつぎのように与えられるとき，(1)〜(15) を計算をせよ．

$$\boldsymbol{A} = \begin{pmatrix} -1 & 2 \\ 4 & 1 \end{pmatrix}, \quad \boldsymbol{B} = \begin{pmatrix} 2 & -4 \\ 1 & -3 \end{pmatrix}$$

(1) $\boldsymbol{A}+\boldsymbol{B}$　(2) $\boldsymbol{A}-\boldsymbol{B}$　(3) $2\boldsymbol{A}+3\boldsymbol{B}$

(4) $3\boldsymbol{A}-2\boldsymbol{B}$　(5) $\frac{1}{2}\boldsymbol{A}+\frac{3}{2}\boldsymbol{B}$　(6) $-\frac{2}{3}\boldsymbol{A}+\frac{3}{4}\boldsymbol{B}$

(7) $\boldsymbol{A}\cdot\boldsymbol{B}$　(8) $\boldsymbol{B}\cdot\boldsymbol{A}$　(9) $(-\boldsymbol{A})\cdot\boldsymbol{B}$

(10) $(2\boldsymbol{A})\cdot(3\boldsymbol{B})$　(11) $\boldsymbol{A}^2$　(12) $\boldsymbol{B}^2$

(13) $\boldsymbol{A}^2-\boldsymbol{B}^2$　(14) $(\boldsymbol{A}+\boldsymbol{B})\cdot(\boldsymbol{A}-\boldsymbol{B})$　(15) $(\boldsymbol{A}-\boldsymbol{B})\cdot(\boldsymbol{A}+\boldsymbol{B})$

**〈9.2〉** つぎの行列の積を求めよ．

(1) $\begin{pmatrix} 2 & 1 & -3 \\ 3 & -2 & 4 \end{pmatrix}\begin{pmatrix} 1 & 5 \\ 4 & 3 \\ 2 & 1 \end{pmatrix}$　(2) $\begin{pmatrix} 1 & 5 \\ 4 & 3 \\ 2 & 1 \end{pmatrix}\begin{pmatrix} 2 & 1 & -3 \\ 3 & -2 & 4 \end{pmatrix}$

(3) $\begin{pmatrix} 1 & 3 \\ -2 & 1 \\ 5 & -4 \\ -3 & 6 \end{pmatrix}\begin{pmatrix} 2 & 4 & -5 \\ 3 & -1 & -2 \end{pmatrix}$　(4) $\begin{pmatrix} 1 & 2 & -1 & 4 \\ 3 & -2 & 1 & 2 \end{pmatrix}\begin{pmatrix} 5 & 2 \\ 1 & 0 \\ -2 & -1 \\ 3 & -2 \end{pmatrix}$

(5) $\begin{pmatrix} 1 & a \\ 0 & 1 \end{pmatrix}^3$　(6) $\begin{pmatrix} 1 & 0 & 1 \\ 2 & 1 & 0 \\ 1 & -1 & 2 \end{pmatrix}\begin{pmatrix} -2 & 1 & 1 \\ 4 & -1 & -2 \\ 3 & -1 & -1 \end{pmatrix}$

(7) $\begin{pmatrix} \cos\theta & \sin\theta \\ -\sin\theta & \cos\theta \end{pmatrix}^2$　(8) $\begin{pmatrix} \cos\theta & \sin\theta \\ -\sin\theta & \cos\theta \end{pmatrix}\begin{pmatrix} \cos\theta & -\sin\theta \\ \sin\theta & \cos\theta \end{pmatrix}$

**〈9.3〉** 三つの行列 $\boldsymbol{A}$, $\boldsymbol{B}$, $\boldsymbol{C}$ が次式のとき，つぎの計算をせよ．

$$\boldsymbol{A} = \begin{pmatrix} 3 & -4 \\ 1 & 2 \end{pmatrix}, \quad \boldsymbol{B} = \begin{pmatrix} -1 & 4 \\ 2 & -1 \end{pmatrix}, \quad \boldsymbol{C} = \begin{pmatrix} 1 & 1 \\ 0 & 1 \end{pmatrix}$$

(1) $\boldsymbol{A}\cdot\boldsymbol{B}\cdot\boldsymbol{C}$　(2) $\boldsymbol{A}\cdot\boldsymbol{C}\cdot\boldsymbol{B}$

**〈9.4〉** 二つの行列 $\boldsymbol{A}$, $\boldsymbol{B}$ が次式のとき，つぎの計算をせよ．

$$\boldsymbol{A} = \frac{1}{\sqrt{2}}\begin{pmatrix} 1 & j \\ j & 1 \end{pmatrix}, \quad \boldsymbol{B} = \begin{pmatrix} 2+j & j \\ -1+j & 1 \end{pmatrix}$$

(1) $\boldsymbol{A}^2$　(2) $\boldsymbol{A}+\boldsymbol{B}$　(3) $\boldsymbol{A}\cdot\boldsymbol{B}$　(4) $\boldsymbol{B}\cdot\boldsymbol{A}$

**〈9.5〉** 図 9.3 に示す二端子対回路の入出力の電圧 $V_1, V_2$，電流 $I_1, I_2$ と $F$ パラメータ $\begin{pmatrix} A & B \\ C & D \end{pmatrix}$ には，次式のような関係がある．

$$\begin{pmatrix} V_1 \\ I_1 \end{pmatrix} = \begin{pmatrix} A & B \\ C & D \end{pmatrix} \cdot \begin{pmatrix} V_2 \\ I_2 \end{pmatrix}$$

$F$ パラメータは回路を縦続接続する場合は行列の積であらわすことができる．また，図 9.4 の回路の $F$ パラメータはつぎのようになる．

(a) $\begin{pmatrix} 1 & Z \\ 0 & 1 \end{pmatrix}$　(b) $\begin{pmatrix} 1 & 0 \\ Y & 1 \end{pmatrix}$

これらの結果を用いて，図 9.5 のように縦続接続された回路の $F$ パラメータを求めよ．

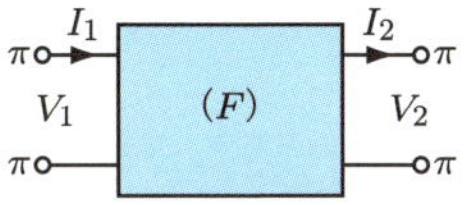


**図 9.3**　二端子対回路の基本図

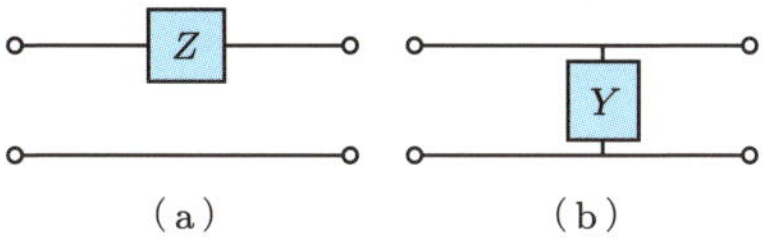


**図 9.4**　$Z, Y$ の二端子対回路

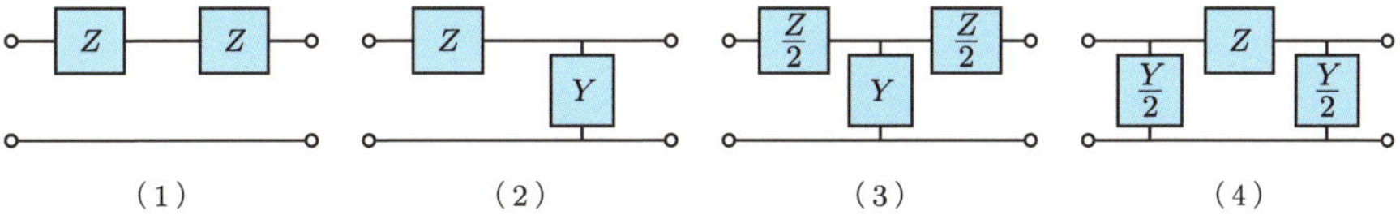


**図 9.5**　$Z$ と $Y$ を組み合わせた二端子対回路

**〈9.6〉** つぎの行列の逆行列を求めよ．

(1) $\begin{pmatrix} -1 & 2 \\ 4 & 1 \end{pmatrix}$　(2) $\begin{pmatrix} 2 & -4 \\ 1 & -3 \end{pmatrix}$　(3) $\begin{pmatrix} \cos\theta & -\sin\theta \\ \sin\theta & \cos\theta \end{pmatrix}$　(4) $\begin{pmatrix} 2+j & j \\ 1-j & 1 \end{pmatrix}$

**〈9.7〉** つぎの行列の行列式を求めよ．

(1) $\begin{vmatrix} 3 & 8 \\ 2 & 4 \end{vmatrix}$　(2) $\begin{vmatrix} 1 & 1 \\ -1 & 0 \end{vmatrix}$　(3) $\begin{vmatrix} \cos\theta & \sin\theta \\ -\sin\theta & \cos\theta \end{vmatrix}$　(4) $\begin{vmatrix} 1 & 2 & 3 \\ 4 & 5 & 6 \\ 7 & 8 & 9 \end{vmatrix}$

(5) $\begin{vmatrix} 2 & 3 & 2 \\ 1 & 5 & 6 \\ 0 & 2 & 3 \end{vmatrix}$　(6) $\begin{vmatrix} 1 & a & a^2 \\ a & 1 & a \\ a^2 & a & 1 \end{vmatrix}$　(7) $\begin{vmatrix} 1 & 0 & 1 \\ 2 & 1 & 0 \\ 1 & -1 & 2 \end{vmatrix}$　(8) $\begin{vmatrix} 2 & 4 & 1 \\ 3 & -2 & 2 \\ 1 & 3 & 1 \end{vmatrix}$

(9) $\begin{vmatrix} -5 & 2 & 1 \\ 3 & -1 & 2 \\ 4 & -3 & 1 \end{vmatrix}$　(10) $\begin{vmatrix} a & b & c \\ b & c & a \\ c & a & b \end{vmatrix}$

**⟨9.8⟩** 1行目に関して小行列展開を用いて展開し，つぎの行列式の値を求めよ．

(1) $\begin{vmatrix} 1 & 2 & 3 \\ 4 & 5 & 6 \\ 7 & 8 & 9 \end{vmatrix}$　　(2) $\begin{vmatrix} 1 & a & a^2 \\ a & 1 & a \\ a^2 & a & 1 \end{vmatrix}$　　(3) $\begin{vmatrix} 5 & 0 & 0 & 4 \\ 0 & 1 & 2 & 5 \\ -2 & 0 & 1 & 3 \\ 6 & 2 & -1 & 2 \end{vmatrix}$

**⟨9.9⟩** ⟨演習問題9.8⟩において，2列目に関して小行列展開を用いて展開し，行列式の値を求めよ．

# 第10章 連立方程式

未知数が複数個ある電気電子回路の解析をおこなう場合，連立方程式を解く必要がある．本章では，連立方程式を解く代表的な三つの方法について述べる．なお，連立方程式を解くには，未知数の数と独立した方程式の数が等しいことが前提となる．

学習の目標
- □消去法を用いて，連立 3 元 1 次方程式が解けるようになる
- □3 次正方行列の逆行列計算ができるようになる
- □逆行列を用いて連立 3 元 1 次方程式が解けるようになる
- □クラメルの公式を用いて，連立 3 元 1 次方程式が解けるようになる

## 10.1 消去法

同次に成立する複数の方程式の組を連立方程式という．ここでは，つぎのような連立 3 元 1 次方程式[1]を例として，消去法による連立方程式の解法について説明する．

$$x + 2y - 3z = 16 \quad ①$$

$$2x - 3y + z = 4 \quad ②$$

$$3x + 2y - z = 20 \quad ③$$

まず，$x$ を消去するために ② − ① × 2 と ③ − ① × 3 を計算し，それぞれ ②′，③′ とする．

$$-7y + 7z = -28 \quad ②'$$

$$-4y + 8z = -28 \quad ③'$$

つぎに，②′ の両辺を $-1/7$ 倍して，②″ とする．

$$y - z = 4 \quad ②''$$

③′ に ②″ × 4 を加え，③′ から $y$ を消去する．

$$4z = -12$$

$$z = -3 \quad ④$$

1) 3 元とは，未知数と独立した方程式の数が三つであることを意味している．

④を②″に代入する.

$$y = 1 \qquad ⑤$$

④と⑤を①に代入する.

$$x = 5 \qquad ⑥$$

以上により，$x, y, z$ の値を求めることができる．得られた解を，もとの方程式①〜③に代入して成り立っていることを確認するとよい．この計算方法は係数を行列であらわせば，コンピュータで連立方程式を解く際によく用いられる方法の一つである**ガウスの消去法**として説明できる.

## 10.2 逆行列を用いる方法

$x, y$ についての連立 2 元 1 次方程式は，行列を用いるとつぎのようにあらわされる.

$$\begin{cases} ax + by = p \\ cx + dy = q \end{cases} \Longrightarrow \begin{pmatrix} a & b \\ c & d \end{pmatrix} \begin{pmatrix} x \\ y \end{pmatrix} = \begin{pmatrix} p \\ q \end{pmatrix} \tag{10.1}$$

ここで，式 (10.1) の左辺行列は係数行列という．式 (10.1) の連立方程式は，左から係数行列の逆行列をかけて，つぎのように解くことができる.

$$\begin{pmatrix} x \\ y \end{pmatrix} = \begin{pmatrix} a & b \\ c & d \end{pmatrix}^{-1} \begin{pmatrix} p \\ q \end{pmatrix}$$

**[例 10.1]**　つぎの連立 1 次方程式を逆行列を用いて解く.

$$\begin{cases} 2x + y = 1 \\ 3x + 4y = 9 \end{cases}$$

上式を行列であらわすと，

$$\begin{pmatrix} 2 & 1 \\ 3 & 4 \end{pmatrix} \begin{pmatrix} x \\ y \end{pmatrix} = \begin{pmatrix} 1 \\ 9 \end{pmatrix} \tag{10.2}$$

となる．式 (10.2) に左から係数行列の逆行列をかけて，

$$\begin{pmatrix} x \\ y \end{pmatrix} = \begin{pmatrix} 2 & 1 \\ 3 & 4 \end{pmatrix}^{-1} \begin{pmatrix} 1 \\ 9 \end{pmatrix} = \frac{1}{5} \begin{pmatrix} 4 & -1 \\ -3 & 2 \end{pmatrix} \begin{pmatrix} 1 \\ 9 \end{pmatrix} = \frac{1}{5} \begin{pmatrix} -5 \\ 15 \end{pmatrix}$$
$$= \begin{pmatrix} -1 \\ 3 \end{pmatrix}$$

より，$x = -1, y = 3$ となる．

**【例題 10.1】** 図 10.1 の回路で，$r_1 = 5\,[\Omega], r_2 = 10\,[\Omega], R = 20\,[\Omega], E_1 = 10\,[\mathrm{V}], E_2 = 20\,[\mathrm{V}]$ のとき，電流 $I_1, I_2$ を求めよ．ただし，回路に関してはつぎの連立方程式が成り立つ．

$$\begin{cases} (r_1 + r_2)I_1 - r_2 I_2 = E_1 - E_2 \\ -r_2 I_1 + (r_2 + R)I_2 = E_2 \end{cases} \quad \text{より}$$

$$\begin{pmatrix} r_1 + r_2 & -r_2 \\ -r_2 & r_2 + R \end{pmatrix} \begin{pmatrix} I_1 \\ I_2 \end{pmatrix} = \begin{pmatrix} E_1 - E_2 \\ E_2 \end{pmatrix}$$

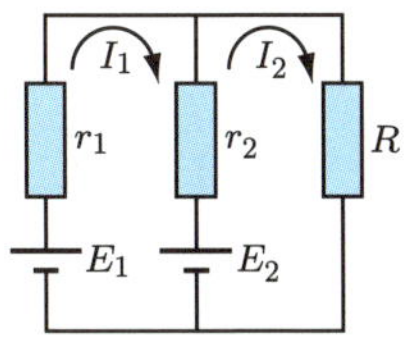


**図 10.1**　抵抗回路

**【解】**

$$\begin{pmatrix} 15 & -10 \\ -10 & 30 \end{pmatrix} \begin{pmatrix} I_1 \\ I_2 \end{pmatrix} = \begin{pmatrix} -10 \\ 20 \end{pmatrix}$$

$$\begin{pmatrix} 15 & -10 \\ -10 & 30 \end{pmatrix}^{-1} = \frac{1}{350} \begin{pmatrix} 30 & 10 \\ 10 & 15 \end{pmatrix}$$

$$\begin{pmatrix} I_1 \\ I_2 \end{pmatrix} = \frac{1}{350} \begin{pmatrix} 30 & 10 \\ 10 & 15 \end{pmatrix} \begin{pmatrix} -10 \\ 20 \end{pmatrix} = \frac{1}{350} \begin{pmatrix} -100 \\ 200 \end{pmatrix} = \begin{pmatrix} -\frac{2}{7} \\ \frac{4}{7} \end{pmatrix}$$

したがって，$I_1 = -2/7\,[\mathrm{A}], I_2 = 4/7\,[\mathrm{A}]$ である．

## 10.3　3 次正方行列の逆行列

連立 3 元 1 次方程式を解くために，3 次正方行列の逆行列を計算する方法について述べる．

$$\boldsymbol{A} = \begin{pmatrix} a & b & c \\ d & e & f \\ g & h & i \end{pmatrix}$$

のとき，行列 $\boldsymbol{A}$ の逆行列 $\boldsymbol{A}^{-1}$ は，9.4 節で述べた小行列式展開を三次に拡張して，つぎのように計算する．

$$\boldsymbol{A}^{-1} = \frac{1}{|\boldsymbol{A}|}\begin{pmatrix} \begin{vmatrix} e & f \\ h & i \end{vmatrix} & -\begin{vmatrix} b & c \\ h & i \end{vmatrix} & \begin{vmatrix} b & c \\ e & f \end{vmatrix} \\ -\begin{vmatrix} d & f \\ g & i \end{vmatrix} & \begin{vmatrix} a & c \\ g & i \end{vmatrix} & -\begin{vmatrix} a & c \\ d & f \end{vmatrix} \\ \begin{vmatrix} d & e \\ g & h \end{vmatrix} & -\begin{vmatrix} a & b \\ g & h \end{vmatrix} & \begin{vmatrix} a & b \\ d & e \end{vmatrix} \end{pmatrix} \tag{10.3}$$

ここで，$|\boldsymbol{A}|$ は行列 $\boldsymbol{A}$ の行列式である．もし，$|\boldsymbol{A}| = 0$ の場合には逆行列は存在せず，そのような行列を**特異行列**という．$|\boldsymbol{A}| \neq 0$ の場合，逆行列は存在し，そのとき行列 $\boldsymbol{A}$ は**正則行列**という．

逆行列 $\boldsymbol{A}^{-1}$ の各要素はつぎのように計算する．

① 符号：$l$ 行 $m$ 列の符号は $(-1)^{l+m}$ である．

② 分子の大きさ：$l$ 行 $m$ 列の要素は，行列 $\boldsymbol{A}$ の $m$ 行目と $l$ 列目 (行と列を入れ換える点に注意) の要素を除いた残りの要素で構成される行列式の値．

③ 分母の大きさ：行列式 $|\boldsymbol{A}|$ の値．

**【例題 10.2】** 10.1 節に示した連立 3 元 1 次方程式の解を，逆行列を用いる方法で求めよ．

**【解】**

行列であらわすとつぎのようになる．

$$\begin{pmatrix} 1 & 2 & -3 \\ 2 & -3 & 1 \\ 3 & 2 & -1 \end{pmatrix}\begin{pmatrix} x \\ y \\ z \end{pmatrix} = \begin{pmatrix} 16 \\ 4 \\ 20 \end{pmatrix} \tag{10.4}$$

式 (10.4) の係数行列を $\boldsymbol{A}$ とおき，$\boldsymbol{A}$ の逆行列 $\boldsymbol{A}^{-1}$ を計算する．

$$\boldsymbol{A}^{-1} = \begin{pmatrix} 1 & 2 & -3 \\ 2 & -3 & 1 \\ 3 & 2 & -1 \end{pmatrix}^{-1}$$

行列 $\boldsymbol{A}$ の行列式は，9.5 節のサラスの方法を用いると，つぎのようになる．

$$\begin{aligned} |\boldsymbol{A}| = \begin{vmatrix} 1 & 2 & -3 \\ 2 & -3 & 1 \\ 3 & 2 & -1 \end{vmatrix} &= 1 \cdot (-3) \cdot (-1) + 2 \cdot 1 \cdot 3 \cdot + (-3) \cdot 2 \cdot 2 \\ &\quad - (-3) \cdot (-3) \cdot 3 - 2 \cdot 2 \cdot (-1) - 1 \cdot 2 \cdot 1 \\ &= 3 + 6 - 12 - 27 + 4 - 2 = -28 \end{aligned} \tag{10.5}$$

$$\boldsymbol{A}^{-1} = -\frac{1}{28}\begin{pmatrix} \begin{vmatrix} -3 & 1 \\ 2 & -1 \end{vmatrix} & -\begin{vmatrix} 2 & -3 \\ 2 & -1 \end{vmatrix} & \begin{vmatrix} 2 & -3 \\ -3 & 1 \end{vmatrix} \\ -\begin{vmatrix} 2 & 1 \\ 3 & -1 \end{vmatrix} & \begin{vmatrix} 1 & -3 \\ 3 & -1 \end{vmatrix} & -\begin{vmatrix} 1 & -3 \\ 2 & 1 \end{vmatrix} \\ \begin{vmatrix} 2 & -3 \\ 3 & 2 \end{vmatrix} & -\begin{vmatrix} 1 & 2 \\ 3 & 2 \end{vmatrix} & \begin{vmatrix} 1 & 2 \\ 2 & -3 \end{vmatrix} \end{pmatrix}$$

$$= -\frac{1}{28}\begin{pmatrix} (-3)\cdot(-1) - 1\cdot 2 & -\{2\cdot(-1) - (-3)\cdot 2\} & 2\cdot 1 - (-3)\cdot(-3) \\ -\{2\cdot(-1) - 1\cdot 3\} & 1\cdot(-1) - (-3)\cdot 3 & -\{1\cdot 1 - (-3)\cdot 2\} \\ 2\cdot 2 - (-3)\cdot 3 & -(1\cdot 2 - 2\cdot 3) & 1\cdot(-3) - 2\cdot 2 \end{pmatrix}$$

$$= -\frac{1}{28}\begin{pmatrix} 1 & -4 & -7 \\ 5 & 8 & -7 \\ 13 & 4 & -7 \end{pmatrix}$$

したがって，つぎのようになる．

$$\begin{pmatrix} x \\ y \\ z \end{pmatrix} = -\frac{1}{28}\begin{pmatrix} 1 & -4 & -7 \\ 5 & 8 & -7 \\ 13 & 4 & -7 \end{pmatrix}\begin{pmatrix} 16 \\ 4 \\ 20 \end{pmatrix} = -\frac{1}{28}\begin{pmatrix} 1\cdot 16 - 4\cdot 4 - 7\cdot 20 \\ 5\cdot 16 + 8\cdot 4 - 7\cdot 20 \\ 13\cdot 16 + 4\cdot 4 - 7\cdot 20 \end{pmatrix}$$

$$= -\frac{1}{28}\begin{pmatrix} -140 \\ -28 \\ 84 \end{pmatrix} = \begin{pmatrix} 5 \\ 1 \\ -3 \end{pmatrix}$$

## 10.4 クラメルの公式を用いる方法

行列式を使うと，簡単な規則に従って連立方程式を解くことができる．つぎに示す連立方程式を例に，その方法を説明する．

$$\begin{cases} a_{11}x + a_{12}y + a_{13}z = c_1 \\ a_{21}x + a_{22}y + a_{23}z = c_2 \\ a_{31}x + a_{32}y + a_{33}z = c_3 \end{cases} \tag{10.6}$$

いま，係数行列の行列式を $\Delta$ とする．

$$\Delta = \begin{vmatrix} a_{11} & a_{12} & a_{13} \\ a_{21} & a_{22} & a_{23} \\ a_{31} & a_{32} & a_{33} \end{vmatrix} \tag{10.7}$$

この行列式の $x$ の係数に相当する列を式 (10.6) の右辺の係数でおき換えた行列式を $\Delta_x$，同様に，$y$, $z$ に対しても $\Delta_y$, $\Delta_z$ をつぎのように定める．

$$\Delta_x = \begin{vmatrix} c_1 & a_{12} & a_{13} \\ c_2 & a_{22} & a_{23} \\ c_3 & a_{32} & a_{33} \end{vmatrix}, \quad \Delta_y = \begin{vmatrix} a_{11} & c_1 & a_{13} \\ a_{21} & c_2 & a_{23} \\ a_{31} & c_3 & a_{33} \end{vmatrix}, \quad \Delta_z = \begin{vmatrix} a_{11} & a_{12} & c_1 \\ a_{21} & a_{22} & c_2 \\ a_{31} & a_{32} & c_3 \end{vmatrix} \tag{10.8}$$

このとき，$x$, $y$, $z$ は次式から求めることができる．

$$x = \frac{\Delta_x}{\Delta}, \quad y = \frac{\Delta_y}{\Delta}, \quad z = \frac{\Delta_z}{\Delta} \tag{10.9}$$

式 (10.7)～(10.9) を**クラメルの公式**という．

**【例題 10.3】**【例題 10.2】の連立 3 元 1 次方程式の解を，クラメルの公式を用いて求めよ．

**【解】**

係数行列の行列式の値は，式 (10.5) より，つぎのようになる．

$$\Delta = \begin{vmatrix} 1 & 2 & -3 \\ 2 & -3 & 1 \\ 3 & 2 & -1 \end{vmatrix} = -28$$

$$\begin{aligned}
\Delta_x &= \begin{vmatrix} 16 & 2 & -3 \\ 4 & -3 & 1 \\ 20 & 2 & -1 \end{vmatrix} \\
&= 16 \cdot (-3) \cdot (-1) + 2 \cdot 1 \cdot 20 + (-3) \cdot 2 \cdot 4 \\
&\quad - (-3) \cdot (-3) \cdot 20 - 2 \cdot 4 \cdot (-1) - 16 \cdot 2 \cdot 1 \\
&= 48 + 40 - 24 - 180 + 8 - 32 = -140
\end{aligned}$$

$$\begin{aligned}
\Delta_y &= \begin{vmatrix} 1 & 16 & -3 \\ 2 & 4 & 1 \\ 3 & 20 & -1 \end{vmatrix} \\
&= 1 \cdot 4 \cdot (-1) + 16 \cdot 1 \cdot 3 + (-3) \cdot 20 \cdot 2 \\
&\quad - (-3) \cdot 4 \cdot 3 - 16 \cdot 2 \cdot (-1) - 1 \cdot 20 \cdot 1 \\
&= -4 + 48 - 120 + 36 + 32 - 20 = -28
\end{aligned}$$

$$\begin{aligned}
\Delta_z &= \begin{vmatrix} 1 & 2 & 16 \\ 2 & -3 & 4 \\ 3 & 2 & 20 \end{vmatrix} \\
&= 1 \cdot (-3) \cdot (20) + 2 \cdot 4 \cdot 3 + 16 \cdot 2 \cdot 2
\end{aligned}$$

$$-16\cdot(-3)\cdot 3-2\cdot 2\cdot 20-1\cdot 2\cdot 4$$

$$=-60+24+64+144-80-8=84$$

したがって，式 (10.9) より，$x, y, z$ はつぎのようになる．

$$x=\frac{\Delta_x}{\Delta}=\frac{-140}{-28}=5,\quad y=\frac{\Delta_y}{\Delta}=\frac{-28}{-28}=1,\quad z=\frac{\Delta_z}{\Delta}=\frac{84}{-28}=-3$$

**【例題 10.4】** 図 10.2 の回路の電流 $I_1, I_2, I_3$ を，クラメルの公式を用いて求めよ．なお，この回路ではつぎの連立方程式が成り立つ．

$$\begin{cases} 6I_1-2I_2-2I_3=0 \\ -2I_1+6I_2-2I_3=0 \\ -2I_1-2I_2+4I_3=8 \end{cases} \qquad (10.10)$$

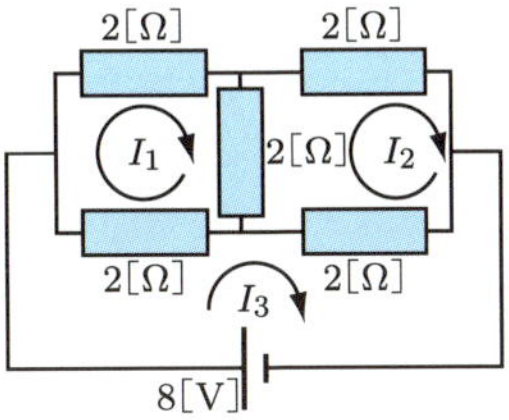


**図 10.2** 抵抗回路

**【解】**

式 (10.10) を行列であらわすと，つぎのようになる．

$$\begin{pmatrix} 6 & -2 & -2 \\ -2 & 6 & -2 \\ -2 & -2 & 4 \end{pmatrix}\begin{pmatrix} I_1 \\ I_2 \\ I_3 \end{pmatrix}=\begin{pmatrix} 0 \\ 0 \\ 8 \end{pmatrix}$$

係数行列の行列式の値は，つぎのようになる．

$$\Delta=\begin{vmatrix} 6 & -2 & -2 \\ -2 & 6 & -2 \\ -2 & -2 & 4 \end{vmatrix}=144-8-8-24-16-24=64$$

$$\Delta_{I_1}=\begin{vmatrix} 0 & -2 & -2 \\ 0 & 6 & -2 \\ 8 & -2 & 4 \end{vmatrix}=32+96=128$$

$$\Delta_{I_2}=\begin{vmatrix} 6 & 0 & -2 \\ -2 & 0 & -2 \\ -2 & 8 & 4 \end{vmatrix}=32+96=128$$

$$\Delta_{I_3}=\begin{vmatrix} 6 & -2 & 0 \\ -2 & 6 & 0 \\ -2 & -2 & 8 \end{vmatrix}=288-32=256$$

$$I_1=\frac{\Delta_{I_1}}{\Delta}=\frac{128}{64}=2,\quad I_2=\frac{\Delta_{I_2}}{\Delta}=\frac{128}{64}=2,\quad I_3=\frac{\Delta_{I_3}}{\Delta}=\frac{256}{64}=4$$

したがって，$I_1=2$ [A], $I_2=2$ [A], $I_3=4$ [A] である．

## 演習問題

**〈10.1〉** つぎの連立方程式を消去法を用いて解け．

(1) $\begin{cases} 2x - y = -1 \\ 5x + y = 15 \end{cases}$　(2) $\begin{cases} 3x - 2y = 29 \\ 2x + 5y = 13 \end{cases}$　(3) $\begin{cases} x + 2y = 3 \\ 3x + y = -1 \end{cases}$

(4) $\begin{cases} 3x + 2y = 5 \\ -2x + 3y = -12 \end{cases}$　(5) $\begin{cases} 3x - 5y + 7z = 9 \\ 2x + 3y - 4z = 10 \\ x - 2y + 3z = 3 \end{cases}$　(6) $\begin{cases} 2x + 3y = -4 \\ -y + z = 1 \\ 2z - x = 11 \end{cases}$

**〈10.2〉** つぎの連立方程式を逆行列を用いる方法で解け．

(1) $\begin{cases} x + 5y = 3 \\ 3x + 2y = -4 \end{cases}$　(2) $\begin{cases} 6x + 2y = 52 \\ 2x + 5y = 13 \end{cases}$

**〈10.3〉** つぎの行列の逆行列を求めよ．

(1) $\begin{pmatrix} 1 & 0 & 1 \\ 2 & 1 & 0 \\ 1 & -1 & 2 \end{pmatrix}$　(2) $\begin{pmatrix} 2 & 4 & 1 \\ 3 & -2 & 2 \\ 1 & 3 & 1 \end{pmatrix}$

**〈10.4〉** 〈演習問題 10.3〉の結果を用いて，つぎの連立方程式を逆行列を用いて解け．

(1) $\begin{pmatrix} 1 & 0 & 1 \\ 2 & 1 & 0 \\ 1 & -1 & 2 \end{pmatrix}\begin{pmatrix} x \\ y \\ z \end{pmatrix} = \begin{pmatrix} 2 \\ 13 \\ -4 \end{pmatrix}$　(2) $\begin{pmatrix} 2 & 4 & 1 \\ 3 & -2 & 2 \\ 1 & 3 & 1 \end{pmatrix}\begin{pmatrix} x \\ y \\ z \end{pmatrix} = \begin{pmatrix} 12 \\ -4 \\ 11 \end{pmatrix}$

**〈10.5〉** つぎの連立方程式を逆行列を用いる方法で解け．

(1) $\begin{cases} x + y + z = 11 \\ 2x + y - z = 3 \\ x + 2y + 3z = 25 \end{cases}$　(2) $\begin{cases} 2x + 5y - z = 3 \\ 3x + 4y + 2z = 1 \\ x - y + 7z = 2 \end{cases}$　(3) $\begin{cases} 2x + 3y = 8 \\ -y + z = 1 \\ 2z - x = 5 \end{cases}$

(4) $\begin{cases} x + y + z = 2 \\ -x + 2y + z = 2 \\ 2x - y + 3z = -3 \end{cases}$　(5) $\begin{cases} x + 3z = -4 \\ 2y - 4z = 6 \\ 2x + y = 3 \end{cases}$

**〈10.6〉** つぎの連立方程式をクラメルの公式を用いる方法で解け．

(1) $\begin{cases} x + 5y = 3 \\ 3x + 2y = -4 \end{cases}$　(2) $\begin{cases} 6x + 2y = 52 \\ 2x + 5y = 13 \end{cases}$　(3) $\begin{cases} x + y + z = 11 \\ 2x + y - z = 3 \\ x + 2y + 3z = 25 \end{cases}$

(4) $\begin{cases} 2x + 3y = 8 \\ -y + z = 1 \\ 2z - x = 5 \end{cases}$　(5) $\begin{cases} x - y + 3z = 7 \\ 2x + 5y - z = 0 \\ 3x + 2y = -1 \end{cases}$

**〈10.7〉** 〈演習問題 10.5〉の連立方程式をクラメルの公式を用いて解け．

**〈10.8〉** 図 10.3 の回路の電流 $I_1$, $I_2$, $I_3$ をクラメルの公式を用いて求めよ．なお，この回路は次の連立方程式が成り立つ．

$$\begin{cases} 5I_1 - 2I_2 = 10 \\ -2I_1 + 5I_2 - 2I_3 = 0 \\ -2I_2 + 5I_3 = 0 \end{cases}$$

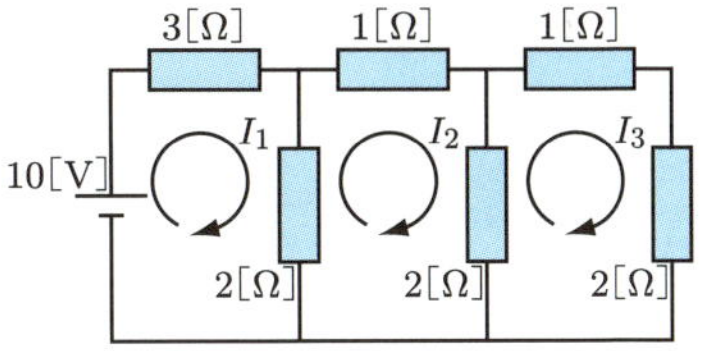


**図 10.3**　抵抗回路

# 第11章 関数の極限

電気電子工学では，微分の考え方や計算が非常によく用いられる．この微分の考え方の基礎となるものが，本章で扱う「関数の極限」である．極限を求める手法とともに，極限の意味を十分理解しておくことが重要である．

学習の目標
- □極限の考え方と関数の連続性を理解する
- □極限値を求める計算ができるようになる
- □不定形となる場合の極限値の求め方が使えるようになる

## 11.1 関数の極限とは

関数 $f(x)$ において，$x$ が $a$ に限りなく近づくとき (ただし $x \neq a$)，$f(x)$ がある一定の値 $b$ に近づく場合，

$$\lim_{x \to a} f(x) = b \tag{11.1}$$

と書き，この値 $b$ を $x \to a$ のときの**極限値**という ("lim" は限界や極限をあらわす英語 limit の略である)．

$x$ は $a$ に限りなく近づくが，決して $x = a$ ではないことに注意が必要である．

ここで，$x$ が $a$ に限りなく近づく方法として，$x = a$ に向かって $x$ の正側から近づく場合と $x$ の負側から近づく場合が考えられる．前者を右極限，後者を左極限といい，次式のように書く．

右極限：$\displaystyle \lim_{x \to a+0} f(x)$　(11.2)

左極限：$\displaystyle \lim_{x \to a-0} f(x)$　(11.3)

式 (11.1) のようにあらわすことができるのは，右極限も左極限も一致する場合であり，すなわちつぎの等式が成り立つ場合である．

$$\begin{aligned}\lim_{x \to a+0} f(x) &= \lim_{x \to a-0} f(x) \\ &= b\end{aligned}$$

**[例 11.1]** $\lim_{x\to 4}\sqrt{x}$ を求めてみる.

関数 $f(x)=\sqrt{x}$ は $x=4$ に近づくとき，図 11.1 のように，右極限も左極限も 2 に近づく.

$$\lim_{x\to 4+0}\sqrt{x}=\lim_{x\to 4-0}\sqrt{x}=2$$

したがって，つぎのようになる.

$$\lim_{x\to 4}\sqrt{x}=2$$

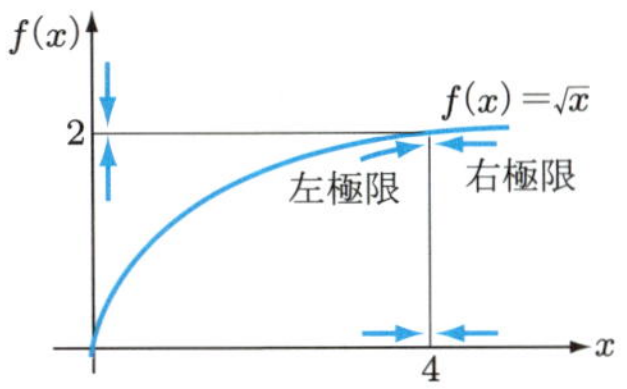


**図 11.1**　関数の極限

**[例 11.2]** 関数 $f(x)=1/x$ の $x=0$ における右極限と左極限は，図 11.2 より明らかなように，

$$\text{右極限：}\ \lim_{x\to +0}f(x)=+\infty$$

$$\text{左極限：}\ \lim_{x\to -0}f(x)=-\infty$$

となり，右極限と左極限は異なる値となる.

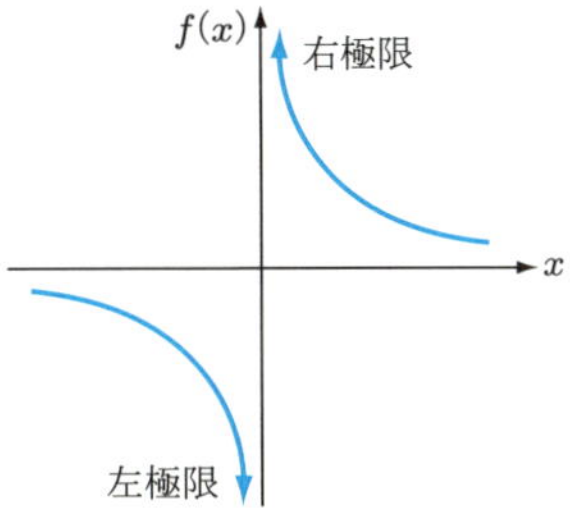


**図 11.2**　右極限と左極限

一方，次式のような不連続点をもつ関数の極限値を考える.

$$f(x)=\frac{x^2-3x-4}{x-4}\quad (x\neq 4)\ \text{における 極限値}\ \lim_{x\to 4-0}f(x)$$

関数 $f(x)$ は次式のように表現できるので，$x\neq 4$ の場合，

$$f(x)=\frac{x^2-3x-4}{x-4}$$
$$=\frac{(x+1)(x-4)}{x-4}=x+1$$

となり，図 11.3 のようになる.

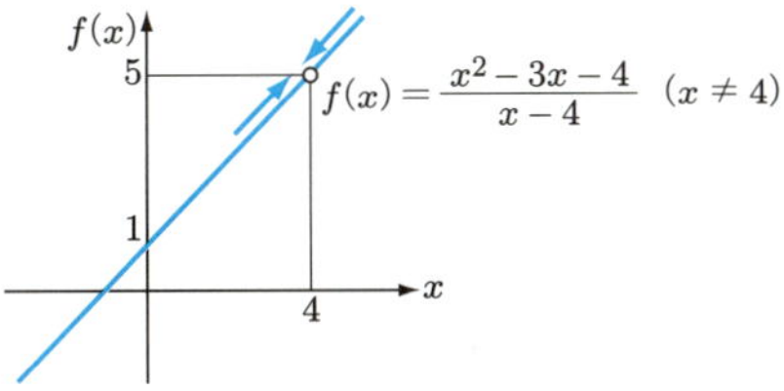


**図 11.3**　不連続点における極限

図より $x=4$ における右極限と左極限は，

$$\lim_{x\to 4+0}f(x)=5,\quad \lim_{x\to 4-0}f(x)=5$$

となる．よって，つぎのようになる.

$$\lim_{x\to 4}f(x)=\lim_{x\to 4}(x+1)=5$$

このように，$x=a$ において値が定義されていないとき ($x=a$ において不連続点) でも，$x$ が $a$ に近づくときの関数 $f(x)$ の極限値が存在する場合がある.

つぎの例として，次式のような不連続関数と不連続点における極限値を考える．

$$\lim_{x\to 0} f(x), \quad f(x) = \begin{cases} -x+1 & (x<0) \\ x-1 & (x>0) \end{cases}$$

関数 $f(x)$ は図 11.4 のようになるので，図より $x=0$ における右極限と左極限は，

$$\lim_{x\to +0} f(x) = -1, \quad \lim_{x\to -0} f(x) = 1$$

となる．よって，$\lim_{x\to +0} f(x) \neq \lim_{x\to -0} f(x)$ であるから，$\lim_{x\to 0} f(x)$ という形では表現できない．

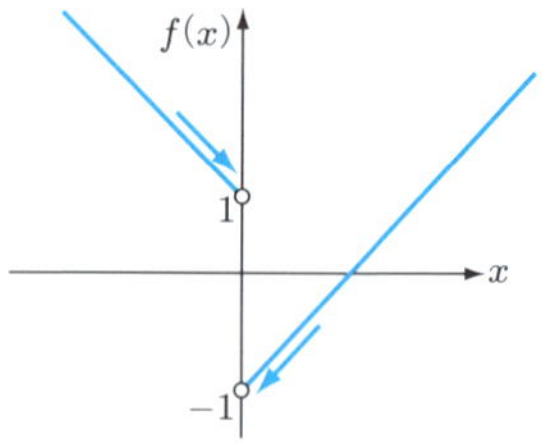

**図 11.4**　不連続関数の不連続点における極限

## 11.2 極限値の性質

11.1 節で示したように，関数の極限を考えるとき，

$$x^2-3x-4, \quad \frac{1}{x+4}, \quad \sqrt{x}, \quad \sin x, \quad \cos x, \quad \tan x, \quad \log x, \quad 10^x$$

のような整数，分数，無理式であらわされる関数や，三角関数，指数関数，対数関数などの関数では，その定義域 (定められている $x$ の取り得る範囲) のなかの任意の $x=a$ に対して，

$$\lim_{x\to a} f(x) = f(a)$$

が成り立っている．

とくに，定数関数 $f(x)=c$ では，以下のようになる．

$$\lim_{x\to a} f(x) = \lim_{x\to a} c = c$$

ほかにも，関数の極限については，以下のような関係が成り立つ．

$\lim_{x\to a} = \alpha, \lim_{x\to b} g(x) = \beta$ とすると，つぎのようになる．

$$\lim_{x\to a}\{f(x) \pm g(x)\} = \alpha \pm \beta \quad [\text{複合同順}] \tag{11.4}$$

$$\lim_{x\to a} f(x)g(x) = \alpha\beta \tag{11.5}$$

$$\lim_{x\to a} kf(x) = k\alpha \tag{11.6}$$

$$\lim_{x\to a} \frac{f(x)}{g(x)} = \frac{\alpha}{\beta} \quad (\beta \neq 0) \tag{11.7}$$

## 11.3 はさみうちの定理

極限と関数の大小関係に関する代表的な定理として，はさみうちの定理とよばれるものがある．はさみうちの定理とは，三つの関数の関係が $f(x) \leqq g(x) \leqq h(x)$ のとき，$\lim_{x\to a} f(x) = \lim_{x\to a} h(x) = b$ ならば，$\lim_{x\to a} g(x) = b$ という関係が成り立つことである．

**[例 11.3]** はさみうちの定理を利用して $\lim_{x\to 0}(\sin x/x)$ を求めてみる．

図 11.5 のように，$0 < x < \pi/2$ のとき，半径 $r$，中心角 $x$ の扇形 OAP を作り，点 A における円の接線が直線 OP と交わる点を Q とする．

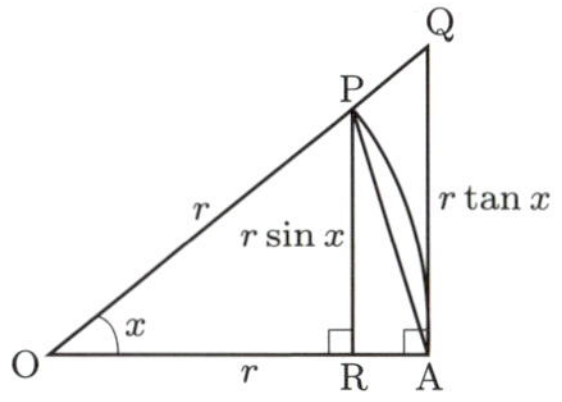


**図 11.5**　はさみうちの定理と三角形

$$\overline{\mathrm{OP}} = \overline{\mathrm{OA}} = r, \quad \overline{\mathrm{AQ}} = r\tan x$$

このとき，

$$\triangle\mathrm{OAP} < \text{扇形 OAP} < \triangle\mathrm{OAQ}$$

となる．△OAP の面積は，$\overline{\mathrm{OA}} = r$ と $\overline{\mathrm{PR}} = r\sin x$ から $(1/2)r^2\sin x$，扇形 OAP の面積は，$\pi r^2(x/2\pi) = (1/2)r^2 x$，△OAQ の面積は，$(1/2)r^2\tan x$ であるから，

$$\frac{1}{2}r^2\sin x < \frac{1}{2}r^2 x < \frac{1}{2}r^2\tan x$$

が成り立つ．よって，

$$\sin x < x < \tan x$$

となる．$0 < x < \pi/2$ のとき $\sin x > 0$ であるので，$\sin x$ で割って，

$$1 < \frac{x}{\sin x} < \frac{1}{\cos x}$$

となる．したがって，つぎのような関係が成り立つ．

$$1 > \frac{\sin x}{x} > \cos x$$

$\lim_{x\to +0} \cos x = 1$ であるので，はさみうちの定理から，

$$\lim_{x\to +0}\frac{\sin x}{x} = 1 \tag{11.8}$$

と求められる．

一方，$y = -x$ とおくと，$x \to -0$ のとき，$y \to +0$ であるから，

$$\lim_{x\to -0}\frac{\sin x}{x} = \lim_{y\to +0}\frac{\sin(-y)}{-y} = \lim_{y\to +0}\frac{\sin y}{y} = 1 \tag{11.9}$$

となる．

式 (11.8) と式 (11.9) から，

$$\lim_{x \to 0} \frac{\sin x}{x} = 1 \tag{11.10}$$

と求められる．

さらに，$\tan x$ についてもつぎのような関係式が得られる．

$$\lim_{x \to 0} \frac{\tan x}{x} = \lim_{x \to 0} \frac{\sin x}{x} \cdot \frac{1}{\cos x} = 1 \tag{11.11}$$

## 11.4 不定形の極限

$\infty - \infty$，$\infty/\infty$，$0 \times \infty$，$0/0$ の形になる極限を不定形という．このような形になるときは，式を変形したうえで極限を適用する．主な方法は以下の通りである．

① 因数分解などにより分母・分子をできるだけ簡単化する．

分母分子を因数分解し，約分してから極限値を求める．

② 無理数 (平方根など) を含む場合，分母または分子を有理化する．

無理数を含む項の有理化をおこない，約分と簡素化をしてから極限値を求める．

③ 分母・分子を，極限を適用する変数の最高次の項で割る．

$\displaystyle\lim_{x \to \infty} k/x^n = 0\ (n > 0)$ の形を作り，極限値を求める．

**【例題 11.1】** つぎの極限値を求めよ．

(1) $\displaystyle\lim_{x \to 1} \frac{x^2 + 2x - 3}{x^2 - 1}$　(2) $\displaystyle\lim_{x \to 0} \frac{\sqrt{1-x} - 1}{x}$

(3) $\displaystyle\lim_{x \to \infty} \frac{3x^2 + x + 1}{7x^2 + 5x + 3}$

**【解】**

(1) $\displaystyle\lim_{x \to 1} \frac{x^2 + 2x - 3}{x^2 - 1} = \lim_{x \to 1} \frac{(x+3)(x-1)}{(x+1)(x-1)} = \lim_{x \to 1} \frac{x+3}{x+1} = \frac{4}{2} = 2$

(2) $$\lim_{x \to 0} \frac{\sqrt{1-x} - 1}{x} = \lim_{x \to 0} \frac{(\sqrt{1-x} - 1)(\sqrt{1-x} + 1)}{x(\sqrt{1-x} + 1)}$$
$$= \lim_{x \to 0} \frac{1 - x - 1}{x(\sqrt{1-x} + 1)} = \lim_{x \to 0} \frac{-1}{\sqrt{1-x} + 1} = -\frac{1}{2}$$

(3) $\displaystyle\lim_{x \to \infty} \frac{3x^2 + x + 1}{7x^2 + 5x + 3} = \lim_{x \to \infty} \frac{3 + (1/x) + (1/x^2)}{7 + (5/x) + (3/x^2)} = \frac{3}{7}$

## 11.5 関数の連続性

関数 $f(x)$ が $x=a$ で連続であるとは，図 11.6 のように，$x=a$ の点で $f(x)$ のグラフがつながっているということである．

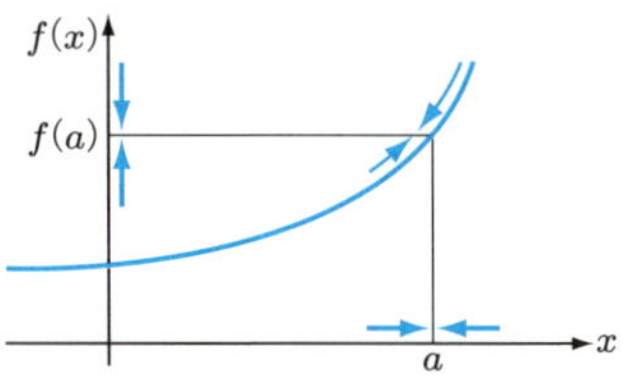


**図 11.6**　連続な関数

また，関数 $f(x)$ が，ある区間に属する全ての $x$ の値で連続であるとき，関数 $f(x)$ はその**区間で連続**であるという．

11.2 節で示した関数は，すべてその定義域で連続になっている．関数 $f(x)$ が $x=a$ で連続であるということは，

① $f(a)$ が存在すること．

② $\lim_{x\to a} f(x)$ が存在すること．

③ $\lim_{x\to a} f(x) = f(a)$ であること．

ということである．

もし，三つの条件のどれか一つでも満たさないときは，関数 $f(x)$ は $x=a$ で不連続である．

**[例 11.4]**　つぎの関数の連続性を調べる．

$$f(x) = \begin{cases} x+2 & (x \neq 2) \\ 0 & (x = 2) \end{cases}$$

この関数は，$x>2$ でも $x<2$ でも連続である．しかし，$x=2$ では，つぎのようになる．

$$\lim_{x\to 2} f(x) = 4 \neq f(2) = 0$$

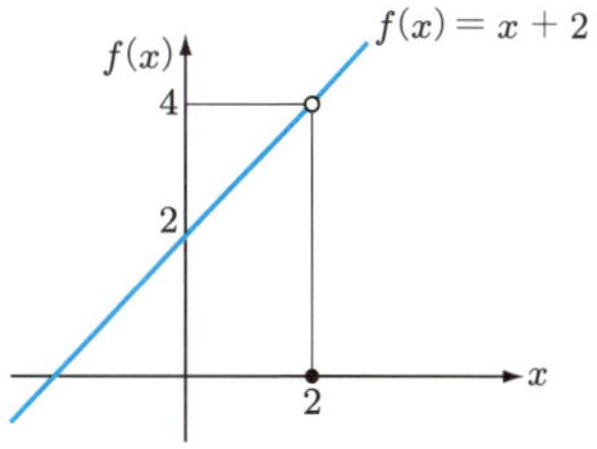


**図 11.7**　不連続な関数

したがって，前記条件③を満足しないことから，関数 $f(x)$ は $x=2$ で不連続である (図 11.7 参照).

なお，定義式の端において右極限もしくは左極限のいずれか一方のみ存在するような関数における連続性については，演習問題〈11.5〉を参照されたい．

## 演習問題

**〈11.1〉** つぎの極限値を求めよ．

(1) $\displaystyle\lim_{x\to 0}(2x-1)$　(2) $\displaystyle\lim_{x\to 1}\frac{x}{x+1}$　(3) $\displaystyle\lim_{x\to\infty}\frac{2x+x^2}{x^2}$

(4) $\displaystyle\lim_{x\to\infty}\frac{x^2-x+1}{5x^3-3}$　(5) $\displaystyle\lim_{x\to\infty}\frac{x^2+2}{3x^2+x+4}$　(6) $\displaystyle\lim_{x\to\infty}\frac{2x^2+5}{5x^2+x+7}$

(7) $\displaystyle\lim_{x\to 1}\frac{2x^2-5x+3}{x^2-4x+3}$　(8) $\displaystyle\lim_{x\to 1}\frac{x^2-1}{x^2+2x-3}$　(9) $\displaystyle\lim_{x\to 3}\frac{x^2-x-6}{x-3}$

(10) $\displaystyle\lim_{x\to 1}\frac{x^2+4x-5}{x^2+x-2}$　(11) $\displaystyle\lim_{x\to 0}\frac{1}{x}\left(\frac{1}{x+3}-\frac{1}{3}\right)$　(12) $\displaystyle\lim_{x\to 9}\frac{x-9}{\sqrt{x}-3}$

(13) $\displaystyle\lim_{x\to 3}\frac{\sqrt{x+1}-2}{x-3}$　(14) $\displaystyle\lim_{x\to 0}\frac{\sqrt{x+1}-1}{x}$　(15) $\displaystyle\lim_{x\to 0}\frac{\sqrt{1+x}-\sqrt{1-x}}{x}$

(16) $\displaystyle\lim_{x\to\infty}(\sqrt{x+1}-\sqrt{x})$

**〈11.2〉** つぎの極限値を求めよ．ただし，$R, R_1, R_2, L, C$ は正の値とする．

(1) $\displaystyle\lim_{R_1\to\infty}\frac{R_1R_2}{R_1+R_2}$　(2) $\displaystyle\lim_{t\to\infty}E(1-e^{-t/CR})$　(3) $\displaystyle\lim_{t\to 0}E(1-e^{-t/CR})$

(4) $\displaystyle\lim_{t\to\infty}\frac{E}{R}(1-e^{-Rt/L})$

**〈11.3〉** つぎの極限値を求めよ．

(1) $\displaystyle\lim_{x\to 0}\frac{\sin 3x}{x}$　(2) $\displaystyle\lim_{x\to 0}\frac{\sin 2x}{\sin 3x}$　(3) $\displaystyle\lim_{x\to 0}\frac{\cos x-1}{x}$　(4) $\displaystyle\lim_{x\to\infty}x\sin\frac{1}{x}$

**〈11.4〉** 関数 $f(x)=\begin{cases} x+1 & (x\neq 1) \\ 0 & (x=1)\end{cases}$ の連続性について説明せよ．

**〈11.5〉** 関数 $f(x)=\sqrt{x}$ の連続性について説明せよ．

**〈11.6〉** 関数 $f(x)=\begin{cases} 2x^2+1 & (x<1) \\ 3x^3 & (x>1)\end{cases}$ において，極限値 $\displaystyle\lim_{x\to 1}f(x)$ の存在について説明せよ．

**〈11.7〉** 関数 $f(x)=\begin{cases} x & (x>0) \\ \dfrac{1}{2} & (x=0) \\ x+1 & (x<0)\end{cases}$ を図示し，極限値 $\displaystyle\lim_{x\to 0}f(x)$ の存在について説明せよ．

# 第12章 微分計算法

第 11 章の関数の極限を用いると，微分を定義することができる．微分は電気電子工学のあらゆる分野で用いるといっても過言ではないほど重要である．したがって，微分に関して計算方法を十分に習得するとともに，その物理的意味を理解することが肝要である．

学習の目標
- □微分の定義を理解し，定義式から簡単な関数の微分が求められるようになる
- □微分の計算規則を用いて，関数の微分が計算できるようになる
- □簡単な関数の高次微分の計算ができるようになる

## 12.1 微分係数と導関数

### 12.1.1 平均変化率

関数 $y = f(x)$ において，$x$ が $a$ から $b$ まで変化するとき，

① $x$ の変化量 $\Delta x$ は $\Delta x = b - a$

② $y$ の変化量 $\Delta y$ は $\Delta y = f(b) - f(a)$

である．

このとき次式を，$x$ が $a$ から $b$ まで変化するときの関数 $f(x)$ における**平均変化率**という．

$$\frac{\Delta y}{\Delta x} = \frac{f(b) - f(a)}{b - a} \tag{12.1}$$

この平均変化率は，関数 $y = f(x)$ におけるグラフの点 A $(a, f(a))$ と点 B $(b, f(b))$ を直線で結んだ式の傾きに等しい．

このように，平均変化率は，区間 [a, b] [1] における関数 $y = f(x)$ の平均的な傾斜を意味する．

**[例 12.1]** 関数 $f(x) = x^2$ において，$x$ が 2 から 4 まで変化するときの平均変化率を求める．$x$ の変化量 $\Delta x$ は，$\Delta x = 4 - 2 = 2$ となる．一方，$y = f(x)$ とすると，$y$ の変化量 $\Delta y$ は，$\Delta y = f(4) - f(2) = 4^2 - 2^2 = 12$ である．よって，平均変化

1) $a \leqq x \leqq b$ の範囲を示すのに区間 [a, b] とあらわす．

率は，

$$\frac{\Delta y}{\Delta x} = \frac{12}{2} = 6$$

となり，区間 [2, 4] において関数 $f(x) = x^2$ は，平均的に 6 の傾きとなっている．

### 12.1.2 微分係数

関数 $y = f(x)$ において，$x$ が $a$ から $a + h$ まで変化するときの平均変化率は，

$$\frac{\Delta y}{\Delta x} = \frac{f(a+h) - f(a)}{a + h - a} = \frac{f(a+h) - f(a)}{h} \tag{12.2}$$

である．ここで，値 $a$ を固定し，$h$ を限りなく 0 に近づけることを考えると，第 11 章で説明した極限とその記号 $\lim_{h \to 0}$ を用いて，次式のようにあらわせる．

$$\lim_{h \to 0} \frac{f(a+h) - f(a)}{h} \tag{12.3}$$

式 (12.3) の極限値を，関数 $f(x)$ の $x = a$ における**微分係数** (微分値ともいう) といい，つぎのようにあらわす．

$$f'(a) = \lim_{h \to 0} \frac{\Delta y}{\Delta x} = \lim_{h \to 0} \frac{f(a+h) - f(a)}{h} \tag{12.4}$$

ここで，$f'(a)$ の意味を，図 12.1 と図 12.2 を用いて簡単に説明する．

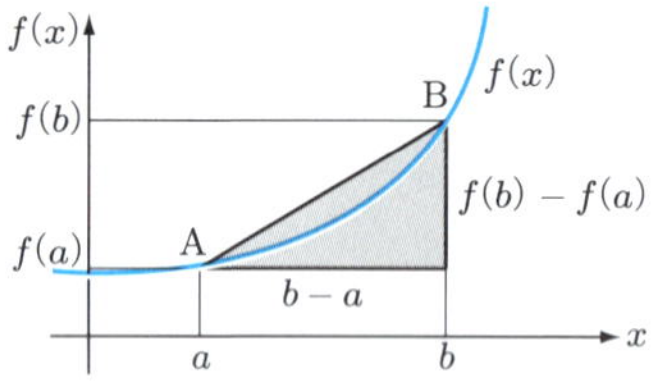


**図 12.1**　平均変化率

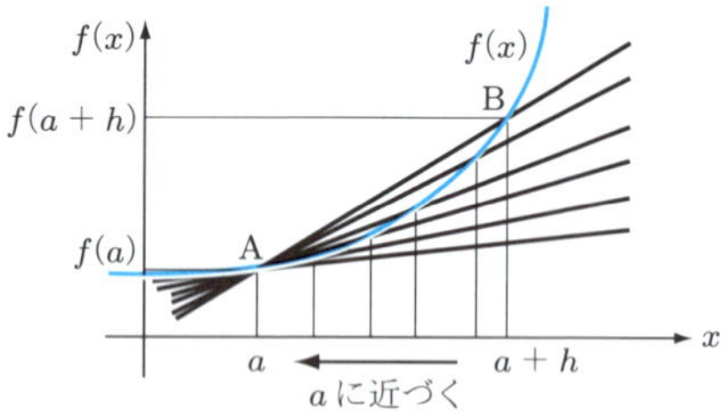


**図 12.2**　微分係数

図 12.1 において $b = a + h$ と置き換えて考えれば，点 B は $(a + h, f(a + h))$ であるから，式 (12.2) は点 A と点 B を結ぶ直線 AB の傾きである．前述のように，値 $a$ を固定し，$h$ を限りなく 0 に近づけることは，点 B を限りなく点 A に近づけることを意味するので，直線 AB の傾きは図 12.2 のように変化していく．このとき，点 B を限りなく点 A に近づけたこの直線を点 A における $f(x)$ の**接線**といい，点 A を**接点**という．

したがって，微分係数 $f'(a)$ は点 $A(a, f(a))$ における接線の傾きを意味する．

**[例 12.2]** 関数 $f(x) = 3x^2$ の $x = a$ における微分係数を求める.

$$f'(a) = \lim_{h \to 0} \frac{3(a+h)^2 - 3a^2}{h} = \lim_{h \to 0} \frac{6ah + 3h^2}{h} = \lim_{h \to 0}(6a + 3h)$$
$$= 6a$$

### 12.1.3 微 分

関数 $y = f(x)$ に関して, $x$ のすべての区間における微分係数を関数であらわしたものを微分または導関数といい, 次式であらわす.

$$\frac{dy}{dx} = \lim_{h \to 0} \frac{f(x+h) - f(x)}{h} \tag{12.5}$$

なお, $dy/dx$ は, $df(x)/dx, f'(x), y'$ と書くことも多い.

**[例 12.3]** 定義に従って, 以下の関数の微分を求める.

(1) 関数 $f(x) = x$ の微分は, つぎのようになる.

$$f'(x) = \lim_{h \to 0} \frac{(x+h) - x}{h} = \lim_{t \to 0} \frac{h}{h}$$
$$= 1$$

(2) 関数 $f(x) = x^2$ の微分は, つぎのようになる.

$$f'(x) = \lim_{h \to 0} \frac{(x+h)^2 - x^2}{h} = \lim_{h \to 0} \frac{2xh + h^2}{h} = \lim_{h \to 0}(2x + h)$$
$$= 2x$$

(3) 関数 $f(x) = x^3$ の微分は, つぎのようになる.

$$f'(x) = \lim_{h \to 0} \frac{(x+h)^3 - x^3}{h} = \lim_{h \to 0} \frac{x^3 + 3x^2h + 3xh^2 + h^3 - x^3}{h}$$
$$= \lim_{h \to 0}(3x^2 + 3xh + h^2)$$
$$= 3x^2$$

[例 12.3]の (1)〜(3) は微分の基本であるので, 覚えておくとよい. また, これらから以下のようにまとめることができる.

$$\text{関数 } f(x) = x^r \text{ の微分は, } f'(x) = rx^{r-1} \tag{12.6}$$

式 (12.6) は一般的に $r$ が有理数のときも成立する. 証明は数学的帰納法でおこなうことができるが, ここでは紙面の都合上省略する.

## 12.2 微分の計算規則

関数の微分に関するいくつかの性質について触れる．$f(x) = x^4 - 2x^2 + x$ のように多項式であらわされた関数，$f(x) = (x^2 + 1)(2x^3 - 2)$ のように積であらわされた関数，$f(x) = (x - 1)/(x + 1)$ のように分数であらわされた関数についても，少々面倒であるが微分の定義から求めることは可能である．しかし，以下に示す微分 (導関数) の計算規則を利用すれば，式 (12.6) で示した $x^n$ の微分とあわせて，より簡単に求めることができる．

以下に，代表的な微分の計算規則を示す．

① $y = kf(x) \to y' = kf'(x)$ (12.7)

② $y = f(x) \pm g(x) \to y' = f'(x) \pm g'(x)$ [複合同順] (12.8)

③ $y = f(x)g(x) \to y' = f'(x)g(x) + f(x)g'(x)$ (12.9)

④ $y = \dfrac{f(x)}{g(x)} \to y' = \dfrac{f'(x)g(x) - f(x)g'(x)}{\{g(x)\}^2}$ (12.10)

とくに，$f(x) = 1$ のときは，つぎのようになる．

$$y = \frac{1}{g(x)} \to y' = -\frac{g'(x)}{\{g(x)\}^2} \tag{12.11}$$

⑤ $y = \{f(x)\}^n \to y' = n\{f(x)\}^{n-1} \cdot f'(x)$ ($n$ は有理数) (12.12)

式 (12.7) の証明は，つぎのようになる．

$$\{kf(x)\}' = \lim_{h \to 0} \frac{kf(x+h) - kf(x)}{h} = k \lim_{h \to 0} \frac{f(x+h) - f(x)}{h} = kf'(x)$$

式 (12.8) の証明は，つぎのようになる．

$$\begin{aligned}\{f(x) + g(x)\}' &= \lim_{h \to 0} \frac{\{f(x+h) + g(x+h)\} - \{f(x) + g(x)\}}{h} \\ &= \lim_{h \to 0} \frac{f(x+h) - f(x)}{h} + \lim_{h \to 0} \frac{g(x+h) - g(x)}{h} \\ &= f'(x) + g'(x)\end{aligned}$$

$\{f(x) - g(x)\}' = f'(x) - g'(x)$ も同様である．

式 (12.9)〜(12.12) の証明については，ホームページ http://www.morikita.co.jp/soft/73471/index.html に示す．

**[例 12.4]** 微分の計算規則を利用して，$f(x) = 2x^3 + 5x^2 - x + 5$ の微分を求める．

$$f(x) = (2x^3 + 5x^2 - x + 5)' = (2x^3)' + (5x^2)' - (x)' + (5)'$$

$$= 2 \cdot 3x^2 + 5 \cdot 2x - 1 = 6x^2 + 10x - 1$$

【例題 12.1】つぎの関数を微分せよ.

(1) $y = (x+1)(2x-1)$　　(2) $y = \dfrac{2x+1}{x^2+2}$

【解】

(1) $y' = (x+1)' \cdot (2x-1) + (x+1) \cdot (2x-1)' = (2x-1) + (x+1) \cdot 2$

$= 2x - 1 + 2x + 2 = 4x + 1$

(2) $y' = \dfrac{2 \cdot (x^2+2) - (2x+1) \cdot 2x}{(x^2+2)^2} = \dfrac{-2x^2 - 2x + 4}{(x^2+2)^2} = \dfrac{-2(x+2)(x-1)}{(x^2+2)^2}$

## 12.3 合成関数の微分

関数 $y = f(u)$ の変数 $u$ が関数 $u = g(x)$ で与えられるとき，$y = f(g(x))$ のような形の関数を合成関数とよび，$y = f(g(x))$ の微分は，

$$\frac{dy}{dx} = \frac{dy}{du} \cdot \frac{du}{dx}$$

と展開できることから，次式のようにあらわすことができる.

$$\frac{dy}{dx} = f'(u) \cdot g'(x) \tag{12.13}$$

したがって，複雑な合成関数 $f(g(x))$ であっても，$u = g(x)$ とおいたうえで式 (12.13) を用いれば，右辺の $f'(u)$ と $g'(x)$ を計算すると簡単に微分を求めることが可能である.

[例 12.5]　関数 $y = (ax+b)^2$ の微分を求める.

$u = ax + b$ とおけば，$y = u^2$ であり，$dy/du = 2u, du/dx = a$ であるから，つぎのようになる.

$$\frac{dy}{dx} = \frac{dy}{du}\frac{du}{dx} = 2u \cdot a = 2a(ax+b)$$

## 12.4 主な関数の微分

以下に，よく利用する代表的な関数の微分を示す．それぞれ微分の定義式を用いて証明することが可能である.【例題 12.2】ではその一部の証明を示す.

① $(K)' = 0$　($K$ は定数)

② $(\sin x)' = \cos x$

③ $(\cos x)' = -\sin x$

④ $(\sin ax)' = a\cos ax$

⑤ $(\cos ax)' = -a\sin ax$

⑥ $(e^x)' = e^x$

⑦ $(e^{\pm ax})' = \pm ae^{\pm ax}$　($a$ は定数)　[複合同順]

⑧ $(\log|x|)' = \dfrac{1}{x}$

⑨ $(\log|f(x)|)' = \dfrac{f'(x)}{f(x)}$

⑩ $(a^x)' = a^x \log a$　$(a > 0,\ a \neq 1)$

**【例題 12.2】** $(\cos x)' = -\sin x$ を証明せよ．

**【解】**

$$(\cos x)' = \lim_{h\to 0} \frac{\cos(x+h) - \cos x}{h}$$

式 (5.15) より，

$$(\cos x)' = \lim_{h\to 0} \frac{-2\sin(x+h/2)\sin h/2}{h}$$

となる．さらに，式 (11.10) を利用すると，つぎのようになる．

$$(\cos x)' = -\lim_{h\to 0} \frac{\sin(h/2)}{h/2}\sin(x+h/2) = -1\cdot\sin x = -\sin x$$

$\sin x$ の微分についても式 (5.15) を用いて同様に証明できる．

## 12.5 高次微分

### 12.5.1 2 次微分

関数 $y = f(x)$ の導関数 $y' = f'(x)$ を，さらにもう一度 $x$ で微分したものを $f(x)$ の **2 次微分**または **2 次導関数**といい，つぎのようにあらわす．

$$f''(x),\quad y'',\quad \frac{d^2y}{dx^2},\quad \frac{d^2}{dx^2}f(x)$$

同様にして 3 次以上の微分を定義することができる．2 次以上の微分を高次微分という．

**[例 12.6]**　関数 $y = x^3$ の 2 次微分を求める．

$$f'(x) = 3x^2,\quad f''(x) = 6x$$

### 12.5.2 $n$ 次微分

関数 $y = f(x)$ を $x$ で $n$ 回微分したものを，$f(x)$ の **$n$ 次微分**または **$n$ 次導関数**といい，つぎのようにあらわす．

$$f^{(n)}(x), \quad y^{(n)}, \quad \frac{d^n y}{dx^n}, \quad \frac{d^n}{dx^n} f(x)$$

なお，本書では，2 次微分までは $f''(x)$ とあらわし，3 次以降は $f^{(3)}(x), f^{(4)}(x), \cdots$ とあらわす．(　) を忘れないように注意すること．

**[例 12.7]** 関数 $y = 5x^4$ の 3 次微分を求める．

$$f'(x) = 20x^3, \quad f''(x) = 60x^2, \quad f^{(3)}(x) = 120x$$

## 12.6 関数の連続性と微分

11.5 節では，極限値を用いて関数の連続性について説明した．すなわち，関数 $y = f(x)$ が $x = a$ で連続であるためには，$\lim_{x \to a} f(x) = f(a)$ が存在する必要がある．

一方，関数 $y = f(x)$ が $x = a$ で連続であるということは，グラフ上の $x = a$ の点で $y = f(x)$ のグラフがつながっているということをあらわし，関数 $y = f(x)$ が $x = a$ で不連続であるということは，線分の端のように，グラフ上の $x = a$ の点で $y = f(x)$ のグラフがつながっていない (途切れている) ということになる．

すなわち，不連続な場合は，$x = a$ において接線をもつことはない．接線をもつのは，少なくとも $x = a$ において連続な場合に限られる．さらに，接線をもつためにはある傾きをとることが必要であるので，$x = a$ における微分係数が存在する．

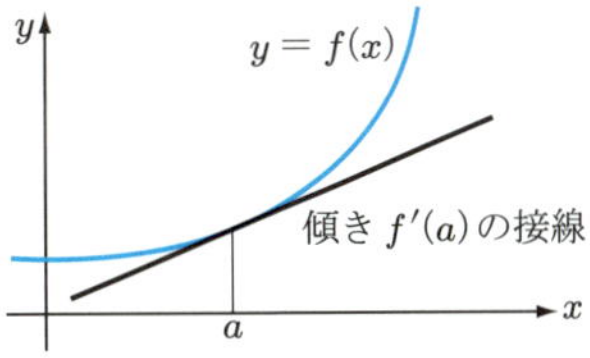


図 12.3　関数の連続性と微分

以上より，関数の連続性について微分を用いて説明するとつぎのようになる．関数 $y = f(x)$ が $x = a$ において微分可能 (微分係数が存在する) である条件の一つは，少なくとも $y = f(x)$ は $x = a$ において連続でなければならない．

なお，“少なくとも” としたのは，つぎに示すように，$y = f(x)$ が $x = a$ において連続であっても，必ずしも微分係数が存在するとは限らないからである．

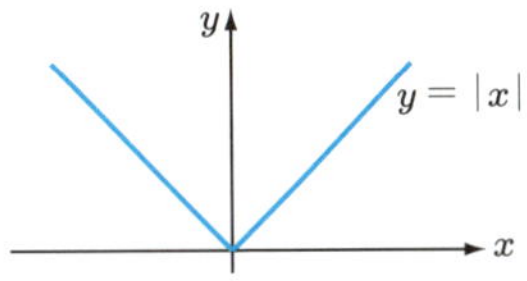


図 12.4　微分不可能な点をもつ連続関数

図 12.4 に示す関数 $y = |x|$ は，$x = 0$ において連続ではあるが，微分係数は一つに定まらず，微分不

可能である (微分係数が存在しない).

## 演習問題

**〈12.1〉** 関数 $f(x) = x^2 + 2x - 1$ のとき，$x$ の値がつぎのように変化するときの変化率を求めよ．
(1) 1 から 3 まで　(2) $-3$ から $-2$ まで　(3) $2 - h$ から 2 まで

**〈12.2〉** 関数 $f(x) = x^3 - x^2$ について，$x$ が $-1$ から 3 まで変化したときの平均変化率と $x = c$ における微分係数が等しくなるように，定数 $c$ の値を求めよ．ただし，$-1 < c < 3$ とする．

**〈12.3〉** 微分を求める定義式 (12.4) を用いて，つぎの関数の微分を求めよ．

(1) $f(x) = 3x^2$　(2) $f(x) = 3x^2 + x$　(3) $f(x) = x^2 - 2x + 1$
(4) $f(x) = x^2 + 2x - 3$　(5) $f(x) = x^{1/3}$　(6) $f(x) = \cos x$
(7) $f(x) = \sqrt{3x + 2}$　(8) $f(x) = \sin x \cos x$　(9) $f(x) = \sqrt{x^2 - 3}$

**〈12.4〉** つぎの関数を微分せよ．

(1) $y = 2x^2 + 3$　(2) $y = 2x^3 + 5x^2 - 1$　(3) $y = (x + 1)(x - 3)$
(4) $y = \dfrac{x - 1}{x + 1}$　(5) $y = \dfrac{2x + 1}{x^2 + 2}$　(6) $y = 2\cos 2x$
(7) $y = \log(x + 2)$　(8) $y = e^{2x-1}$　(9) $y = \dfrac{\cos x}{\sin x}$
(10) $y = \sin x e^{-4x}$　(11) $y = e^{-x}(\sin ax + \cos bx)$　(12) $y = (x^2 + 1)^3$
(13) $y = \left(\dfrac{x^2}{x - 1}\right)^3$　(14) $y = \log(x^3 - 5x + 3)$　(15) $y = x^2 \log x - \dfrac{1}{2}x^2$
(16) $y = \sin^{-1} x$　(17) $y = \cos^{-1} x$　(18) $y = \dfrac{\cos x}{1 - \sin x}$
(19) $y = e^{ax} \cos bx$　(20) $y = \cos ax \sin ax$　(21) $y = x^2 e^{-3x}$
(22) $y = \sqrt{\dfrac{x + 1}{x - 1}}$　(23) $y = \dfrac{x}{\sqrt{x^2 + 1}}$　(24) $y = \dfrac{1}{\sqrt{x + 1} - \sqrt{x - 1}}$
(25) $y = \dfrac{\sqrt{x + 1} - \sqrt{x - 1}}{\sqrt{x + 1} + \sqrt{x - 1}}$　(26) $y = x^x$　(27) $y = xa^{3x}$

**〈12.5〉** つぎの式について，第 1 次，第 2 次，第 3 次微分を求めよ．

(1) $y = x^3$　(2) $y = \sqrt{x}$　(3) $y = x^4 - 4x^3 + x - 1$
(4) $y = x^3(2x - 1)$　(5) $y = e^{2x}$　(6) $y = \cos^2 x$
(7) $y = x^4 e^x$　(8) $y = xe^{-2x}$　(9) $y = \sin x \cos x$
(10) $y = \log x$　(11) $y = x^2 \log x$　(12) $y = x^2 \cos x$

**〈12.6〉** つぎの式の $n$ 次微分 $y^{(n)}$ を求めよ．

(1) $y = e^{4x}$　(2) $y = e^{ax}$　(ただし，$a \neq 0$ の定数)　(3) $y = x^n$
(4) $y = 2^x$　(5) $y = a^x$　(ただし，$a > 1$ の定数)　(6) $y = \sin x$
(7) $y = \cos x$　(8) $y = \log x$

# 第 13 章 微分の応用（その 1）

微分の定義およびその物理的意味を用いると，いろいろなところに応用できる．本章では，そのなかでもっとも基本となる事項を説明する．この内容は，電気電子工学の分野でも広く用いられている．

学習の目標
- □関数上の与えられた点での接線と法線が求められるようになる
- □関数の増減表を作成し，極大，極小と最大，最小の各値が求められるようになる

## 13.1 接線と法線の方程式

12.1.2 項で説明したように，関数 $y = f(x)$ 上の点 $(a, f(a))$ における接線の傾きは，微分係数 $f'(a)$ に等しい．したがって，接線の方程式を求めると，傾きが $f'(a)$ であって，点 $(a, f(a))$ を通る直線であることから，以下のようになる．

$$y - f(a) = f'(a)(x - a) \tag{13.1}$$

**[例 13.1]** 関数 $y = x^2$ の $x = 1$ における接線の方程式を求める．

$f(x) = x^2$ とおくと，$f'(x) = 2x$, $f'(1) = 2$ であるから，接線の方程式は，

$$y - f(1) = f'(1)(x - 1)$$

から

$$y - 1 = 2(x - 1)$$

$$y = 2x - 1$$

となる (図 13.1 の接線参照)．

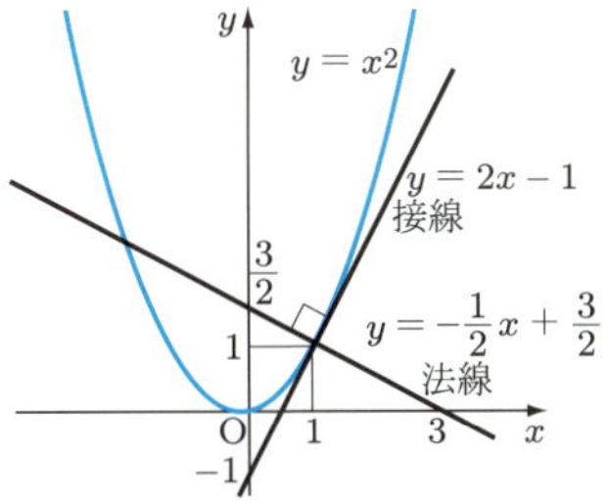


**図 13.1** 接線と法線

つぎに，関数 $y = f(x)$ 上の点 $(a, f(a))$ における法線を求める．この場合，法線とは点 $(a, f(a))$ における接線と直角に交わる直線のことである．

法線の方程式の傾き $a_1$ は，同じ点 $(a, f(a))$ における接線の傾き $a_2$ と直交の関係にある．4.3 節で示した二つの直交する直線の傾きの関係は $a_1 a_2 = -1$ である．接線の傾きは $a_2 = f'(a)$ であることから，法線の傾き $a_1$ はつぎのようになる．

$$a_1 = -\frac{1}{a_2} = -\frac{1}{f'(a)}$$

したがって，法線の方程式は，傾きが $-1/f'(a)$ であって，点 $(a, f(a))$ を通る直線であることから，以下のようになる．

$$y - f(a) = -\frac{1}{f'(a)}(x - a) \tag{13.2}$$

**[例 13.2]** 関数 $y = x^2$ の $x = 1$ における法線の方程式を求める．

$f(x) = x^2$ とおくと，$f'(x) = 2x$，$f'(1) = 2$ であるから，法線の方程式は，

$$y - f(1) = -\frac{1}{f'(1)}(x - 1)$$

から

$$y - 1 = -\frac{1}{2}(x - 1)$$

$$y = -\frac{1}{2}x + \frac{3}{2}$$

となる (図 13.1 の法線参照)．

[例 13.1] と [例 13.2] のグラフを重ねあわせると，図 13.1 のようになり，関数 $f(x)$ 上の点 $(a, f(a))$ における接線と法線は直交していることがわかる．

**【例題 13.1】** 関数 $y = 1 + e^{-2x}$ の $x = 0$ における接線と法線の方程式を求めよ．

**【解】**

$f(x) = 1 + e^{-2x}$ とおくと，$f'(x) = -2e^{-2x}$ である．$x = 0$ における接線の傾きは $f'(0) = -2$ であるから，接線の方程式は，つぎのようになる．

$$y - f(0) = f'(0)(x - 0)$$

$$y = -2(x - 0) + 2 = -2x + 2$$

一方，$x = 0$ における法線の傾きは $-1/f'(0) = 1/2$ であるから，法線の方程式は，つぎのようになる．

$$y - f(0) = -\frac{1}{f'(0)}(x - 0)$$

$$y = \frac{1}{2}(x - 0) + 2 = \frac{1}{2}x + 2$$

## 13.2 関数の増減と極値

微分を用いると，関数 $y = f(x)$ の増減を調べることができるだけでなく，さらには関数のおおまかな形も知ることもできる．

微分の値 $f'(a)$ は $x = a$ における接線の傾きをあらわしたものであるから，$f'(x) > 0$ の領域では傾きが正であるので $y = f(x)$ は**増加** (**単調増加**という)，$f'(x) < 0$ の領域では傾きが負であるので $y = f(x)$ は**減少** (**単調減少**という) している (図 13.2 参照).

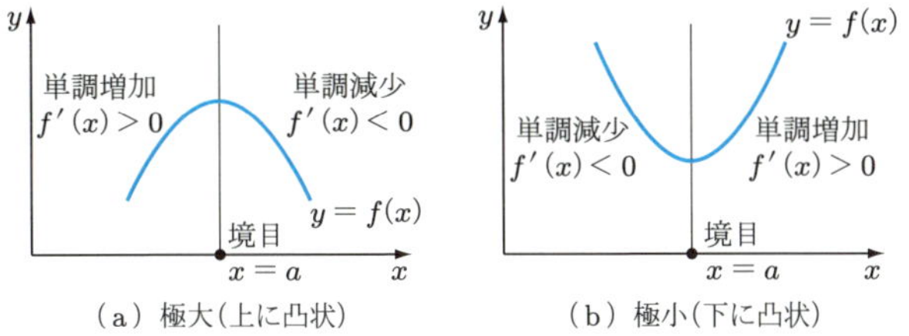


**図 13.2** 関数の増減と極値

$y = f(x)$ の増減に変化が変わる点のことを**極値**といい，傾きがプラスからマイナスあるいはマイナスからプラスに変化する位置であるので，傾きは 0 になる．すなわち，極値では $f'(x) = 0$ が成立する．$y = f(x)$ が増加から減少に変わる点を**極大**，減少から増加に変わる点を**極小**という．その変化の形状から，極大は**上に凸**，極小は**下に凸**になる．また，それぞれの極値における関数 $f(x)$ の値を極大値，極小値とよぶ．関数の増減と極値についてまとめると，つぎのようになる．

連続な関数 $y = f(x)$ は，変数 $x$ の値を大きくしていくとき，単調増加 ($f'(x) > 0$) から単調減少 ($f'(x) < 0$) へ変わる境目の点で極大値をとり，単調減少 ($f'(x) < 0$) から単調増加 ($f'(x) > 0$) へ変わる境目の点で極小値をとる．

図 13.3 に，$y = f(x)$ とその微分 $y' = f'(x)$ の関係を示す．微分 $f'(x)$ は関数 $f(x)$ の $x$ における微分係数 (傾き) をあらわしたものであるから，傾きが 0 となる位置を意味する $f'(x) = 0$，すなわち微分 $y' = f'(x)$ が $x$ 軸と交差する位置が極値となっている．また，微分 $y' = f'(x)$ のグラフ上で，$f'(x)$ の値が $x$ 軸よりも上にあるとき関数 $f(x)$ は増加，下にあるとき関数 $f(x)$ は減少していることもわかる．

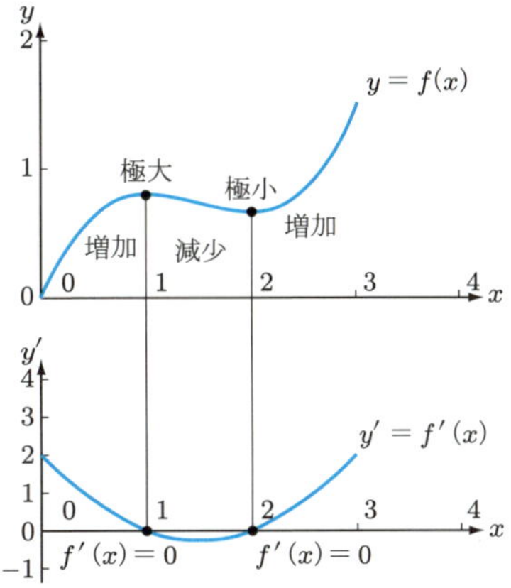


**図 13.3** 関数の極大と極小

このように，関数 $f(x)$ とその微分 $f'(x)$ のグラフの関係をみると，極値や関数 $f(x)$ の増減を把握するのにわかりやすい．しかし，実際には，ある区間における $f'(x)$ の符号や $f(x)$ の値にもとづき，極値や関数 $f(x)$ の形を把握することができる．

その方法は，$f(x)$ や $f'(x)$ の符号や値の変化を調べた表 (**増減表**という) の作成によりおこなう．以下の例題で，増減表の作成による関数の増減変化の把握について説明する．

**[例 13.3]**　2 次関数 $y = x^2 - 2x + 2$ の増減を調べる．

$f(x) = x^2 - 2x + 2$ とおくと，$f'(x) = 2x - 2 = 2(x - 1)$ であるので，極値をとる点は $f(x) = 0$ より，$x = 1$ とわかる．

$x < 1$ のとき $f'(x) < 0$ であるので減少し，$x > 1$ のとき $f'(x) > 0$ であるので増加する．よって，極値は，$x = 1$ において極小値 $f(1) = 1$ をとる．

また，このときの関数 $f(x)$ の増減の変化をまとめたものを表 13.1 に示す．

**表 13.1**　関数 $y = x^2 - 2x + 2$ の増減表

| $x$ | $\cdots$ | 1 | $\cdots$ |
|---|---|---|---|
| $f'(x)$ | $-$ | 0 | $+$ |
| $f(x)$ | ↘ (減少) | 1 (極小) | ↗ (増加) |

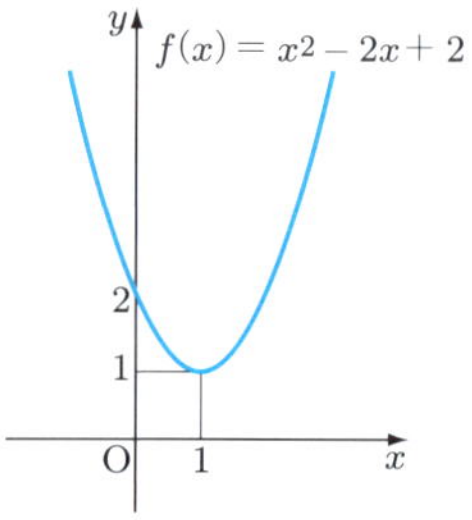


**図 13.4**　関数 $y = x^2 - 2x + 2$ のグラフ

増減表を書くことは，関数の形を知るうえで大変重要である．増減表に書いた関数の形を図 13.4 に示す．また，つぎの 13.3 節で説明する関数の最大や最小を調べるうえでも重要である．

**[例 13.4]**　3 次関数 $y = x^3 - 3x^2 + 3x + 1$ の増減を調べる．

$f(x) = x^3 - 3x^2 + 3x + 1$ とおくと，$f'(x) = 3x^2 - 6x + 3 = 3(x^2 - 2x + 1) = 3(x - 1)^2$ である．増減表を作成すると，表 13.2 のようになり，常に増加することがわかる．これは，$x$ のすべての区間において $f'(x) = 3(x - 1)^2 \geqq 0$ であることからも関数 $f(x)$ は単調増加関数であることがわかる．

**表 13.2** 関数 $y = x^3 - 3x^2 + 3x + 1$ の増減表

| $x$ | $\cdots$ | 1 | $\cdots$ |
|---|---|---|---|
| $f'(x)$ | $+$ | 0 | $+$ |
| $f(x)$ | $\nearrow$ | 2 | $\nearrow$ |

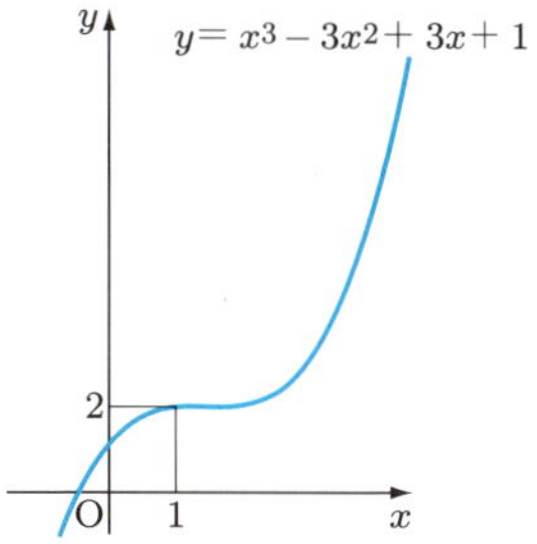


**図 13.5** 関数 $y = x^3 - 3x^2 + 3x + 1$ のグラフ

これを図示すると，図 13.5 のようになる．この図では，図 13.2 とは異なり，関数の増減が変化 (増加から減少もしくはその逆) する点が存在しないため，極値は存在しない．このように，$f'(x) = 0$ であっても必ずしも極値であるとは限らない．極値の判断は，増減表を作成し，図 13.2 で示した $f'(x)$ の符号の変化にもとづいておこなうことが大切である．

## 13.3 関数の最大・最小

関数の最大・最小については，以下の関係が成り立つ．

① 区間 $[a, b]$ で連続な関数は，その区間で最大値と最小値をもつ．

② 最大値，最小値を求めるときは，定義域全体について調べる．すなわち，極値と区間両端の値および不連続点について，その前後を調べる．単純に極大値や極小値が最大・最小になるとは限らないので，必ず増減表を作成し，定義域全体のなかから最大・最小を選ぶ必要がある．

以下では，図 13.6 に示すような，つぎの関数において，増減表の作成による最大・最小の求め方について説明する．

$$f(x) = -x^3 + 3x^2 \quad (-1 \leqq x \leqq 4)$$

まず，極値を求める．

$$f'(x) = -3x^2 + 6x = -3x(x-2)$$

より，$f'(x) = 0$ とすると，$x = 0, 2$ の点で極値をもつ．$x$ の定義域 $(-1 \leqq x \leqq 4)$ の範囲で増減表を作成すると，表 13.3 のようになる．

したがって，$x = -1, 2$ で最大値 4 をとり，$x = 4$ で最小値 $-16$ をとる．

この例では，関数の最大値は極大値と一致するが，最小値は極小値とは一致しない．このように，関数の最大と最小を求めるためには，極値と定義域の両端における関数の値との大小関係を調べる必要がある．

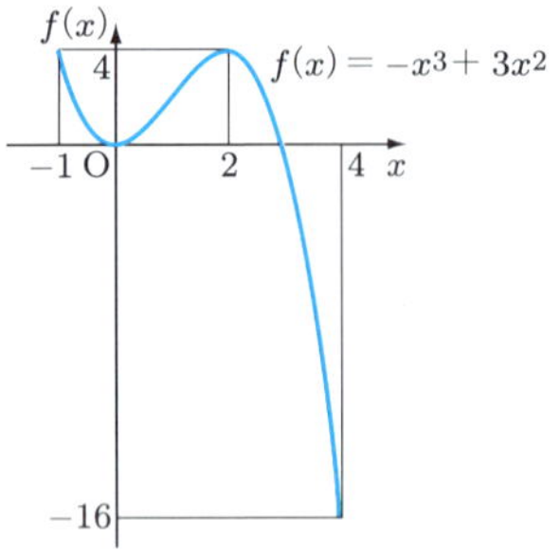


図 13.6　関数 $f(x) = -x^3 + 3x^2$ $(-1 \leqq x \leqq 4)$ のグラフ

表 13.3　関数 $f(x) = -x^3 + 3x^2$ $(-1 \leqq x \leqq 4)$ の増減表

| $x$ | $-1$ | $\cdots$ | $0$ | $\cdots$ | $2$ | $\cdots$ | $4$ |
|---|---|---|---|---|---|---|---|
| $f'(x)$ | | $-$ | $0$ | $+$ | $0$ | $-$ | |
| $f(x)$ | $4$ | ↘ | $0$ (極小) | ↗ | $4$ (極大) | ↘ | $-16$ |

**【例題 13.2】** 図 13.7 のような直列抵抗回路において，$x$ は可変抵抗，電源電圧 $E$ および抵抗 $r$ は一定とする．つぎの設問に答えよ．

(1) 電流 $I$ の式を $E, r, x$ であらわせ．

(2) 可変抵抗 $x$ で消費される電力 $P$ の式を $E, r, x$ であらわせ．

(3) $dP/dx$ を求めよ．

(4) $0 \leqq x < \infty$ について増減表を作成し，電力 $P$ が最大となるときの $x$ と $r$ の関係式を求めよ．また，そのときの $P$ の値 $P_{\max}$ を $E, r$ であらわせ．

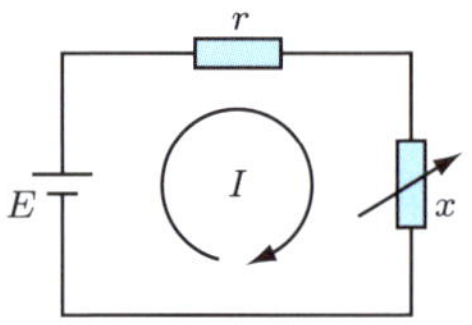


図 13.7　直列抵抗回路

**【解】**

(1) 回路全体の合成抵抗は $x + r$ であるから，オームの法則より求める電流 $I$ は，つぎのようになる．

$$I = \frac{E}{x + r}$$

(2) 可変抵抗 $x$ で消費される電力は $xI^2$ であるから，求める電力 $P$ は，つぎのようになる．

$$P = \frac{xE^2}{(x + r)^2}$$

(3) $$\frac{dP}{dx} = \frac{E^2(x + r)^2 - xE^2 \cdot 2(x + r)}{(x + r)^4} = \frac{E^2(r - x)}{(x + r)^3}$$

$(x + r) > 0$ であるから，$(x + r)^3 > 0$ である．よって，符号は $(r - x)$ のみで決まる．

(4) $dP/dx = 0$ のとき，$x = r$ で極値をとる．また，可変抵抗 $x$ の区間両端の値はつぎの通りである．

$x=0$ のとき，$P=0$

$x=\infty$ のとき，$P=0$ (開放なので，$I=0$ であることから明らかである)

これから増減表は表 13.4 のようになる．

**表 13.4**　関数の増減表

| $x$ | 0 | | $r$ | | $\infty$ |
|---|---|---|---|---|---|
| $\dfrac{dP}{dx}$ | | $+$ | 0 | $-$ | |
| $P$ | 0 | $\nearrow$ | $\dfrac{E^2}{4r}$ | $\searrow$ | 0 |

この場合には，極大値と最大値は一致しており，その値は $x=r$ のとき，つぎのようになる．

$$P_{\max}=\frac{rE^2}{(r+r)^2}=\frac{E^2}{4r}$$

## 演習問題

**〈13.1〉** つぎの式において，指定された点における接線および法線の方程式を求めよ．

(1) $y=x^2$　$(1,1)$　(2) $y=3x^3$　$(1,3)$　(3) $y=\sqrt{x}$　$(1,1)$

(4) $y=-\sqrt{x-1}$　$(2,-1)$　(5) $y=\dfrac{2x+1}{x-1}$　$(2,5)$　(6) $y=e^{-x}$　$(0,1)$

(7) $y=2\cos x$　$\left(\dfrac{\pi}{4},\sqrt{2}\right)$　(8) $x^2+y^2=5$　$(1,2)$

**〈13.2〉** つぎの問いに答えよ．

(1) 曲線 $y=1+e^{-2x}$ 上の $x=0$ の点における接線と法線の方程式を求めよ．

(2) 原点を通り，曲線 $y=e^{-x}$ に接する直線（接線）の方程式，接点の座標，その接点での法線の方程式を求めよ．

(3) 原点を通り，曲線 $y=\log x$ に接する直線（接線）の方程式，接点の座標，その接点での法線の方程式を求めよ．

**〈13.3〉** つぎの問いに答えよ．

(1) 曲線 $y=1-e^{-2x}$ 上の $x=0$ の点における接線の方程式を求めよ．

(2) この接線が直線 $y=1$ と交わる点 A の $x$ 座標を求めよ．

(3) この交わる点 A において，(1) で求めた接線と直交する直線（法線）の方程式を求めよ．

**〈13.4〉** つぎの関数の極大，極小，最大，最小の値を求めよ．

(1) $y=x^3-6x+1$　$(-1\leqq x\leqq 2)$　(2) $y=x^3-3x+4$　$(-1\leqq x\leqq 2)$

(3) $y=-x^3+12x$　$(-3\leqq x\leqq 4)$　(4) $f(x)=x^3-3x^2+1$　$\left(-\dfrac{1}{2}\leqq x\leqq 4\right)$

(5) $f(x)=x^3-x^2-x-1$　$(-2\leqq x\leqq 2)$

(6) $f(x) = x^3 - 2x^2 + x + 2 \quad \left(-\dfrac{3}{2} \leqq x \leqq \dfrac{3}{2}\right)$

(7) $y = \dfrac{1}{3}x^3 - \dfrac{3}{2}x^2 + 2x - 1 \quad (-2 \leqq x \leqq 2)$

(8) $y = \dfrac{2x+1}{x^2+2} \quad (-2 \leqq x \leqq 2)$　　(9) $y = 2\sin x \quad (0 \leqq x \leqq \pi)$

(10) $y = \cos 2x \quad \left(-\dfrac{\pi}{2} \leqq x \leqq \dfrac{\pi}{2}\right)$　　(11) $y = e^{-x}\sin x \quad (0 \leqq x \leqq 2\pi)$

(12) $y = xe^{-x} \quad (-2 \leqq x \leqq 2)$

**〈13.5〉** 図 13.8 のような抵抗回路において，電圧 $V$，抵抗 $R$ および $r$ は一定とする．抵抗 $R$ の比を変えて ($x$ と $R-x$ の割合を $x$ を可変として変化させる) 電流 $I_2$ を最小にする $x$ の条件を求めよ．

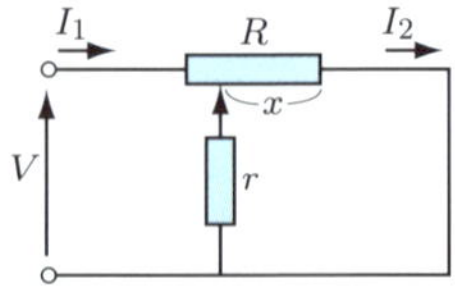


**図 13.8**　抵抗回路

# 第14章 微分の応用（その2）

電卓やパソコンでは，基本的に加減乗除の演算しかできない．それにもかかわらず，三角関数・指数関数・対数関数などの計算ができるのは，本章で取り扱うテイラー展開を用いて，これら関数を級数展開式で表現しているからである．なお，本章の内容は，第21章で述べる数値計算法の基礎となっていて，電気電子工学の現象を数値計算で求める場合の出発点となっている．

学習の目標
- □平均値の定理とロルの定理を理解する
- □マクローリン展開式を用いて簡単な超越関数の無限級数展開式が求められるようになる
- □オイラーの公式とド・モアブルの定理が成り立つ根拠を理解する

## 14.1 平均値の定理とロルの定理

### 14.1.1 平均値の定理

関数 $f(x)$ 上に二つの点 $\mathrm{A}(a, f(a))$ と点 $\mathrm{B}(b, f(b))$ をとるとき，直線 AB の傾きは，$\{f(b)-f(a)\}/(b-a)$ である．

このとき，図 14.1 に示すように，関数 $f(x)$ 上の曲線 AB の間に，直線 AB と平行な接線をもつ点 $\mathrm{C}(c, f(c))$ が必ず存在する．点 C における接線の傾きは $f'(c)$ であるから，$f'(c)=\{f(b)-f(a)\}/(b-a)$ が成り立つことになる．

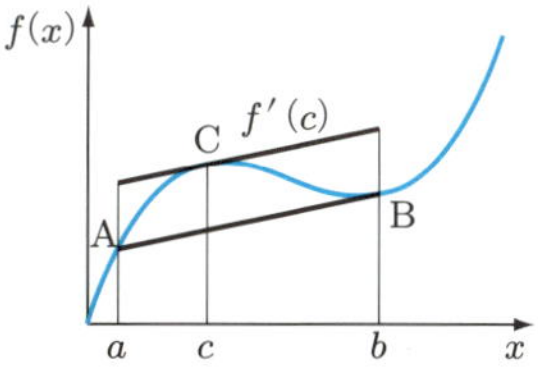

図 14.1　平均値の定理

そこで，一般に以下の定理が成り立ち，これを平均値の定理とよぶ．関数 $f(x)$ が区間 $a \leqq x \leqq b$ において連続かつ区間 $a<x<b$ にて微分可能とすると，

$$f'(c)=\frac{f(b)-f(a)}{b-a} \tag{14.1}$$

を満足する $c$ が存在する．

なお，平均値の定理の $c$ は一つとは限らない．たとえば，関数 $x$ が 3 次関数の場合は $c$ が二つ存在する場合もある．

**[例 14.1]** 平均値の定理において，$f(x) = x^3 + 1$ のとき，$c$ を 2 点 A, B の $x$ 座標 $a, b$ で表現する．

$f'(x) = 3x^2$ であるから，式 (14.1) に代入して，

$$3c^2 = \frac{(b^3+1)-(a^3+1)}{b-a}$$

より，整理すると，

$$3c^2 = \frac{(b-a)(a^2+ab+b^2)}{b-a} = a^2+ab+b^2$$

$$c = \pm\sqrt{\frac{a^2+ab+b^2}{3}}$$

となり，二つの $c$ が存在する．

### 14.1.2 ロルの定理

平均値の定理の式 (14.1) において，$f(a) = f(b)$ とすると，$f'(c) = 0$ が成り立つ．

これは，図 14.2 に示すように，関数 $f(x)$ 上の二つの点 $\mathrm{A}(a, f(a))$ と点 $\mathrm{B}(b, f(b))$ をとったとき，直線 AB が $x$ 軸に対して平行であるならば (すなわち，直線 AB の傾きが 0)，関数 $f(x)$ 上の曲線 AB の間に傾き 0 の接線を，点 $\mathrm{C}(c, f(c))$ において引くことができる．よって，点 C における接線の傾きが 0 であるから，$f'(c) = 0$ が成り立つことになる．

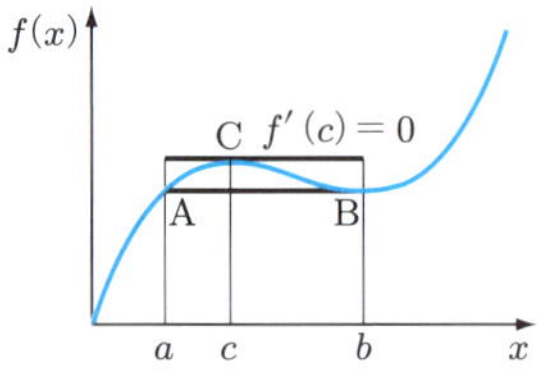


**図 14.2**　ロルの定理

これをロルの定理とよび，一般に以下の定理が成り立つ．関数 $f(x)$ が区間 $a \leqq x \leqq b$ において連続かつ区間 $a < x < b$ にて微分可能であり，なおかつ $f(a) = f(b)$ とすると，

$$f'(c) = 0 \tag{14.2}$$

を満足する $c$ が存在する．

また，平均値の定理と同様に，ロルの定理の $c$ は一つとは限らない．たとえば，関数 $f(x)$ が 3 次関数の場合は，$c$ が二つ存在する場合もある．

## 14.2 テイラー展開式

平均値の定理の式 (14.1) は，次式のように変形できる．

$$f(b) = f(a) + f'(c)(b-a) \tag{14.3}$$

ここで，図 14.3 の点 $a$ における接線の方程式 (式 (13.1) 参照) から点 $b$ の値を推測し，さらに定数 $K_1$ を定め，次式のように $f(b)$ をおくと，以下のようになる．

$$f(b) = f(a) + f'(a)(b-a) + K_1(b-a)^2 \tag{14.4}$$

この式の右辺の第 1 項および第 2 項は，点 $a$ における接線の方程式である．

$y = f(a) + f'(a)(x-a)$ の点 $b$ における値，第 3 項が図 14.3 の縦の実線部分の長さをあらわす．

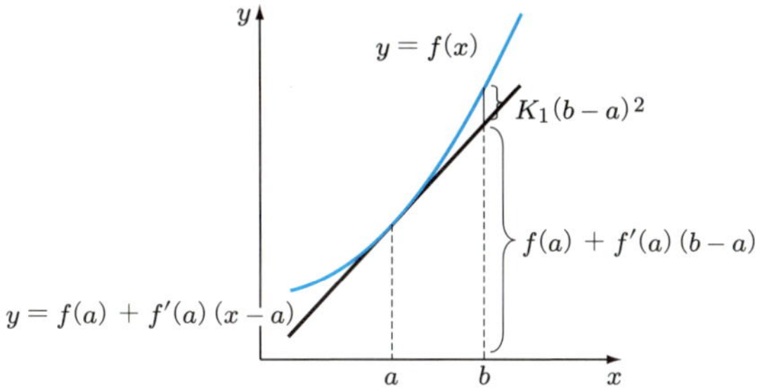


**図 14.3**　点 $a$ における接線の方程式と定数 $K$ による $f(b)$ の定義

ここで，定数 $K_1$ を求める．まず，

$$F_1(x) = -f(b) + f(x) + f'(x)(b-x) + K_1(b-x)^2 \tag{14.5}$$

とおく．$F_1(b) = 0$ であることは式 (14.5) に $x = b$ を代入することで明らかである．一方，式 (14.5) に $x = a$ を代入し，さらに式 (14.4) を適用すると，$F_1(a)$ はつぎのようになる．

$$F_1(a) = -f(b) + f(a) + f'(a)(b-a) + K_1(b-a)^2 = -f(b) + f(b) = 0$$

したがって，$F_1(a) = F_1(b) = 0$ となるので，ロルの定理から，${F_1}'(c) = 0$ が成り立つ $c$ が存在することになるので $(a < c < b)$，$F_1(x)$ を微分して，

$${F_1}'(x) = f'(x) - f'(x) + f''(x)(b-x) - 2K_1(b-x)$$

$$\begin{aligned} {F_1}'(c) &= f'(c) - f'(c) + f''(c)(b-c) - 2K_1(b-c) \\ &= f''(c)(b-c) - 2K_1(b-c) = 0 \end{aligned}$$

が成り立つ．よって，$K_1$ はつぎのようになる．

$$K_1 = \frac{1}{2}f''(c)$$

これを式 (14.4) に代入して，次式のようになる．

$$f(b) = f(a) + f'(a)(b-a) + \frac{1}{2}f''(c)(b-a)^2 \tag{14.6}$$

つぎに，$f(b)$ をつぎのようにおく．

$$f(b) = f(a) + f'(a)(b-a) + \frac{1}{2}f''(a)(b-a)^2 + K_2(b-a)^3 \tag{14.7}$$

同様な手順により，

$$F_2(x) = -f(b) + f(x) + f'(x)(b-x) + \frac{f''(x)}{2}(b-x)^2 + K_2(b-x)^3$$

とおくと，$F_2(a) = F_2(b) = 0$ であるから，ロルの定理より，${F_2}'(c_2) = 0$ が成り立つ $c_2$ が存在する ($a < c_2 < b$)．これから，$K_2$ はつぎのようになる．

$$K_2 = \frac{1}{2 \times 3}f^{(3)}(c_2) = \frac{1}{3 \times 2 \times 1}f^{(3)}(c_2) = \frac{1}{3!}f^{(3)}(c_2) \tag{14.8}$$

ここで，$n!$ を $n$ の階乗とよび，$n \geqq 0$ の整数に対して $n!$ は以下のように展開される．

$$n! = n \times (n-1) \times (n-2) \times \cdots \times 1 \quad (0! = 1)$$

したがって，式 (14.8) では $3 \times 2 \times 1$ を $3!$ と表現した．さらに，式 (14.6) に代入して，次式のようになる．

$$f(b) = f(a) + f'(a)(b-a) + \frac{1}{2}f''(c)(b-a)^2 + \frac{1}{3!}f^{(3)}(c_2)(b-a)^3 \tag{14.9}$$

同様に，この過程を $n$ 回繰り返すと，関数 $f(x)$ が $a < x < b$ で $(n+1)$ 回まで微分可能であるなら，つぎの関係が成り立つような $c$ が存在する．

$$f(b) = f(a) + f'(a)(b-a) + \frac{1}{2!}f''(a)(b-a)^2 + \frac{1}{3!}f^{(3)}(a)(b-a)^3 + \cdots + \frac{1}{n!}f^{(n)}(a)(b-a)^n + \frac{1}{(n+1)!}f^{(n+1)}(c)(b-a)^{n+1} \tag{14.10}$$

最後に，式 (14.10) で $b$ を $x$ におき換えると，つぎのように変形される．

$$f(x) = f(a) + f'(a)(x-a) + \frac{1}{2!}f''(a)(x-a)^2 + \frac{1}{3!}f^{(3)}(a)(x-a)^3 + \cdots + \frac{1}{n!}f^{(n)}(a)(x-a)^n + \frac{1}{(n+1)!}f^{(n+1)}(c)(x-a)^{n+1} \tag{14.11}$$

式 (14.11) の意味は以下の通りである．関数 $f(x)$ が $a$ を含むある区間で $(n+1)$ 回まで微分可能であるとき，この区間内の任意の $x$ に対して，$a$ と $x$ の間にある適当な $c$ をとれば，この式が成り立つ．

このように無限に続く数式 (無限級数式) を**テイラー展開式**とよぶ．

## 14.3 マクローリン展開式

テイラー展開式で，とくに $a=0$ の場合に相当する式，

$$f(x)=f(0)+xf'(0)+\frac{x^2}{2!}f''(0)+\frac{x^3}{3!}f^{(3)}(0)+\cdots$$
$$+\frac{x^n}{n!}f^{(n)}(0)+\frac{x^{n+1}}{(n+1)!}f^{(n+1)}(c) \qquad (14.12)$$

を**マクローリン展開式**といい，関数の級数展開式としてよく用いられる．

このマクローリン展開式で，第 $(n+1)$ 項の $\{x^{n+1}/(n+1)!\}f^{(n+1)}(c)$ は誤差を意味し，この値を剰余項とよんでいる．この値が 0 に収束する場合は，関数を無限級数に展開することができ，式 (14.12) はつぎのように記述することができる．

$$f(x)=\sum_{n=0}^{\infty}\frac{1}{n!}f^{(n)}(0)x^n \qquad (14.13)$$

記号 $\sum$ については 23.4.2 項を参照.

## 14.4 主な関数の無限級数展開式

ここでは，14.3 節のマクローリン展開式を用いて主な関数の無限級数展開式を，例題を通して求める．

**[例 14.2]** $f(x)=e^x$ の無限級数展開式を求める．

$f(x)=f'(x)=f''(x)=\cdots=f^{(n)}(x)=e^x$ より，

$$f(0)=f'(0)=f''(0)=\cdots=f^{(n)}(0)=1$$

となる．したがって，マクローリン展開式より，つぎのようになる．

$$e^x=1+x+\frac{1}{2!}x^2+\frac{1}{3!}x^3+\cdots+\frac{1}{n!}x^n+\cdots \qquad (14.14)$$

[例 14.2]で求めた $e^x$ のマクローリン展開式の近似精度を，図 14.4 に示す．図 14.4 では，$e^x$ のマクローリン展開式の第 1 項から 1 項ずつ第 7 項まで順次増やしたときのそれぞれにおける近似式のグラフを示した (ただし，$x \geqq 0$ の範囲での様子)．図から，$x=0$ に近くなるほど $y=e^x$ をよく近似していることがわかる．また，項数が多くなるにつれて，より広い範囲で $y=e^x$ を近似できている様子もわかる．

また，式 (14.14) において，$x=1$ とおくことにより，自然対数の底 $e$ (7.4 節 参照) を次式のように展開することができる．

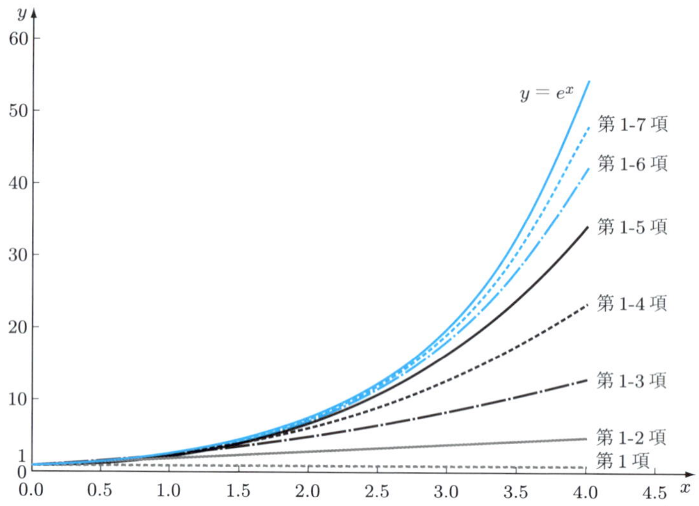


**図 14.4**　$y = e^x$ のマクローリン展開式による多項式近似 ($x \geqq 0$ の範囲)

$$e = 2 + \frac{1}{2!} + \frac{1}{3!} + \frac{1}{4!} + \frac{1}{5!} + \frac{1}{6!} + \cdots \fallingdotseq 2.718\cdots \tag{14.15}$$

**[例 14.3]**　$f(x) = \sin x$ の無限級数展開式を求める．

$$f'(x) = \cos x, \quad f''(x) = -\sin x, \quad f^{(3)}(x) = -\cos x, \quad f^{(4)}(x) = \sin x$$

これより，$n$ が偶数のとき ($n = 2m$),

$$f^{(2m)}(0) = 0 \quad (m = 0, 1, 2, 3, \cdots)$$

となる．ここで，$f^{(0)}(0) = f(0) = \sin(0) = 0$ に留意する．また，$n$ が奇数のとき ($n = 2m + 1$),

$$f^{(2m+1)}(0) = (-1)^m \quad (m = 0, 1, 2, 3, \cdots)$$

となる．したがって，マクローリン展開式より，つぎのようになる．

$$\sin x = x - \frac{x^3}{3!} + \frac{x^5}{5!} - \frac{x^7}{7!} + \cdots + (-1)^m \frac{x^{2m+1}}{(2m+1)!} + \cdots \tag{14.16}$$

**[例 14.4]**　$f(x) = \cos x$ の無限級数展開式を求める．

$$f'(x) = -\sin x, \quad f''(x) = -\cos x, \quad f^{(3)}(x) = \sin x, \quad f^{(4)}(x) = \cos x$$

これより，$n$ が偶数のとき $(n=2m)$,

$$f^{(2m)}(0)=(-1)^m \quad (m=0,1,2,3,\cdots)$$

となる．ここで，$f^{(0)}(0)=f(0)=\cos(0)=1$, $(-1)^0=1$ に留意する．また，$n$ が奇数のとき $(n=2m+1)$,

$$f^{(2m+1)}(0)=0 \quad (m=0,1,2,3,\cdots)$$

となる．したがって，マクローリン展開式より，つぎのようになる．

$$\cos x=1-\frac{x^2}{2!}+\frac{x^4}{4!}-\frac{x^6}{6!}+\cdots+(-1)^m\frac{x^{2m}}{(2m)!}+\cdots \qquad (14.17)$$

**【例題 14.1】** $f(x)=1/(1-x)$ の無限級数展開を求めよ．ただし，$|x|<1$ とする．

**【解】**

$$f'(x)=\frac{1}{(1-x)^2},\quad f''(x)=\frac{2}{(1-x)^3},\quad f^{(3)}(x)=\frac{2\cdot 3}{(1-x)^4}$$

$$f^{(4)}(x)=\frac{2\cdot 3\cdot 4}{(1-x)^5},\quad \cdots,\quad f^{(n)}(x)=\frac{n!}{(1-x)^{n+1}}$$

これより，$f^{(n)}(0)=n!$ となる．したがって，マクローリン展開式より，

$$f(x)=\frac{1}{1-x}=1+x+x^2+x^3+\cdots+x^n+\cdots \quad (|x|<1) \quad (14.18)$$

この式は，等比級数の総和を意味する．

以下に，そのほかの代表的な関数のマクローリン展開式を示す．

指数関数に関する級数：

$$a^x=1+x\log a+\frac{x^2}{2!}(\log a)^2+\frac{x^3}{3!}(\log a)^3+\cdots+\frac{x^n}{n!}(\log a)^n+\cdots$$

$$(a>0) \quad (14.19)$$

自然対数に関する級数：

$$\log(1+x)=x-\frac{x^2}{2}+\frac{x^3}{3}-\frac{x^4}{4}+\cdots+(-1)^{n-1}\frac{x^n}{n}+\cdots$$

$$(-1<x\leqq 1) \quad (14.20)$$

その他の級数：

$$(a+x)^k=a^k+ka^{k-1}x+\frac{k(k-1)}{2!}a^{k-2}x^2+\cdots$$

$$+\frac{k(k-1)\cdots(k-n+1)}{n!}a^{k-n}x^n+\cdots \quad (|x|<|a|) \tag{14.21}$$

$$\frac{1}{1+x}=1-x+x^2-x^3+x^4+\cdots+(-1)^n x^n+\cdots \quad (|x|<1) \tag{14.22}$$

$$\frac{1}{(1+x)^2}=1-2x+3x^2-4x^3+5x^4+\cdots+(-1)^n(n+1)x^n+\cdots \quad (|x|<1) \tag{14.23}$$

## 14.5 オイラーの公式

指数関数 $e^x$ の無限級数展開式 (14.14) の $x$ を $j\theta$ でおき換えると,

$$\begin{aligned} e^{j\theta} &= 1+j\theta+\frac{1}{2!}(j\theta)^2+\frac{1}{3!}(j\theta)^3+\frac{1}{4!}(j\theta)^4+\frac{1}{5!}(j\theta)^5+\cdots+\frac{1}{n!}(j\theta)^n+\cdots \\ &= 1+j\theta-\frac{1}{2!}\theta^2-j\frac{1}{3!}\theta^3+\frac{1}{4!}\theta^4+j\frac{1}{5!}\theta^5+\cdots+\frac{1}{n!}(j\theta)^n+\cdots \end{aligned} \tag{14.24}$$

となる. ここで, $n$ が偶数のときは $n=2m$, $n$ が奇数のときは $n=2m+1$ とおき, 右辺を実部と虚部に分けて整理すると,

$$\begin{aligned} e^{j\theta} &= \left\{1-\frac{1}{2!}\theta^2+\frac{1}{4!}\theta^4-\frac{1}{6!}\theta^6+\cdots+\frac{(-1)^n}{(2m)!}\theta^{2m}+\cdots\right\} \\ &\quad +j\left\{\theta-\frac{1}{3!}\theta^3+\frac{1}{5!}\theta^5-\frac{1}{7!}\theta^7+\cdots+\frac{(-1)^n}{(2m+1)!}\theta^{2m+1}+\cdots\right\} \end{aligned} \tag{14.25}$$

となる. ここで, 式 (14.25) の実数部は三角関数 $\cos x$ の無限級数展開式 (14.17), 虚数部は三角関数 $\sin x$ の無限級数展開式 (14.16) になっていることがわかる (ただし, $\theta$ を $x$ におき換える). これより次式が得られる.

$$e^{j\theta}=\cos\theta+j\sin\theta \tag{14.26}$$

これをオイラーの公式という.

さらに, $(e^{j\theta})^n=e^{jn\theta}$ の関係にオイラーの公式を適用し,

$$(\cos\theta+j\sin\theta)^n=\cos n\theta+j\sin n\theta \tag{14.27}$$

が導かれる. 式 (14.27) をド・モアブルの定理とよぶ.

さらに, 式 (14.26) において, $\theta=\pi$ とおくと,

$$e^{j\pi}=\cos\pi+j\sin\pi=-1 \tag{14.28}$$

となる．整理すると，

$$e^{j\pi} + 1 = 0 \qquad (14.29)$$

となる．

式 (14.29) は，一見するとつながりがなさそうな「自然対数の底 $e$」，「虚数の最小単位 $j$」，「円周率 $\pi$」，「自然数の始まりの値 1」，「0 (零)」という数が一つの式にもっともコンパクトに表現されており，“数学界でもっとも美しい式” といわれている．

## 演習問題

**〈14.1〉** つぎの関数について指定された区間での平均値の定理，またはロルの定理における値を求めよ．

(1) $f(x) = x^3 - x^2 \quad [-1, 2]$　　(2) $f(x) = x^2 - 3x + 4 \quad [p, q]$

(3) $f(x) = 2e^x \quad [0, 1]$　　(4) $f(x) = \sqrt{8 - x^2} \quad [-2, 2]$

**〈14.2〉** マクローリン展開式を用いて，つぎの関数の無限級数展開式を求めよ．

(1) $y = e^{ax}$　($a \neq 0$ の定数)　　(2) $a^x$　$(a > 0)$　　(3) $\sin 2x$

(4) $y = \dfrac{1}{1-x}$　$(|x| < 1)$　　(5) $\log(1 - 2x)$　$\left(|x| < \dfrac{1}{2}\right)$

**〈14.3〉** つぎの関数を展開して，$x^3$ の項まで求めよ．

(1) $e^x$　　(2) $\dfrac{1}{x+1}$　　(3) $\dfrac{x-1}{x+1}$　　(4) $\log(x+1)$

(5) $\tan x$　　(6) $e^x \sin x$　　(7) $e^x \cos x$　　(8) $\sqrt{1 - x + x^2}$

**〈14.4〉** つぎの関数を展開して，$x^5$ の項まで求めよ．

(1) $e^{-x} \sin x$　　(2) $\log \dfrac{1+x}{1-x}$

**〈14.5〉** 式 (14.20) のマクローリン展開式を導け．

**〈14.6〉** 式 (14.21) のマクローリン展開式を導け．

**〈14.7〉** つぎの問いに答えよ．

(1) $1 + j = \sqrt{2}\{\cos(\pi/4) + j\sin(\pi/4)\}$ の関係式とド・モアブルの定理を用いて，$(1+j)^{10}$ を計算し，$a + jb$ の形で表示せよ．

(2) $z = \cos(\pi/3) + j\sin(\pi/3)$ であるとき，ド・モアブルの定理を用いて，$z^2, z^3, z^4$ を計算し，$a + jb$ の形で表示せよ．また，$z + z^2 + z^3$ を計算せよ．

**〈14.8〉** テイラー展開式 (14.11) を用いて，$\sqrt{101}$ の近似値を求めよ．ただし，テイラー展開式の第 3 項までを用いるものとする．

ヒント：$\sqrt{101} = \sqrt{100 \times 1.01} = 10\sqrt{1 + 0.01}$．ここで，式 (14.11) において，$f(x) = \sqrt{x}$ とし，$x = 1.01, a = 1$ とおく．

**〈14.9〉** つぎの値をテイラー展開式の第 2 項までの近似値で求めよ．

(1) $10.1^3$　　(2) $\sqrt{3.992}$　　(3) $\log 1.01$　　(4) $\sqrt[3]{998}$

# 第15章 偏微分とその応用

電磁気学では，3 次元 (変数：$x, y, z$) となる自由空間での現象を取り扱うことが多い．したがって，このような多変数の微分を用いる必要がある．一変数の微分を多変数に拡張したものを偏微分といい，一見難しそうにみえるが，一変数の微分を理解していれば計算は容易におこなえる．

学習の目標
- □偏微分の定義式を理解する
- □2 変数の偏微分の計算ができるようになる
- □簡単な 2 変数の 2 次偏微分が求められるようになる
- □電卓またはパソコンを用いて，最小二乗法の計算ができるようになる

## 15.1 偏微分の定義

$x^2 + xy + y^2$ のような二つ以上の独立した変数によって定義される関数を**多変数関数**という．とくに，二つの変数をもつ多変数関数は $z = f(x, y)$ と表現する．以下では，主として二つの変数をもつ関数を対象として，その微分について説明する．

2 変数をもつ関数 $z = f(x, y)$ は，$xy$ 平面上の二つの入力変数に対して関数 $f(x, y)$ により一つの値 $z$ を出力することから，関数 $f(x, y)$ の値 $z$ は図 15.1 のように $xyz$ の 3 次元立体空間上の曲面とみなすことができる．ここで，$xy$ 平面上の任意の点 $\mathrm{A}(x_0, y_0)$ を定義する．すると，関数 $f(x, y)$ と $x = x_0$ で定義される平面との切り口は曲線となることがわかる．この曲線の断面を図 15.2 に示した．この曲線は，$x$ に対しては一定であるので $y$ のみの関数 $z = f(x_0, y)$ となり，任意の点 A における微分係数は以下の

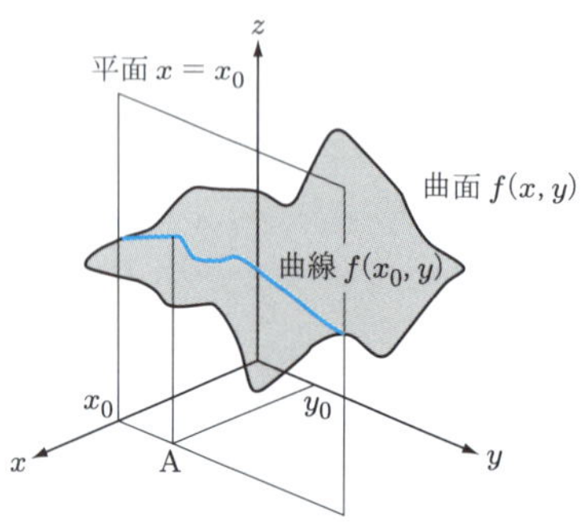


図 15.1　$y = e^x$ の $y = e^x$ 平面

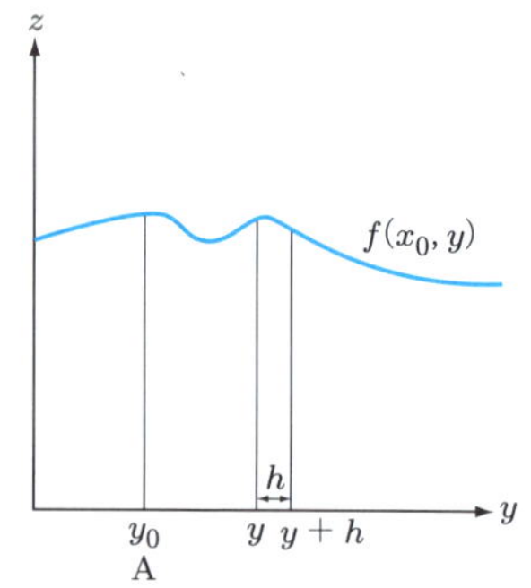


図 15.2　$y = e^x$ と $x \geqq 0$ との切り口

ように定義できる．

$$\lim_{h\to 0}\frac{f(x_0, y+h)-f(x_0, y)}{h} \tag{15.1}$$

このように，多変数関数において，ある変数に注目し，それ以外の変数を定数とみなして，注目する変数のみの変化の割合を求める微分法のことを**偏微分**という．式 (15.1) は点 A における変数 $y$ に注目したときの**偏微分係数** (偏微分によって得られる微分係数のこと) である．

同様に，$y$ に対しては一定とし，$x$ のみの関数 $z = f(x, y_0)$ とすれば，点 A における微分係数は以下のように定義できることから，点 A における変数 $x$ に注目したときの偏微分係数はつぎのようになる．

$$\lim_{h\to 0}\frac{f(x+h, y_0)-f(x, y_0)}{h} \tag{15.2}$$

これを整理すると，関数 $z = f(x, y)$ において，変数 $x$ に関する微分と変数 $y$ に関する微分の二つが存在し，この両者をつぎのようにあらわす．

変数 $x$ に関する微分：$\dfrac{\partial z}{\partial x} = \lim\limits_{h\to 0}\dfrac{f(x+h, y)-f(x, y)}{h}$　(15.3)

ここで，$\partial$ はローと読む．なお，$\partial z/\partial x$ は $\partial f(x, y)/\partial x, f_x(x, y)$ と書くことも多い．

変数 $y$ に関する微分：$\dfrac{\partial z}{\partial y} = \lim\limits_{h\to 0}\dfrac{f(x, y+h)-f(x, y)}{h}$　(15.4)

なお，$\partial z/\partial y$ は $\partial f(x, y)/\partial y, f_y(x, y)$ と書くことも多い．

また，偏微分によって得られる関数のことを**偏導関数**という．

**[例 15.1]**　$f(x, y) = x^2 + 2xy^2 - 3y^2$ の $x$ と $y$ に関する偏微分を求める．

$x$ に関する偏微分の計算は，関数 $f(x, y)$ のなかに含まれている $x$ 以外の変数を，定数とみなして $x$ で微分すればよい．すなわち，

$$f_x(x, y) = (x^2)' + 2(x)'y^2 - 3y^2(1)' = 2x + 2y^2$$

となる．一方，$y$ に関する偏微分の計算は，関数 $z$ のなかに含まれている $y$ 以外の変数を，定数とみなして $y$ で微分すればよい．すなわち，つぎのようになる．

$$f_y(x, y) = x^2(1)' + 2x(y^2)' - 3(y^2)' = 4xy - 6y$$

## 15.2 高次の偏微分

$z=f(x,y)$ の偏導関数 $\partial z/\partial x = f_x(x,y)$, $\partial z/\partial y = f_y(x,y)$ をさらに偏微分したものを2次の偏導関数とよび，つぎのようにあらわす．

$$\frac{\partial}{\partial x}f_x(x,y) = f_{xx}(x,y) = \frac{\partial}{\partial x}\left(\frac{\partial}{\partial x}f(x,y)\right) = \frac{\partial^2}{\partial x^2}f(x,y) = \frac{\partial^2 z}{\partial x^2} \tag{15.5}$$

$$\frac{\partial}{\partial y}f_x(x,y) = f_{xy}(x,y) = \frac{\partial}{\partial y}\left(\frac{\partial}{\partial x}f(x,y)\right) = \frac{\partial^2}{\partial y\partial x}f(x,y) = \frac{\partial^2 z}{\partial y\partial x} \tag{15.6}$$

$$\frac{\partial}{\partial x}f_y(x,y) = f_{yx}(x,y) = \frac{\partial}{\partial x}\left(\frac{\partial}{\partial y}f(x,y)\right) = \frac{\partial^2}{\partial x\partial y}f(x,y) = \frac{\partial^2 z}{\partial x\partial y} \tag{15.7}$$

$$\frac{\partial}{\partial y}f_y(x,y) = f_{yy}(x,y) = \frac{\partial}{\partial y}\left(\frac{\partial}{\partial y}f(x,y)\right) = \frac{\partial^2}{\partial y^2}f(x,y) = \frac{\partial^2 z}{\partial y^2} \tag{15.8}$$

なお，偏導関数 $f_{xy}(x,y), f_{yx}(x,y)$ が連続であるとき，$f_{xy}(x,y)=f_{yx}(x,y)$ という関係が成り立つ．すなわち，偏微分の順序は任意に交換できる．したがって，式(15.6)と式(15.7)は等しくなる．

さらに，2次偏導関数をもう一度偏微分することにより，$f_{xxx}(x,y), f_{xxy}(x,y)$, $f_{xyx}(x,y), f_{xyy}(x,y), f_{yxx}(x,y), f_{yxy}(x,y), f_{yyx}(x,y), f_{yyy}(x,y)$ の8通りの3次の偏導関数を求めることができる．

$$\frac{\partial}{\partial x}f_{xx}(x,y) = f_{xxx}(x,y) = \frac{\partial^3 z}{\partial x^3}$$

$$\frac{\partial}{\partial y}f_{xx}(x,y) = f_{xxy}(x,y) = \frac{\partial^3 z}{\partial y\partial x^2} = \frac{\partial^3 z}{\partial x^2\partial y}$$

$$\frac{\partial}{\partial x}f_{xy}(x,y) = f_{xyx}(x,y) = \frac{\partial^3 z}{\partial x\partial y\partial x} = \frac{\partial^3 z}{\partial x^2\partial y}$$

$$\frac{\partial}{\partial y}f_{xy}(x,y) = f_{xyy}(x,y) = \frac{\partial^3 z}{\partial y^2\partial x} = \frac{\partial^3 z}{\partial x\partial y^2}$$

$$\frac{\partial}{\partial x}f_{yx}(x,y) = f_{yxx}(x,y) = \frac{\partial^3 z}{\partial x^2\partial y}$$

$$\frac{\partial}{\partial y}f_{yx}(x,y) = f_{yxy}(x,y) = \frac{\partial^3 z}{\partial y\partial x\partial y} = \frac{\partial^3 z}{\partial x\partial y^2}$$

$$\frac{\partial}{\partial x}f_{yy}(x,y) = f_{yyx}(x,y) = \frac{\partial^3 z}{\partial x\partial y^2}, \quad \frac{\partial}{\partial y}f_{yy}(x,y) = f_{yyy}(x,y) = \frac{\partial^3 z}{\partial y^3}$$

同様に偏微分を可能なまで繰り返し，$n$ 次の偏導関数を求めることもできる．

【例題 15.1】 $f(x,y)=e^y\cos x$ の 1 次および 2 次の偏導関数を求めよ.

【解】

$$f_x(x,y)=e^y(\cos x)'=-e^y\sin x$$

$$f_y(x,y)=(e^y)'\cos x=e^y\cos x$$

$$f_{xx}(x,y)=-e^y(\sin x)'=-e^y(\cos x)=-e^y\cos x$$

$$f_{yy}(x,y)=(e^y)'\cos x=e^y\cos x$$

$$f_{xy}(x,y)=(-e^y)'\sin x=-e^y\sin x$$

$$f_{yx}(x,y)=e^y(\cos x)'=-e^y\sin x$$

なお, $f(x,y)=e^y\cos x$ は連続関数なので,【例題 15.1】のように $f_{xy}(x,y)=f_{yx}(x,y)$ の関係が成り立っていることがわかる.

## 15.3 偏微分の応用例

本節では, 偏微分による計算法の応用例として, **最小二乗法**による近似式の算出法について紹介する.

最小二乗法は計測データの整理によく使われる方法であり, 実験などによって得られた複数のサンプルデータからもっとも誤差を小さくするような近似式を求めることである. ここでは, 図 15.3 のように, $x, y$ 2 種類の $n$ 組のデータ $(x_1,y_1),(x_2,y_2),\cdots,(x_n,y_n)$ をグラフに描いたとき, 次式の直線関係で各点の分布をもっともよく近似する場合について説明する.

$$y=ax+b \tag{15.9}$$

ある実験データ $x_i$ に対するデータ $y_i$ と式 (15.9) による算出値との差 $\varepsilon_i$ は, つぎのようになる.

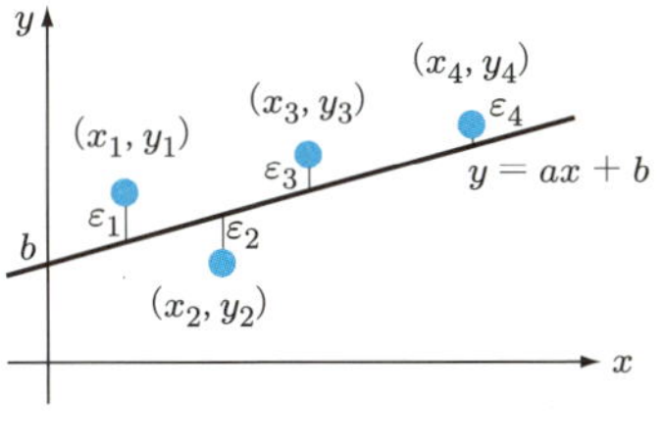


図 15.3 最小二乗法の原理

$$\varepsilon_i = y_i - (ax_i + b) \tag{15.10}$$

最小二乗法は，この $\varepsilon_i$ の二乗和を最小にするように係数 $a$ と $b$ を求めることである．この二乗誤差の総和のことをエネルギー関数 $E$ とよび，次式のようにあらわすことができる．

$$E = \sum_{i=1}^{n} (\varepsilon_i)^2 = \sum_{i=1}^{n} \{y_i - (ax_i + b)\}^2 \tag{15.11}$$

このエネルギー関数 $E$ を $a$ と $b$ の 2 変数関数と考えて，偏微分法を用いて関数 $E$ を最小にする $a$ と $b$ を求める．

まず，式 (15.11) は以下のように展開できる．

$$\begin{aligned} E &= \sum_{i=1}^{n} ({y_i}^2 + a^2 {x_i}^2 + b^2 - 2by_i - 2ax_iy_i + 2abx_i) \\ &= \sum_{i=1}^{n} {y_i}^2 + \sum_{i=1}^{n} a^2 {x_i}^2 + \sum_{i=1}^{n} b^2 + \sum_{i=1}^{n} (-2by_i) + \sum_{i=1}^{n} (-2ax_iy_i) + \sum_{i=1}^{n} 2abx_i \end{aligned}$$

ここで，

$$\underbrace{b^2 \quad b^2 \quad b^2 \quad \cdots \quad b^2}_{n\text{ 個}}$$

のように定数 $b^2$ の $n$ 個分の総和 $\sum_{i=1}^{n} b^2 = nb^2$ であることから，

$$\begin{aligned} E &= \sum_{i=1}^{n} {y_i}^2 + a^2 \sum_{i=1}^{n} {x_i}^2 + nb^2 - 2b \sum_{i=1}^{n} y_i - 2a \sum_{i=1}^{n} x_iy_i + 2ab \sum_{i=1}^{n} x_i \\ &= A + a^2 B + nb^2 - 2bC - 2aD + 2abF \end{aligned} \tag{15.12}$$

ここで，$A, B, C, D, F$ は，それぞれつぎのとおりである．

$$A = \sum_{i=1}^{n} {y_i}^2, \quad B = \sum_{i=1}^{n} {x_i}^2, \quad C = \sum_{i=1}^{n} y_i, \quad D = \sum_{i=1}^{n} x_iy_i, \quad F = \sum_{i=1}^{n} x_i$$

最小値を求めるためには，次式のように，$a$ と $b$ によるエネルギー関数 $E$ の偏微分がそれぞれ 0 であることが条件である．

$$\frac{\partial E}{\partial a} = 0 \quad \text{および} \quad \frac{\partial E}{\partial b} = 0 \tag{15.13}$$

したがって，

$$\frac{\partial E}{\partial a} = 2aB - 2D + 2bF = 0 \tag{15.14}$$

$$\frac{\partial E}{\partial b} = 2nb - 2C + 2aF = 0 \tag{15.15}$$

となり，式 (15.14), (15.15) を連立させて $a$ と $b$ を求めると，

$$a = \frac{nD - CF}{nB - F^2} \tag{15.16}$$

$$b = \frac{BC - DF}{nB - F^2} \tag{15.17}$$

となる．置き換えた $A$～$F$ をもとの変数に戻して，つぎのような係数 $a, b$ が得られる．

$$a = \frac{n\sum_{i=1}^{n} x_i y_i - \sum_{i=1}^{n} x_i \sum_{i=1}^{n} y_i}{n\sum_{i=1}^{n} {x_i}^2 - \left(\sum_{i=1}^{n} x_i\right)^2} \tag{15.18}$$

$$b = \frac{\sum_{i=1}^{n} {x_i}^2 \sum_{i=1}^{n} y_i - \sum_{i=1}^{n} x_i y_i \sum_{i=1}^{n} x_i}{n\sum_{i=1}^{n} {x_i}^2 - \left(\sum_{i=1}^{n} x_i\right)^2} \tag{15.19}$$

このようにして，近似直線 $y = ax + b$ が決められる．

**PC(EXCEL) を使った演習**

抵抗値が未知の抵抗を用いて，図 15.4 のような計測回路を作成した．電源電圧 $E$ を変えて電流 $I$ を測定したところ，表 15.1 のような結果が得られた．直線近似による最小二乗法を用いて，抵抗値を算出せよ．ここでは，電圧，電流，抵抗はオームの法則 $(I = E/R)$ に従い，近似直線の切片は $b = 0$ として計算する $(I = aE = (1/R)E)$．なお，測定器の内部抵抗は無視できるものとする．

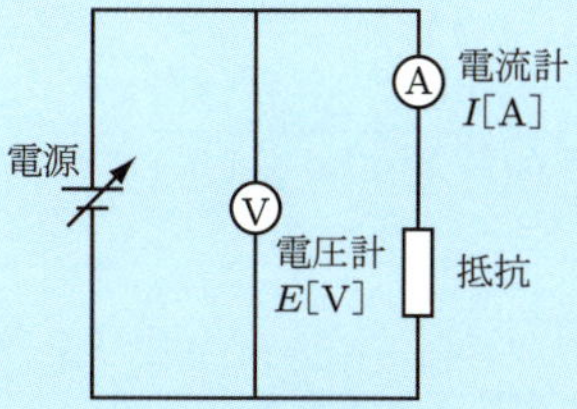


**図 15.4** 計測回路

**表 15.1** 測定データ

| $E$ [V] | $I$ [A] |
|---|---|
| 1.01 | 0.0121 |
| 1.51 | 0.0312 |
| 2.04 | 0.0393 |
| 2.48 | 0.0482 |
| 2.99 | 0.0611 |
| 3.53 | 0.0721 |
| 4.02 | 0.0785 |
| 4.57 | 0.0894 |
| 5.02 | 0.0997 |

解答はホームページ http://www.morikita.co.jp/soft/73471/index.html 参照．

## 演習問題

〈15.1〉 つぎの関数について，偏微分 $f_x, f_y$ を求めよ．

(1) $f(x,y) = x^2 + y^2$　(2) $f(x,y) = x^3 + 2xy^2 - y^3$

(3) $f(x,y) = \dfrac{x}{y}$　(4) $f(x,y) = e^{-x}\sin^2 y$

(5) $f(x,y) = \log_y x$　(6) $f(x,y) = y\sqrt{x^2 + 4xy + y^2}$

(7) $f(x,y) = (\cos 2x)^3\sqrt{x^2 - 4y^2}$

〈15.2〉 つぎの関数について，偏微分 $f_x, f_{xx}, f_y, f_{yy}, f_{xy}, f_{yx}$ を求めよ．

(1) $f(x,y) = 2x^3 + y^3$　(2) $f(x,y) = x^3 - 3xy^2 + 2y^3$　(3) $f(x,y) = 2x^2y - y^3$

(4) $f(x,y) = \dfrac{x^2}{y^2}$　(5) $f(x,y) = \sin xy$　(6) $f(x,y) = e^{2x}\sin 3y$

(7) $f(x,y) = e^{-2y}\cos 3x$　(8) $f(x,y) = x^2e^{-xy}$　(9) $f(x,y) = y^2e^{-xy}$

(10) $f(x,y) = \cos\dfrac{y}{x}$　(11) $f(x,y) = \log(x^2 - y^2)$

〈15.3〉 つぎの関数について，偏微分 $f_x, f_y, f_z$ を求めよ

(1) $f(x,y,z) = x^2y + y^2z + xz^2$　(2) $f(x,y,z) = x^3yz^2 + xy^3z^3$

〈15.4〉 $z = \log(x^2 + y^2)$ のとき，$\partial^2 z/\partial x^2 + \partial^2 z/\partial y^2 = 0$ となることを示せ．

〈15.5〉 $z = \cos\dfrac{y}{x}$ とするとき，$x\dfrac{\partial z}{\partial x} + y\dfrac{\partial z}{\partial y} = 0$ となることを証明せよ．

〈15.6〉 電位が，$V = \dfrac{A}{\sqrt{x^2 + y^2 + z^2}}$ （$A$ は定数）で与えられているとき，$\dfrac{\partial^2 V}{\partial x^2} + \dfrac{\partial^2 V}{\partial y^2} + \dfrac{\partial^2 V}{\partial z^2}$ の値を求めよ．

〈15.7〉 トランジスタの $V_{\mathrm{CE}} - I_{\mathrm{C}}$ 特性を測定したところ，$4 \leqq V_{\mathrm{CE}} \leqq 14$ [V] において表 15.2 の特性が得られた．最小二乗法により $I_{\mathrm{C}}$ [mA] の値を直線近似式であらわせ．なお，この特性は $V_{\mathrm{CE}} < 4$ ではまったく異なってくる．

**表 15.2**　トランジスタの $V_{\mathrm{CE}} - I_{\mathrm{C}}$ 特性

| $V_{\mathrm{CE}}$ [V] | 4 | 6 | 8 | 10 | 12 | 14 |
|---|---|---|---|---|---|---|
| $I_{\mathrm{C}}$ [mA] | 6.2 | 6.4 | 7.0 | 7.2 | 7.6 | 7.8 |

〈15.8〉 抵抗に電圧を印加したときに流れる電流は，オームの法則より，電圧に比例する．図 15.5 の回路から，抵抗 $R$ に電流計と電圧計を接続して測定したとき，表 15.3 の結果となった．最小二乗法を用いて，直線 $V = aI + b$ の定数 $a$ と $b$ を求めよ．また，EXCEL を用いて，グラフで示せ．

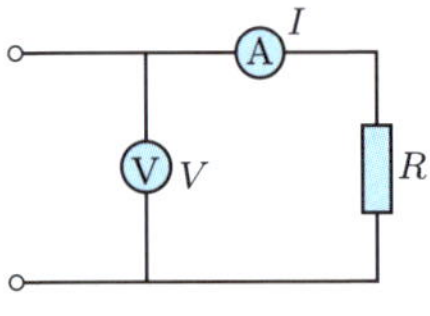


**図 15.5**　回路図

**表 15.3**　測定結果

| 電流 $I$ [mA] | 1 | 2 | 3 | 4 | 5 |
|---|---|---|---|---|---|
| 電圧 $V$ [V] | 0.52 | 1.01 | 1.52 | 2.00 | 2.53 |

# 第16章 不定積分

積分は微分とともに電気電子工学をふくめた工学の分野で非常に多く用いられる．本章で述べる不定積分は，積分計算の基本となるうえに，第 19, 20 章で述べる微分方程式を解くうえで不可欠な内容である．

学習の目標
- □簡単な関数の不定積分の計算ができるようになる
- □置換積分法を用いた計算ができるようになる
- □部分積分法を用いた計算ができるようになる
- □分数の積分を用いた積分の計算ができるようになる
- □三角関数の積の積分計算ができるようになる

## 16.1 不定積分と積分定数

微分すると $f(x)$ になる関数 $F(x)$ を，$f(x)$ の**原始関数**という．すなわち，微分でその関係を表現すると，つぎのようになる．

$$\frac{d}{dx}F(x) = F'(x) = f(x) \tag{16.1}$$

**[例 16.1]** $x^2$ を微分すると $2x$ となるため，$x^2$ は $2x$ の原始関数である．また，$x^2+1$ も微分すると $2x$ であるから，$x^2+1$ も $2x$ の原始関数である．

ここで，[例 16.1]のように，$F(x)$ に任意の定数 $K$ を加えたものを微分しても次式のように $f(x)$ になることから，原始関数は無数に存在することがわかる．

$$\frac{d}{dx}(F(x)+K) = f(x) \tag{16.2}$$

そこで，この集まりを**不定積分**とよび，積分記号 $\int$ ($\int$ はインテグラルと読む) を用いて次式のようにあらわす．

$$\int f(x)\,dx = F(x) + K \quad (K\text{ は定数}) \tag{16.3}$$

この $K$ を**積分定数**とよぶが，数学では一般的に $C$ であらわすことが多い．しかし，本書では，電気回路における capacitance の $C$ と区別する意味から $K$ を用いる．また，$f(x)$ の不定積分を求めることを，$f(x)$ を**積分する**という．また，$\int f(x)\,dx$ の $f(x)$ は被積分関数とよばれる．なお，積分定数 $K$ の求め方に関しては19.2 節で説明する．

## 16.2 不定積分の計算

不定積分を求めることは，微分の逆の計算である，そこで，微分法の公式をもとにして不定積分を求めることができる．たとえば，

$$(x^{r+1})' = (r+1)x^r$$

$$(\log|x|)' = \frac{1}{x}$$

から，つぎの公式が導き出せる．

$$\int x^r\,dx = \frac{1}{r+1}x^{r+1} + K \quad (r \neq -1) \tag{16.4}$$

$$\int \frac{1}{x}\,dx = \log|x| + K \quad (r = -1) \tag{16.5}$$

**[例 16.2]** $\displaystyle\int x^3\,dx = \frac{1}{3+1}x^{3+1} + K = \frac{1}{4}x^4 + K$

**[例 16.3]** $\displaystyle\int \frac{1}{x^2}\,dx = \int x^{-2}\,dx = \frac{1}{-2+1}x^{-2+1} + K = -x^{-1} + K = -\frac{1}{x} + K$

**[例 16.4]** $\displaystyle\int \sqrt{x}\,dx = \int x^{1/2}\,dx = \frac{1}{1/2+1}x^{1/2+1} + K = \frac{2}{3}x^{3/2} + K = \frac{2}{3}\sqrt{x^3} + K$

このように，さまざまな不定積分の計算は，微分の公式をもとに求めることが多い．

## 16.3 不定積分に関する規則

本節では主な不定積分に関する代表的な規則を示す．なお，とくに重要な置換積分と部分積分に関しては16.4，16.5節で説明する．

① 係数をもつ関数の不定積分

$F(x)$ を $f(x)$ の不定積分，$k$ を定数とすると，

$$\{kF(x)\}' = kF'(x) = kf(x)$$

であるので，$kF(x)$ は $kf(x)$ の不定積分である．したがって，次式が成り立つ．

$$\int kf(x)\,dx = k\int f(x)\,dx = kF(x) + K \tag{16.6}$$

② 不定積分の和と差

$F(x)$ を $f(x)$ の不定積分，$G(x)$ を $g(x)$ の不定積分とすると，

$$\{F(x)+G(x)\}' = F'(x) + G'(x) = f(x) + g(x)$$

であるので，$F(x)+G(x)$ は $f(x)+g(x)$ の不定積分である．したがって，次式が成り立つ．

$$\int\{f(x)\pm g(x)\}\,dx=\int f(x)\,dx\pm\int g(x)\,dx$$

$$=F(x)\pm G(x)+K\quad[\text{複合同順}]\qquad(16.7)$$

③ 係数をもつ関数の不定積分の和と差

$F(x)$ を $f(x)$ の不定積分，$G(x)$ を $g(x)$ の不定積分，$k, l$ を定数とすると，

$$\{kF(x)+lG(x)\}'=kF'(x)+lG'(x)=kf(x)+lg(x)$$

であるので，$kF(x)+lG(x)$ は $kf(x)+lg(x)$ の不定積分である．したがって，次式が成り立つ．

$$\int\{kf(x)\pm lg(x)\}\,dx=k\int f(x)\,dx\pm l\int g(x)\,dx$$

$$=kF(x)\pm lG(x)+K\quad[\text{複合同順}]\qquad(16.8)$$

**[例 16.5]** $\int(3x^3+5x)\,dx$ の不定積分を求める．

式 (16.8) より，つぎのようになる．

$$\int(3x^3+5x)\,dx=3\int x^3\,dx+5\int x\,dx=3\left(\frac{1}{4}x^4\right)+5\left(\frac{1}{2}x^2\right)+K$$

$$=\frac{3}{4}x^4+\frac{5}{2}x^2+K$$

**[例 16.6]** $\int(x+1)(x-2)\,dx$ の不定積分を求める．

$$\int(x+1)(x-2)\,dx=\int(x^2-x-2)\,dx=\int x^2\,dx-\int x\,dx-\int 2\,dx$$

$$=\frac{1}{3}x^3-\frac{1}{2}x^2-2x+K$$

## 16.4 主な不定積分

よく利用される不定積分を知っておくと，計算を簡単に行うことができる．そこで，以下には，代表的な不定積分の公式を示し，いくつかは例によってその公式の証明をおこなう．

(1) $$\int e^x\,dx=e^x+K\qquad(16.9)$$

(2) $$\int a^x\,dx = \frac{a^x}{\log a} + K \quad (a > 0, a \neq 1) \tag{16.10}$$

(3) $$\int \sin x\,dx = -\cos x + K \tag{16.11}$$

(4) $$\int \cos x\,dx = \sin x + K \tag{16.12}$$

(5) $$\int \sin ax\,dx = -\frac{\cos ax}{a} + K \tag{16.13}$$

(6) $$\int \cos ax\,dx = \frac{\sin ax}{a} + K \tag{16.14}$$

(7) $$\int \frac{f'(x)}{f(x)}\,dx = \log|f(x)| + K \tag{16.15}$$

(8) $F'(x) = f(x)$ のとき, $$\int f(ax+b)\,dx = \frac{1}{a}F(ax+b) + K \tag{16.16}$$

**[例 16.7]** $(e^x)' = e^x$ であるから, $\int e^x\,dx = e^x + K$ が成り立つ.

**[例 16.8]** $(\cos x)' = -\sin x$ であるから, $\int(-\sin x)\,dx = \cos x + K_1$ , すなわち, $\int \sin x\,dx = -\cos x + K$ が成り立つ.

**[例 16.9]** $(\sin x)' = \cos x$ であるから, $\int \cos x\,dx = \sin x + K$ が成り立つ.

## 16.5 置換積分法

合成関数のような場合には, 16.2～16.4 節の方法では積分するのが困難である. そこで, ここでは関数の一部を別の関数でおき換えてから積分をおこなう**置換積分法**について説明する.

不定積分を, 変数のおき換えによって求めることを考えてみる.

$$y = \int f(x)\,dx$$

は $x$ の関数である. そこで, $x$ を $t$ の関数 $x = g(t)$ でおき換えると, $y$ は $t$ の関数になる.

このとき, $dx/dt = dg(t)/dt = g'(t)$ であるから, つぎのようになる.

$$y = \int f(x)\,dx = \int f(x)\cdot\frac{dx}{dt}\cdot dt = \int f\{g(t)\}\cdot\frac{dx}{dt}\cdot dt = \int f\{g(t)\}\cdot g'(t)\,dt \tag{16.17}$$

$f(x)$ の一部を別の関数 $g(t)$ でおき換えると $f(g(t))$ が $t$ の関数としては簡単化されて積分しやすくなる場合には，式 (16.17) を用いることで不定積分を求めやすくなる．ただし，積分計算が終わったあとに，置換した変数をもとの変数に戻す必要がある．この置換積分法はよく用いられる重要な積分手法である．

**[例 16.10]** $\int x(x+2)^2\,dx$ の不定積分を置換積分法を用いて求める．

$x+2=t$ とおくと，$x=t-2$, $dx/dt=1$ より，$dx=dt$ である．したがって，つぎのようになる．

$$\int x(x+2)^2\,dx = \int (t-2)t^2\cdot 1\,dt = \int (t^3-2t^2)\,dt = \frac{1}{4}t^4 - \frac{2}{3}t^3 + K$$

$$= \frac{1}{12}t^3(3t-8) + K = \frac{1}{12}(x+2)^3(3x-2) + K$$

**[例 16.11]** $\int x\sqrt{1-x}\,dx$ の不定積分を置換積分法を用いて求める．

$1-x=t$ とおくと，$x=-t+1$, $dx/dt=-1$ より，$dx=-dt$ である．したがって，

$$\int x\sqrt{1-x}\,dx = \int (-t+1)\sqrt{t}\cdot(-1)\,dt = \int \left(t^{3/2}-t^{1/2}\right)dt$$

$$= \frac{2}{5}t^{5/2} - \frac{2}{3}t^{3/2} + K = t^{3/2}\left(\frac{2}{5}t - \frac{2}{3}\right) + K$$

$$= (1-x)^{3/2}\left\{\frac{2}{5}(1-x) - \frac{2}{3}\right\} + K$$

$$= (1-x)\sqrt{1-x}\left(-\frac{2}{5}x - \frac{4}{15}\right) + K$$

となる．

**【例題 16.1】** 式 (16.16) を証明せよ．

**【解】**

$t=ax+b$ とおくと，$x=(t-b)/a$ であるから，$dx/dt=1/a$ より，$dx=(1/a)\,dt$ である．よって，置換積分法から，

$$\int f(ax+b)\,dx = \int f(t)\frac{1}{a}\,dt = \frac{1}{a}\int f(t)\,dt = \frac{1}{a}F(t) + K = \frac{1}{a}F(ax+b) + K$$

となる．したがって，式 (16.16) が成り立つ．

## 16.6 部分積分法

16.5 節の置換積分法によっても積分が困難な場合には，本節で説明する**部分積分法**によって不定積分が簡単に求められることがある．

積の微分の公式 (12.9) から，

$$\frac{d}{dx}\{f(x)\cdot g(x)\} = f'(x)g(x) + f(x)g'(x)$$

である．これから，式 (16.3) を使って，

$$\int \{f'(x)g(x) + f(x)g'(x)\}\,dx = f(x)\cdot g(x)$$

の関係が導ける．さらに，左辺は式 (16.7) より次式のように書き換えることができる．

$$\int f'(x)g(x)\,dx + \int f(x)g'(x)\,dx = f(x)\cdot g(x)$$

整理すると，次式となる．

$$\int f'(x)g(x)\,dx = f(x)\cdot g(x) - \int f(x)g'(x)\,dx \qquad (16.18)$$

積分しようとする関数が二つの合成関数である場合，どちらか一方の関数の積分が容易に求められるとき，式 (16.18) を用いることで不定積分を求めやすくなる．

このような手法を部分積分法といい，よく用いられる重要な積分手法の一つである．

**[例 16.12]**　$\int x\cos x\,dx$ の不定積分を部分積分法を用いて求める．

式 (16.18) において $f'(x)=\cos x$，$g(x)=x$ とおくと，$f(x)=\sin x$，$g'(x)=1$ であるから，与式は，つぎのようになる．

$$\int x\cos x\,dx = \sin x\cdot x - \int \sin x\cdot 1\,dx = x\sin x - \int \sin x\,dx$$

$$= x\sin x - (-\cos x) + K = x\sin x + \cos x + K$$

**[例 16.13]**　$\int \log x\,dx$ の不定積分を部分積分法を用いて求める．

式 (16.18) において $f'(x)=1$，$g(x)=\log x$ とおくと，$f(x)=x$，$g'(x)=1/x$ であるから，与式は，つぎのようになる．

$$\int \log x\,dx = x\log x - \int x\cdot\frac{1}{x}\,dx = x\log x - \int 1\,dx = x\log x - x + K$$

$$= x(\log x - 1) + K$$

## 16.7 積分計算によく用いられる手法

本節では，実際の積分計算をおこなうときに用いられる具体的手法について説明する．

### 16.7.1 分数の積分

① 分子式の次数が分母式の次数よりも高い場合か同じ次数の分数式については，整式と分数式の和の形に変形したうえで積分をおこなう．

**[例 16.14]** $\displaystyle\int \frac{2x^2 - x + 1}{x - 1}\,dx$ の不定積分を求める．

$$\frac{2x^2 - x + 1}{x - 1} = 2x + 1 + \frac{2}{x - 1} \quad (2.4\text{ 節参照})$$

より，つぎのようになる．

$$\begin{aligned}\int \frac{2x^2 - x + 1}{x - 1}\,dx &= \int \left(2x + 1 + \frac{2}{x - 1}\right) dx \\ &= x^2 + x + 2\log|x - 1| + K\end{aligned}$$

② 分子式の次数が分母式の次数よりも低い分数式については，部分分数分解 (第 3 章を参照) したうえで積分をおこなう．

**[例 16.15]** $\displaystyle\int \frac{x - 1}{x^2 - x - 2}\,dx$ の不定積分を求める．

$$\frac{x - 1}{x^2 - x - 2} = \frac{x - 1}{(x - 2)(x + 1)} = \frac{1}{3(x - 2)} + \frac{2}{3(x + 1)} \quad (3.2\text{ 節参照})$$

より，つぎのようになる．

$$\begin{aligned}\int \frac{x - 1}{x^2 - x - 2}\,dx &= \int \left\{\frac{1}{3(x - 2)} + \frac{2}{3(x + 1)}\right\} dx \\ &= \frac{1}{3}\log|x - 2| + \frac{2}{3}\log|x + 1| + K \\ &= \frac{1}{3}\log|(x - 2)(x + 1)^2| + K\end{aligned}$$

### 16.7.2 三角関数の積の積分

① 三角関数の “積→和または差” に変換する手法 (5.3 節の式 (5.14) 参照) を用いて積分をおこなう．

**[例 16.16]** $\int \sin ax \sin bx\, dx \quad (|a| \neq |b|)$ の不定積分を求める．

$$\sin ax \sin bx = -\frac{1}{2}\{\cos(ax+bx) - \cos(ax-bx)\}$$

より，つぎのようになる．

$$\int \sin ax \sin bx\, dx = -\frac{1}{2}\left\{\int \cos(a+b)x\, dx - \int \cos(a-b)x\, dx\right\}$$
$$= -\frac{1}{2}\left\{\frac{\sin(a+b)x}{a+b} - \frac{\sin(a-b)x}{a-b}\right\} + K$$

② 三角関数の倍角の公式を用いる手法 (5.3 節の式 (5.13) 参照) によって積分をおこなう．

**[例 16.17]** $\int \cos^2 x\, dx$ の不定積分を求める．

$$\cos^2 x = \frac{\cos 2x + 1}{2}$$

より，つぎのようになる．

$$\int \cos^2 x\, dx = \int \frac{\cos 2x + 1}{2}\, dx = \frac{1}{2}\int (\cos 2x + 1)\, dx$$
$$= \frac{1}{2}\left(\frac{\sin 2x}{2} + x\right) + K$$

### 16.7.3 置換を利用するときによく用いられる形

$\int \frac{1}{\sqrt{a^2 - x^2}}\, dx$ などの積分は，$x = a\sin\theta$ とおいて，置換積分法を用いる．

**[例 16.18]** $\int \frac{1}{\sqrt{a^2 - x^2}}\, dx$ の不定積分を置換積分法を用いて求める．

$x = a\sin\theta$ とおくと，$dx/d\theta = a\cos\theta$ より，$dx = a\cos\theta\, d\theta$ となる．

$$a^2 - x^2 = a^2 - a^2\sin^2\theta = a^2(1 - \sin^2\theta) = a^2\cos^2\theta$$

であるから，つぎのようになる．

$$\int \frac{1}{\sqrt{a^2 - x^2}}\, dx = \int \frac{1}{\sqrt{a^2\cos^2\theta}} \cdot a\cos\theta\, d\theta = \int d\theta = \theta + K$$

$\theta = \mathrm{Sin}^{-1}(x/a)$ であるから (6.2.2 項を参照)，つぎのようになる．

$$\int \frac{1}{\sqrt{a^2 - x^2}}\, dx = \mathrm{Sin}^{-1}\frac{x}{a} + K$$

## 演習問題

**〈16.1〉** つぎの不定積分を求めよ．

(1) $\displaystyle\int dx$　(2) $\displaystyle\int x^2\,dx$　(3) $\displaystyle\int 4x^3\,dx$

(4) $\displaystyle\int 6x^2\,dx$　(5) $\displaystyle\int (-x^2)\,dx$　(6) $\displaystyle\int (3+2x)\,dx$

(7) $\displaystyle\int (4x-3)\,dx$　(8) $\displaystyle\int (x^2+x)\,dx$　(9) $\displaystyle\int (x^2-2x+3)\,dx$

(10) $\displaystyle\int (-3x^2+5x-1)\,dx$　(11) $\displaystyle\int (3x^2+4x-5)\,dx$　(12) $\displaystyle\int (2-x-2x^2)\,dx$

(13) $\displaystyle\int (5x^2+3x-2)\,dx$　(14) $\displaystyle\int (2x^2-3x+1)\,dx$　(15) $\displaystyle\int x(x-1)\,dx$

(16) $\displaystyle\int (x+1)(x-3)\,dx$　(17) $\displaystyle\int (2x+1)(x+3)\,dx$　(18) $\displaystyle\int (2x+3)^2\,dx$

(19) $\displaystyle\int (3x-1)(2+5x)\,dx$　(20) $\displaystyle\int (x^2+3)^2\,dx$　(21) $\displaystyle\int (x-2)^3\,dx$

(22) $\displaystyle\int (4x^3+6x^2-2x-3)\,dx$　(23) $\displaystyle\int (x^2+4x-1)\,dx+\int (2x^2-4x+1)\,dx$

(24) $\displaystyle\int \frac{1}{x^2}\,dx$　(25) $\displaystyle\int \frac{1}{x^3}\,dx$　(26) $\displaystyle\int \sqrt[3]{x}\,dx$

(27) $\displaystyle\int \frac{1}{\sqrt{x}}\,dx$　(28) $\displaystyle\int \left(3+\frac{1}{x^2}\right)dx$　(29) $\displaystyle\int \frac{5x-3}{x^2}\,dx$

(30) $\displaystyle\int (4x-\sqrt{x})\,dx$　(31) $\displaystyle\int \frac{\sqrt{x}+3}{x}\,dx$　(32) $\displaystyle\int \frac{2x+3}{\sqrt{x}}\,dx$

(33) $\displaystyle\int \cos^2 x\,dx$　(34) $\displaystyle\int (\sin x+2\cos x)\,dx$

(35) $\displaystyle\int \sin ax \sin bx\,dx \quad (a \neq b)$

**〈16.2〉** つぎの条件を満たす関数 $f(x)$ を求めよ．

(1) $f'(x)=2x+3,\ f(0)=1$　(2) $f'(x)=(x-1)(3x+1),\ f(2)=5$

**〈16.3〉** 置換積分法を用いて，つぎの不定積分を求めよ．

(1) $\displaystyle\int e^{-x}\,dx$　(2) $\displaystyle\int (x+3)^5\,dx$　(3) $\displaystyle\int \frac{1}{2x+1}\,dx$

(4) $\displaystyle\int \sqrt{3x-1}\,dx$　(5) $\displaystyle\int \frac{1}{\sqrt{3x-1}}\,dx$　(6) $\displaystyle\int \frac{1}{\sqrt{2x+1}}\,dx$

(7) $\displaystyle\int \frac{1}{\sqrt{2x-1}}\,dx$　(8) $\displaystyle\int \frac{1}{(x+3)^2}\,dx$　(9) $\displaystyle\int \sin 3x\,dx$

(10) $\displaystyle\int \cos 2x\,dx$　(11) $\displaystyle\int \frac{x}{\sqrt{1+x}}\,dx$　(12) $\displaystyle\int x\sqrt{x+3}\,dx$

(13) $\displaystyle\int x\sqrt{x^2+4}\,dx$　(14) $\displaystyle\int x\sqrt[3]{1+x}\,dx$　(15) $\displaystyle\int \frac{e^x}{1+e^x}\,dx$

(16) $\displaystyle\int x^2\cos(x^3-1)\,dx$ (17) $\displaystyle\int \frac{x^2}{\sqrt{1-x^2}}\,dx$ (18) $\displaystyle\int \frac{1}{x^2\sqrt{x^2-a^2}}\,dx$

(19) $\displaystyle\int \frac{e^x-1}{e^x+1}\,dx$

**〈16.4〉** 部分積分法を用いて，つぎの不定積分を求めよ．

(1) $\displaystyle\int xe^x\,dx$ (2) $\displaystyle\int xe^{-x}\,dx$ (3) $\displaystyle\int xe^{-3x}\,dx$

(4) $\displaystyle\int (x+3)e^x\,dx$ (5) $\displaystyle\int x\sin x\,dx$ (6) $\displaystyle\int x\cos x\,dx$

(7) $\displaystyle\int \log x\,dx$ (8) $\displaystyle\int x\log x\,dx$ (9) $\displaystyle\int \log(x+1)\,dx$

(10) $\displaystyle\int x^2\log x\,dx$ (11) $\displaystyle\int x^3\log x\,dx$ (12) $\displaystyle\int (2x+1)\cos x\,dx$

(13) $\displaystyle\int e^x\cos x\,dx$ (14) $\displaystyle\int \cos^3 x\sin x\,dx$ (15) $\displaystyle\int x\log(1+x)\,dx$

**〈16.5〉** 16.7.1 項の分数の積分を利用して，つぎの不定積分を求めよ．

(1) $\displaystyle\int \frac{2x^2-x+1}{x-1}\,dx$ (2) $\displaystyle\int \frac{1}{x^2+4x-5}\,dx$ (3) $\displaystyle\int \frac{1}{x^2-a^2}\,dx$

(4) $\displaystyle\int \frac{1}{x(x^2+1)}\,dx$ (5) $\displaystyle\int \frac{1}{x(x+1)(x-3)}\,dx$ (6) $\displaystyle\int \frac{1}{x^3-x}\,dx$

(7) $\displaystyle\int \frac{1}{x^2-9}\,dx$ (8) $\displaystyle\int \frac{x^2+1}{(x^2-1)(x^2-4)}\,dx$ (9) $\displaystyle\int \frac{x+2}{(x-1)^2(x-2)}\,dx$

**〈16.6〉** 部分積分を複数回繰り返して，つぎの不定積分を求めよ．

(1) $\displaystyle\int x^2e^x\,dx$ (2) $\displaystyle\int x^2\sin x\,dx$ (3) $\displaystyle\int e^{-x}\cos x\,dx$

# 第17章 定積分

電磁気学や電気回路などの電気電子工学の現象を解析する際には，本章で述べる定積分を用いることが多い．基本的には第 **16** 章で述べた不定積分と同様の計算をおこなうが，積分定数の代わりに積分区間が指定されているので，その取り扱い方を習得する必要がある．また積分の物理的意味をよく理解してもらいたい．

学習の目標
- □定積分の物理的意味を理解する
- □積分区間を分割して定積分を計算する方法を使えるようになる
- □偶関数は $y$ 軸対称，奇関数は原点対称となることを利用して，定積分の計算ができるようになる
- □置換積分や部分積分の方法を用いた定積分の計算ができるようになる

## 17.1 定積分と面積

**定積分**は，次式の演算として定義される．

$$\int_a^b f(x)\,dx = (F(b)+K) - (F(a)+K) = F(b) - F(a) \tag{17.1}$$

ここで，$dF(x)/dx = f(x)$ であり，$[a,b]$ を**積分区間**，$a, b$ を定積分の**下端**，**上端**という．とくに，$\big[F(x)\big]_a^b = F(b) - F(a)$ と定義することから，式 (17.1) はつぎのように記述される．

$$\int_a^b f(x)\,dx = \big[F(x)\big]_a^b = F(b) - F(a) \tag{17.2}$$

**[例 17.1]** $\displaystyle\int_1^2 3x^2\,dx = \big[x^3\big]_1^2 = 2^3 - 1^3 = 8 - 1 = 7$

**[例 17.2]** $\displaystyle\int_1^3 \frac{1}{x^2}\,dx = \left[-\frac{1}{x}\right]_1^3 = -\frac{1}{3} - \left(-\frac{1}{1}\right) = \frac{2}{3}$

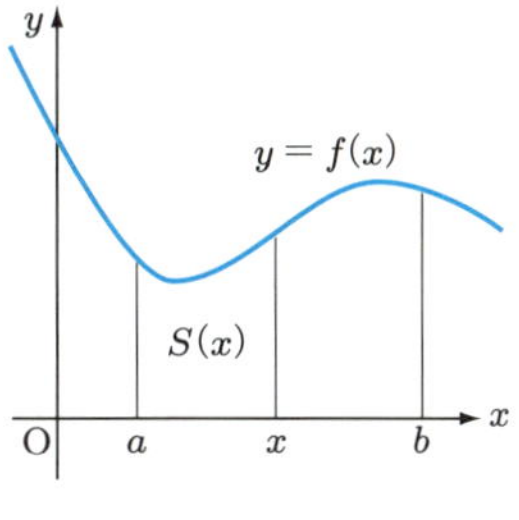

図 **17.1** $S(x)$ の定義

つぎに，定積分すなわち式 (17.2) の物理的意味について説明する．いま，区間 $[a,b]$ において関数 $f(x) \geqq 0$ とする．関数 $f(x)$ と $x$ 軸，それと $x = a$ および区間

$[a,b]$ の範囲にある任意の $x$ で囲まれた図形の面積を $S(x)$ とする (図 17.1 参照). ここで, $S(x)$ を $x$ の関数と考えたとき, $S(x)$ の導関数はその定義から, つぎのように記述できる.

$$S'(x) = \lim_{h \to 0} \frac{S(x+h) - S(x)}{h}$$

一方, 図 17.2 において, 灰色の部分の面積は $S(x+h) - S(x)$ であり, $h$ が十分に小さいとき, $x$ と $x+h$ の間の任意の $t(x \leqq t \leqq x+h)$ を選べば, 横の長さが $h$, 縦の長さが $f(t)$ の長方形の面積 (図 17.3 参照) と等価となるので,

$$S(x+h) - S(x) = hf(t)$$

が成り立つ. したがって, $S'(x)$ は以下のように変形できる.

$$S'(x) = \lim_{h \to 0} \frac{S(x+h) - S(x)}{h} = \lim_{h \to 0} \frac{hf(t)}{h} = \lim_{h \to 0} f(t)$$

ここで, $h \to 0$ のとき $t \to x$ であるから, $\lim\limits_{h \to 0} f(t) = f(x)$ となり, $S'(x) = f(x)$ が成り立ち, $S(x)$ は $f(x)$ の不定積分であることがわかる.

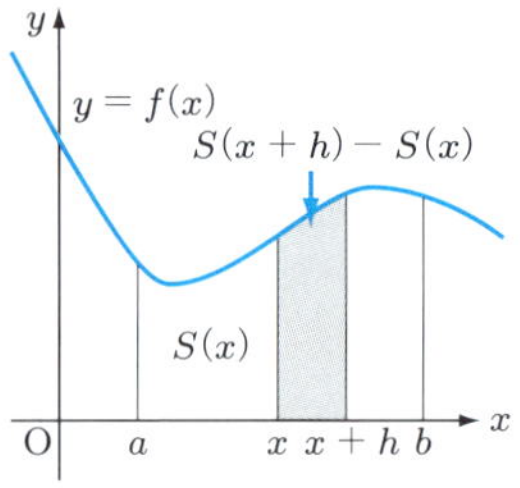


**図 17.2**　$S(x+h) - S(x)$ の領域

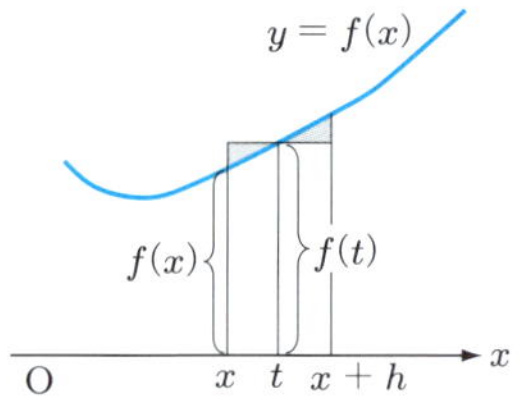


**図 17.3**　矩形の面積

したがって, $x = a \sim b$ の面積 $S(b)$ と $S(a) = 0$ であることを利用して区間 $[a,b]$ の面積をあらわすと, 次式のようになる.

$$S(b) - S(a) = \int_a^b f(x)\,dx$$

まとめると, 式 (17.2) の物理的意味は, $y = f(x)$, $x$ 軸, 直線 $x = a$ と直線 $x = b$ で囲まれた図形の面積 $S$ をあらわす(図 17.4).

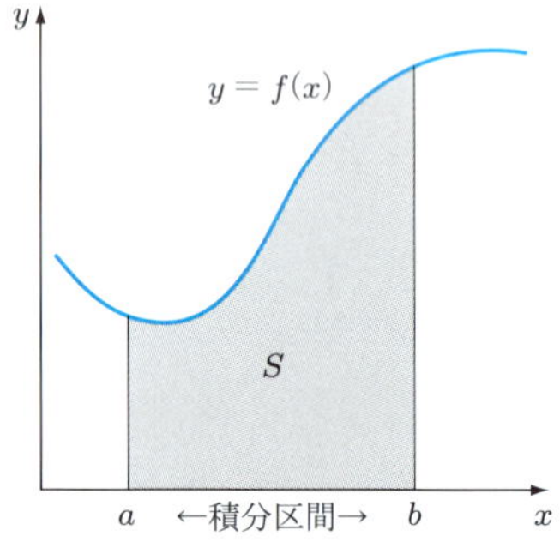


**図 17.4**　定積分 $\int_a^b f(x)\,dx$ の物理的意味

## 17.2 定積分の基本的性質

第 16 章で示したさまざまな不定積分の手法は，そのまま定積分にも適用できる．以下では，さらに定積分ならではのいくつかの性質について説明する．

① 積分区間が $[a, a]$ である定積分は 0 である．

$$\int_a^a f(x)\,dx = 0 \tag{17.3}$$

② 積分区間の始点と終点を入れ替えると，積分値の符号は反転する $(a \neq b)$.

$$\int_a^b f(x)\,dx = -\int_b^a f(x)\,dx \tag{17.4}$$

③ つぎのように積分区間を分割できる $(a, b, c$ の大小関係は任意$)$.

$$\int_a^b f(x)\,dx = \int_a^c f(x)\,dx + \int_c^b f(x)\,dx \tag{17.5}$$

④ つぎのように分割できる $(\alpha, \beta$ は任意の定数$)$.

$$\int_a^b \{\alpha f(x) + \beta g(x)\}\,dx = \alpha\int_a^b f(x)\,dx + \beta\int_a^b g(x)\,dx \tag{17.6}$$

⑤ $f(x)$ が $a \leqq x \leqq b$ において連続とすると，

$$\int_a^b f(x)\,dx = (b-a)f(c) \quad (a < c < b) \tag{17.7}$$

を満足する $c$ が少なくとも一つは存在する (図 17.5 参照).

⑥ $a \leqq x \leqq b$ において $f(x) \geqq g(x)$ のとき，

$$\int_a^b \{f(x) - g(x)\}\,dx \geqq 0 \tag{17.8}$$

となる (図 17.6 参照).

⑦ $a < b, m \leqq f(x) \leqq M$ のとき，

$$m(b-a) \leqq \int_a^b f(x)\,dx \leqq M(b-a) \tag{17.9}$$

となる (図 17.7 参照).

⑧ $f(x)$ が $f(-x) = f(x)$ のとき (関数 $f(x)$ が $y$ 軸対称であり，このとき $f(x)$ を偶関数であるという)，

$$\int_{-a}^a f(x)\,dx = \int_{-a}^0 f(x)\,dx + \int_0^a f(x)\,dx = 2\int_0^a f(x)\,dx \tag{17.10}$$

となる (図 17.8 参照).

⑨ $f(x)$ が $f(-x) = -f(x)$ のとき (関数 $f(x)$ が原点対称であり，このとき $f(x)$ を奇関数であるという)，

$$\int_{-a}^{a} f(x)\,dx = 0 \tag{17.11}$$

となる (図 17.9 参照).

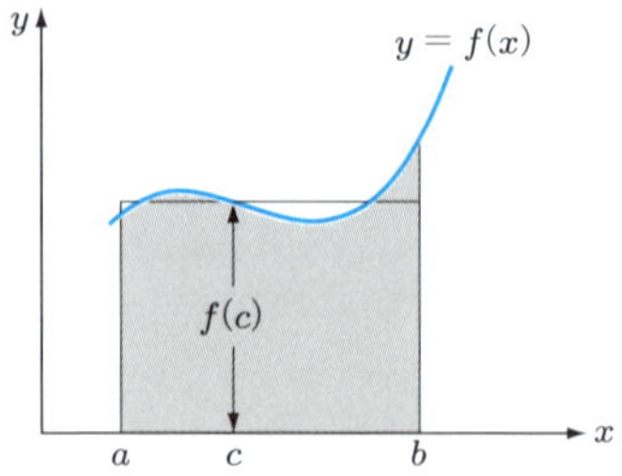


図 17.5　定積分と等価な面積をもつ長方形

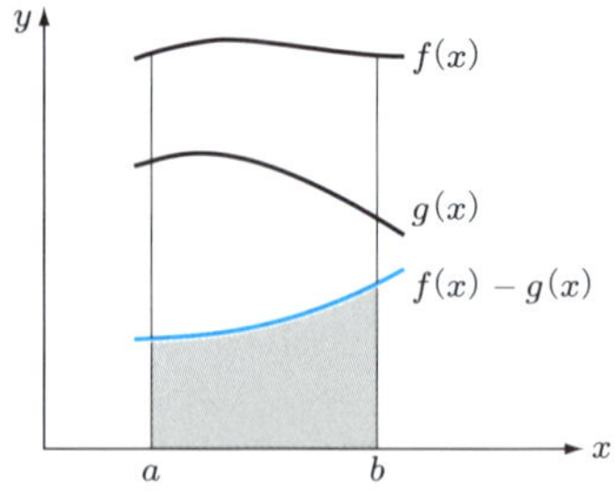


図 17.6　$\{f(x) - g(x)\}$ の定積分

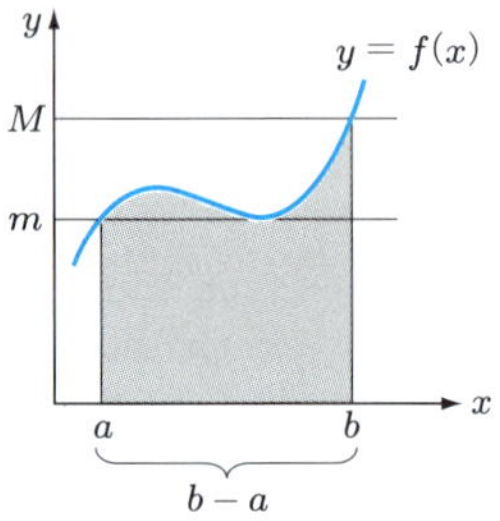


図 17.7　定積分の上限と下限

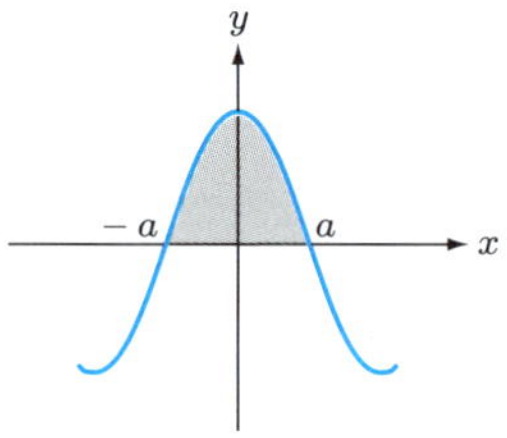


図 17.8　偶関数の定積分

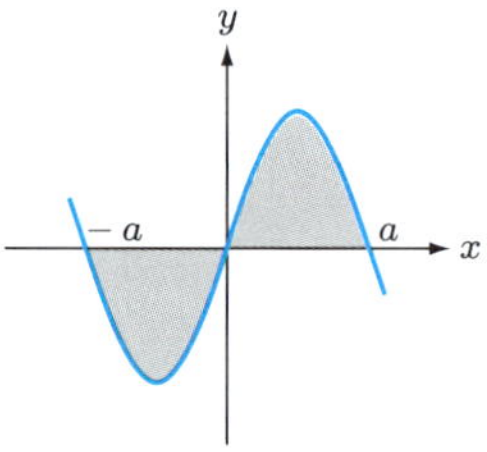


図 17.9　奇関数の定積分

**[例 17.3]**　定積分 $\int_1^2 (3x^2 - x + 3)\,dx$ を求める.

$$\int_1^2 (3x^2 - x + 3)\,dx = \left[x^3 - \frac{1}{2}x^2 + 3x\right]_1^2 = (8-2+6) - \left(1 - \frac{1}{2} + 3\right) = \frac{17}{2}$$

**[例 17.4]**　定積分 $\int_0^{\pi/6} \sin 2x\,dx$ を求める.

$$\int_0^{\pi/6} \sin 2x\,dx = \left[-\frac{1}{2}\cos 2x\right]_0^{\pi/6} = -\frac{1}{2}\cos\frac{\pi}{3} - \left(-\frac{1}{2}\cos 0\right) = -\frac{1}{4} + \frac{1}{2} = \frac{1}{4}$$

**【例題 17.1】** 式 (17.4) が成り立つことを証明せよ.

**【解】**

$F(x)$ を $f(x)$ の不定積分とすると，つぎのようになる．

$$\int_a^b f(x)\,dx = F(b) - F(a) = -\{F(a) - F(b)\}$$
$$= -\int_b^a f(x)\,dx$$

**【例題 17.2】** 式 (17.5) が成り立つことを証明せよ．

**【解】**

$F(x)$ を $f(x)$ の不定積分とすると，つぎのようになる．

$$\int_a^c f(x)\,dx + \int_c^b f(x)\,dx = \{F(c) - F(a)\} + \{F(b) - F(c)\}$$
$$= F(b) - F(a) = \int_a^b f(x)\,dx$$

**[例 17.5]** $f(x) = \cos x$ は偶関数であるので，$\int_{-\pi/2}^{\pi/2} \cos x\,dx$ は，式 (17.10) より，つぎのようになる．

$$\int_{-\pi/2}^{\pi/2} \cos x\,dx = 2\int_0^{\pi/2} \cos x\,dx = 2\Big[\sin x\Big]_0^{\pi/2} = 2(1-0)$$
$$= 2$$

**[例 17.6]** $f(x) = \sin x$ は奇関数であるので，$\int_{-\pi/2}^{\pi/2} \sin x\,dx$ は，式 (17.11) より，つぎのようになる．

$$\int_{-\pi/2}^{\pi/2} \sin x\,dx = 0$$

**[例 17.7]** $\int_{-5}^{5} |x|\,dx$ を求める．

$$\int_{-5}^{5} |x|\,dx = \int_{-5}^{0} -x\,dx + \int_0^5 x\,dx = \left[-\frac{1}{2}x^2\right]_{-5}^{0} + \left[\frac{1}{2}x^2\right]_0^5$$
$$= 0 - \left(-\frac{25}{2}\right) + \frac{25}{2} - 0 = \frac{50}{2}$$
$$= 25$$

## 17.3 定積分における置換積分

ここでは，16.5 節で説明した不定積分における置換積分を，定積分において適用する．基本的な計算手法は同じであるが，積分区間が置換した関数に応じて変わることが不定積分と異なる点である．以下に，その計算手順について説明する．

$x = g(t)$ のとき，$\int_a^b f(x)dx$ を求める．$x = a = g(t)$ となる $t = t_1$, $x = b = g(t)$ となる $t = t_2$ とする．$dx/dt = dg(t)/dt = g'(t)$ であるから，つぎのようになる．

$$\int_a^b f(x)\,dx = \int_a^b f(x)\frac{dx}{dt}\,dt = \int_{t_1}^{t_2} f\{g(t)\}g'(t)\,dt \qquad (17.12)$$

**[例 17.8]** 定積分 $\displaystyle\int_2^5 \frac{1}{\sqrt{x-1}}\,dx$ を置換積分法を用いて求める．

$x - 1 = t$ とおく．$x = 2$ のとき $t = 1$, $x = 5$ のとき $t = 4$ である．また，$dx/dt = 1$ より，$dx = dt$ であるから，つぎのようになる．

$$\begin{aligned}\int_2^5 \frac{1}{\sqrt{x-1}}\,dx &= \int_1^4 \frac{1}{\sqrt{t}}\cdot 1\,dt = \int_1^4 t^{-1/2}\,dt \\ &= \left[2t^{1/2}\right]_1^4 = \left[2\sqrt{t}\right]_1^4 \\ &= 2\cdot 2 - 2\cdot 1 = 2\end{aligned}$$

**【例題 17.3】** 定積分 $\displaystyle\int_0^a \frac{1}{\sqrt{a^2-x^2}}\,dx$ を求めよ．

**【解】**

$x = a\sin\theta$ とおく．$x = 0$ のとき $\sin\theta = 0$ より $\theta = 0$, $x = a$ のとき $\sin\theta = 1$ より $\theta = \pi/2$ である．また，$dx/d\theta = a\cos\theta$ より，$dx = a\cos\theta\,d\theta$ である．したがって，つぎのようになる．

$$\begin{aligned}\int_0^a \frac{1}{\sqrt{a^2-x^2}}\,dx &= \int_0^{\pi/2} \frac{1}{\sqrt{a^2-(a\sin\theta)^2}}\cdot a\cos\theta\,d\theta \\ &= \int_0^{\pi/2} \frac{a\cos\theta}{\sqrt{a^2(1-\sin\theta)^2}}\,d\theta \\ &= \int_0^{\pi/2} \frac{a\cos\theta}{\sqrt{a^2\cos^2\theta}}\,d\theta \\ &= \int_0^{x/2} 1\,d\theta = [\theta]_0^{\pi/2} = \frac{\pi}{2}\end{aligned}$$

## 17.4 定積分における部分積分

ここでは，16.6 節で説明した不定積分における部分積分を，定積分において適用する．基本的な計算手法は同じであるが，積分をおこなった項に対しては順次積分範囲を適用していく．以下に，その計算手順について説明する．

式 (16.18) より，定積分における部分積分は，つぎのようになる．

$$\int_a^b f'(x)g(x)\,dx = \Big[f(x)\cdot g(x)\Big]_a^b - \int_a^b f(x)g'(x)\,dx \tag{17.13}$$

**[例 17.9]** 定積分 $\displaystyle\int_1^2 \frac{\log x}{x^2}\,dx$ を部分積分法を用いて求める．

$f'(x) = x^{-2}$, $g(x) = \log x$ とおくと，$f(x) = \displaystyle\int x^{-2}\,dx = -1/x$, $g'(x) = 1/x$ なので，与式は，つぎのようになる．

$$\begin{aligned}\int_1^2 \frac{\log x}{x^2}\,dx &= \int_1^2 x^{-2}\cdot\log x\,dx = \left[-\frac{1}{x}\cdot\log x\right]_1^2 - \int_1^2\left(-\frac{1}{x}\right)\cdot\frac{1}{x}\,dx\\ &= -\frac{1}{2}\log 2 - 0 + \left[-\frac{1}{x}\right]_1^2 = -\frac{1}{2}\log 2 + \left\{-\frac{1}{2} - (-1)\right\}\\ &= -\frac{1}{2}\log 2 + \frac{1}{2}\end{aligned}$$

**【例題 17.4】** 定積分 $\int_0^{\pi/2} x\cos x\,dx$ を求めよ．

**【解】**

$f'(x) = \cos x$, $g(x) = x$ とおくと，$f(x) = \int\cos x\,dx = \sin x$, $g'(x) = 1$ なので，与式は式 (17.13) を用いると，つぎのようになる．

$$\begin{aligned}\int_0^{\pi/2} x\cos x\,dx &= \big[\sin x\cdot x\big]_0^{\pi/2} - \int_0^{\pi/2}\sin x\cdot 1\,dx\\ &= \frac{\pi}{2} - 0 - \big[-\cos x\big]_0^{\pi/2}\\ &= \frac{\pi}{2} - \left\{-\cos\frac{\pi}{2} - (-\cos 0)\right\}\\ &= \frac{\pi}{2} - 1\end{aligned}$$

## 演習問題

**〈17.1〉** つぎの定積分の値を求めよ.

(1) $\displaystyle\int_{-2}^{3} dx$　(2) $\displaystyle\int_{1}^{3} x\,dx$　(3) $\displaystyle\int_{3}^{1} x\,dx$

(4) $\displaystyle\int_{0}^{1} 10x\,dx$　(5) $\displaystyle\int_{-1}^{1} 3x^2\,dx$　(6) $\displaystyle\int_{1}^{-2} 2x^3\,dx$

(7) $\displaystyle\int_{1}^{4} \sqrt{x}\,dx$　(8) $\displaystyle\int_{4}^{9} \frac{1}{\sqrt{x}}\,dx$　(9) $\displaystyle\int_{-1}^{3} (2x-3)\,dx$

(10) $\displaystyle\int_{0}^{1} (2x-1)\,dx$　(11) $\displaystyle\int_{2}^{-1} (2x+3)\,dx$　(12) $\displaystyle\int_{-1}^{2} (5x^2-3x)\,dx$

(13) $\displaystyle\int_{-2}^{1} (x^2+x)\,dx$　(14) $\displaystyle\int_{-2}^{2} (5x-3x^2)\,dx$　(15) $\displaystyle\int_{-2}^{1} (-2x^2+3x)\,dx$

(16) $\displaystyle\int_{1}^{2} (3x^2-x+3)\,dx$　(17) $\displaystyle\int_{-3}^{2} (x^3-2x^2+3)\,dx$　(18) $\displaystyle\int_{1}^{2} \left(x+\frac{3}{x^2}\right)\,dx$

(19) $\displaystyle\int_{-2}^{1} (3x^2-2x+1)dx$　(20) $\displaystyle\int_{0}^{5} (x-2)(4x+1)\,dx$　(21) $\displaystyle\int_{-3}^{1} (x+3)(x-1)\,dx$

(22) $\displaystyle\int_{-2}^{2} (x+2)^2\,dx$　(23) $\displaystyle\int_{-1}^{1} (x-1)(2x+3)dx$　(24) $\displaystyle\int_{-1}^{1/2} (2x-1)(x+1)\,dx$

(25) $\displaystyle\int_{-2}^{2} (x+1)(x+2)(x+3)\,dx$　(26) $\displaystyle\int_{1}^{-2} (2x-1)(4x^2+2x+1)dx$

(27) $\displaystyle\int_{4}^{5} \frac{1}{(x-1)(x-3)}\,dx$　(28) $\displaystyle\int_{0}^{1} e^x\,dx$　(29) $\displaystyle\int_{0}^{\pi/4} \cos x\,dx$

(30) $\displaystyle\int_{0}^{\pi/6} \sin 2x\,dx$　(31) $\displaystyle\int_{0}^{\pi/3} (\sin x+2\cos x)\,dx$　(32) $\displaystyle\int_{0}^{\pi/4} (\cos x-\sin x)\,dx$

(33) $\displaystyle\int_{-\pi}^{\pi} \sin x\,dx$　(34) $\displaystyle\int_{0}^{5} |x-1|\,dx$　(35) $\displaystyle\int_{-1}^{3} |2x+1|\,dx$

(36) $\displaystyle\int_{-2}^{0} |x^2-1|\,dx$　(37) $\displaystyle\int_{3}^{5} |x^2-x-12|\,dx$　(38) $\displaystyle\int_{-3}^{3} (x^2-|x-2|)\,dx$

**〈17.2〉** $f(x)=|x(x-1)|$ のとき，つぎの定積分の値を求めよ.

(1) $\displaystyle\int_{0}^{3} f(x)\,dx$　(2) $\displaystyle\int_{-1}^{2} f(x)\,dx$

**〈17.3〉** 関数 $f(x)=4x^4+ax^3+bx^2$ が下記の条件を満たすように，定数 $a, b$ の値を定めよ.

$$f'(1)=2, \quad \int_{0}^{1} f(x)\,dx=0$$

**〈17.4〉** 定積分 $\int_{-1}^{1}(x^3-ax+b)^2\,dx$ の値が最小になるように，定数 $a, b$ の値を定めよ.

**〈17.5〉** 置換積分法を用いて，つぎの定積分の値を求めよ.

(1) $\displaystyle\int_{0}^{2} \frac{1}{x+3}\,dx$　(2) $\displaystyle\int_{0}^{2} (3x+1)^3\,dx$　(3) $\displaystyle\int_{0}^{1} (3x-2)^5\,dx$

(4) $\displaystyle\int_{2}^{5} \frac{x}{\sqrt{x-1}}\,dx$　(5) $\displaystyle\int_{0}^{1} (x^2-1)\sqrt{1-x}\,dx$　(6) $\displaystyle\int_{0}^{1} 2x\log(x^2+1)\,dx$

(7) $\displaystyle\int_0^1 \sqrt{1-x^2}\,dx$　(8) $\displaystyle\int_0^a \sqrt{a^2-x^2}\,dx$　(9) $\displaystyle\int_0^a \frac{1}{\sqrt{a^2-x^2}}\,dx$

(10) $\displaystyle\int_0^1 \sqrt{4-x^2}\,dx$　(11) $\displaystyle\int_0^3 \sqrt{9-x^2}\,dx$　(12) $\displaystyle\int_0^{1/2} \frac{1}{\sqrt{1-x^2}}\,dx$

(13) $\displaystyle\int_{-\sqrt{2}}^{\sqrt{2}} \sqrt{2-x^2}\,dx$　(14) $\displaystyle\int_{-\sqrt{3}}^{0} \frac{2x}{\sqrt{4-x^2}}\,dx$　(15) $\displaystyle\int_0^1 \frac{e^x}{(e^x+3)^2}\,dx$

(16) $\displaystyle\int_1^e \frac{2\log x}{x}\,dx$　(17) $\displaystyle\int_{-1}^2 \frac{x+1}{x^2+2x+2}\,dx$　(18) $\displaystyle\int_0^{\pi/2} \frac{\sin x}{2+\cos x}\,dx$

(19) $\displaystyle\int_{-\pi/2}^{\pi/2} \cos x \sin^4 x\,dx$　(20) $\displaystyle\int_0^{\sqrt{3}} \frac{x^3}{\sqrt{4-x^2}}\,dx$　(21) $\displaystyle\int_0^1 \sqrt{2x-x^2}\,dx$

**〈17.6〉** 部分積分法を用いて，つぎの定積分の値を求めよ．

(1) $\displaystyle\int_0^1 xe^{-x}\,dx$　(2) $\displaystyle\int_0^\infty xe^{-x}\,dx$　(3) $\displaystyle\int_0^1 xe^{2x}\,dx$

(4) $\displaystyle\int_0^2 xe^{x/2}\,dx$　(5) $\displaystyle\int_1^2 \log x\,dx$　(6) $\displaystyle\int_0^{\pi/2} x\cos x\,dx$

(7) $\displaystyle\int_0^{\pi/2} (x+1)\cos x\,dx$　(8) $\displaystyle\int_0^{\pi/2} (x+1)\sin x\,dx$　(9) $\displaystyle\int_0^{\pi/2} (x-1)\sin 2x\,dx$

(10) $\displaystyle\int_0^{\pi/2} x^2\cos x\,dx$　(11) $\displaystyle\int_1^2 \frac{\log x}{x^2}\,dx$　(12) $\displaystyle\int_{1/e}^e x^2\log x\,dx$

**〈17.7〉** $\displaystyle A=\int_0^{\pi/2}\frac{\sin x}{\sin x+\cos x}\,dx$，$\displaystyle B=\int_0^{\pi/2}\frac{\cos x}{\sin x+\cos x}\,dx$ とおくとき，つぎの問いに答えよ．

(1) $A=B$ であることを示せ．　(2) $A$ の定積分の値を求めよ．

# 第18章 積分の応用

本章では積分の応用として，その物理的意味を生かして，面積の求め方を述べるとともに，電気電子工学への適用例として正弦波交流の平均値と実効値についても記す．

学習の目標
- □定積分を用いて，面積の計算ができるようになる
- □正弦波交流の平均値と実効値の計算ができるようになる

## 18.1 面積の計算

17.1 節で説明した通り，定積分の物理的意味は，$y = f(x)$，$x$ 軸，直線 $x = a$ と直線 $x = b$ で囲まれた図形の面積である (式 (17.2)，図 17.4 参照)．ここでは，直交座標系 (一般に $xy$ 座標系とよばれる) における面積を，定積分を使って求める方法について説明する．

一般に，区間 $a \leqq x \leqq b$ で $f(x) \geqq g(x)$ のとき，この区間での二つの関数が作る曲線の間の面積 $S$ (図 18.1 参照) は次式から求められる．

$$S = \int_a^b \{f(x) - g(x)\}\,dx \qquad (18.1)$$

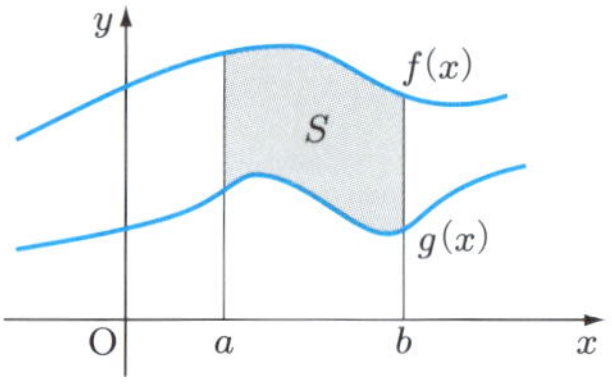

図 18.1　定積分による面積の計算

**[例 18.1]** $f(x) = -x^2 + 4x$ と $g(x) = x$ で囲まれる図形の面積を求める．

まず，二つの関数の交点を求めると (図 18.2 参照)，

$$x = -x^2 + 4x$$

から，$x(x-3) = 0$ より $x = 0, 3$ となる．

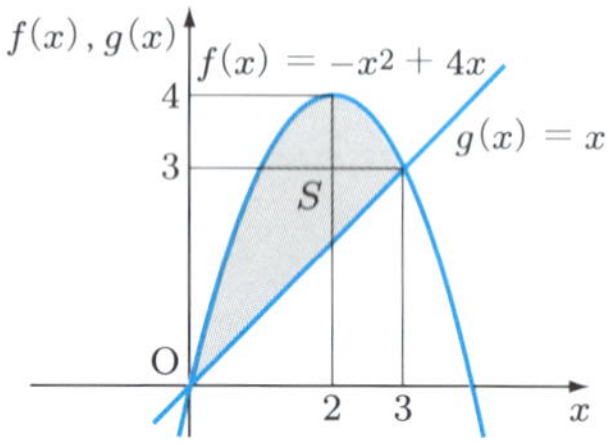

図 18.2　$f(x), g(x)$ で囲まれた図形

したがって，図に示すように積分区間 $0 \leqq x \leqq 3$ で $f(x) \geqq g(x)$ であるので，式 (18.1) を適用し，この区間で二つの関数に囲まれた図形の面積 $S$ を求めればよい．よって，つぎのようになる．

$$S = \int_0^3 \{(-x^2 + 4x) - x\}\,dx = \int_0^3 (-x^2 + 3x)\,dx = \left[-\frac{1}{3}x^3 + \frac{3}{2}x^2\right]_0^3$$

$$= -\frac{1}{3}3^3 + \frac{3}{2}3^2 = -9 + \frac{27}{2} = \frac{9}{2}$$

**[例 18.2]**　半径 $r$ の円 $x^2 + y^2 = r^2$ の面積を求める．

円の方程式は $y = \pm\sqrt{r^2 - x^2}$ となるが，図 18.3 のように，$y = \sqrt{r^2 - x^2}$ が上側の半径 $r$ の半円の円弧をあらわし，$y = -\sqrt{r^2 - x^2}$ が下側の半径 $r$ の半円の円弧をあらわす．したがって，求める面積 $S$ は，式 (18.1) において，$f(x) = \sqrt{r^2 - x^2}$, $g(x) = -\sqrt{r^2 - x^2}$ とおき，区間 $[-r, r]$ で定積分すればよい．すなわち，$x$ 軸対称となっているので，

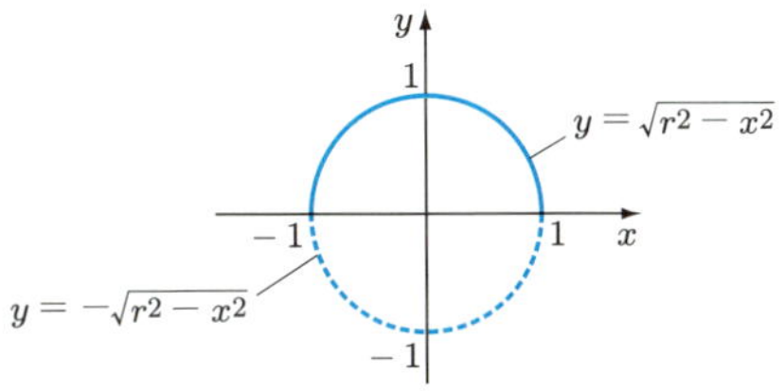


**図 18.3**　円の方程式

$$S = \int_{-r}^{r} \left\{ \sqrt{r^2 - x^2} - \left( -\sqrt{r^2 - x^2} \right) \right\} dx$$
$$= 2\int_{-r}^{r} \sqrt{r^2 - x^2} dx$$

を計算すればよい．

置換積分を用いて，この定積分を計算する．まず，$x = r\sin\theta$ とおく．$x = -r$ のとき $\sin\theta = -1$ より $\theta = -\pi/2$, $x = r$ のとき $\sin\theta = 1$ より $\theta = \pi/2$ である．また，$dx/d\theta = r\cos\theta$ より，$dx = r\cos\theta\, d\theta$ となる．

$$S = 2\int_{-r}^{r} \sqrt{r^2 - x^2}\, dx = 2\int_{-\pi/2}^{\pi/2} \sqrt{r^2 - (r\sin\theta)^2} \cdot r\cos\theta\, d\theta$$
$$= 2\int_{-\pi/2}^{\pi/2} r\cos\theta \cdot r\cos\theta\, d\theta = 2r^2 \int_{-\pi/2}^{\pi/2} \cos^2\theta\, d\theta$$

式 (5.13) の余弦の倍角の公式より，

$$S = 2r^2 \int_{-\pi/2}^{\pi/2} \frac{\cos 2\theta + 1}{2} d\theta = 2r^2 \left[ \frac{\sin 2\theta}{4} + \frac{\theta}{2} \right]_{-\pi/2}^{\pi/2}$$
$$= 2r^2 \left\{ \left( 0 + \frac{\pi}{4} \right) - \left( 0 - \frac{\pi}{4} \right) \right\} = \pi r^2$$

となる．以上より，半径 $r$ の円 $(x^2 + y^2 = r^2)$ の面積は $\pi r^2$ となる．

関数 $h(x)$ が区間 $[a, b]$ で，

$$\text{つねに } h(x) \geqq 0 \quad \text{または} \quad \text{つねに } h(x) \leqq 0$$

を満たすとき，この区間における $h(x)$ のグラフと $x$ 軸および直線 $x = a, x = b$ で囲

まれた**図形の面積** $S$ はそれぞれ，以下のようになる．

① 区間 $[a, b]$ で $h(x) \geqq 0$ の場合 (図 18.4)：$S = \displaystyle\int_a^b \{h(x) - 0\}\, dx = \int_a^b h(x)\, dx$

$$\tag{18.2}$$

② 区間 $[a, b]$ で $h(x) \leqq 0$ の場合 (図 18.5)：$S = \displaystyle\int_a^b \{0 - h(x)\}\, dx = -\int_a^b h(x)\, dx$

$$\tag{18.3}$$

①は式 (18.1) において $f(x)$ を $h(x)$ におき換えて $g(x) = 0$ と考えた場合と等価であり，②は式 (18.1) において $f(x) = 0$ で $g(x)$ を $h(x)$ におき換えた場合と等価である．

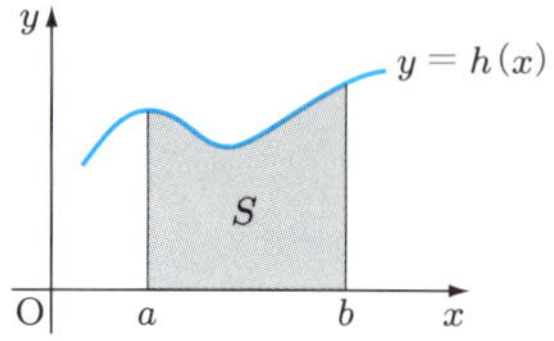


**図 18.4**　$h(x) \geqq 0$ の場合の面積 $S$

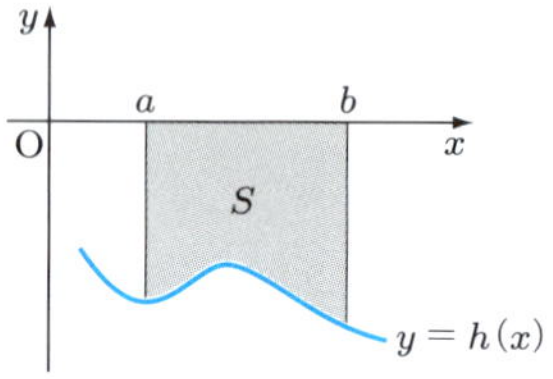


**図 18.5**　$h(x) \leqq 0$ の場合の面積 $S$

**【例題 18.1】** 曲線 $y = x(x+1)(x-3)$ と $x$ 軸で囲まれた二つの領域の面積の和 $S$ を求めよ．

**【解】**

$x(x+1)(x-3) = 0$ から，$x$ 軸との交点の座標は，$x = -1, 0, 3$ であり，区間 $[-1, 0]$ では $y \geqq 0$，区間 $[0, 3]$ では $y \leqq 0$ であるから (図 18.6 参照)，つぎのようになる．

$$\begin{aligned}
S &= \int_{-1}^{0} x(x+1)(x-3)\, dx - \int_{0}^{3} x(x+1)(x-3)\, dx \\
&= \int_{-1}^{0} (x^3 - 2x^2 - 3x)\, dx - \int_{0}^{3} (x^3 - 2x^2 - 3x)\, dx \\
&= \left[\frac{1}{4}x^4 - \frac{2}{3}x^3 - \frac{3}{2}x^2\right]_{-1}^{0} - \left[\frac{1}{4}x^4 - \frac{2}{3}x^3 - \frac{3}{2}x^2\right]_{0}^{3} \\
&= -\left(\frac{1}{4} + \frac{2}{3} - \frac{3}{2}\right) - \left(\frac{81}{4} - 18 - \frac{27}{2}\right) \\
&= \frac{7}{12} - \left(-\frac{45}{4}\right) \\
&= \frac{71}{6}
\end{aligned}$$

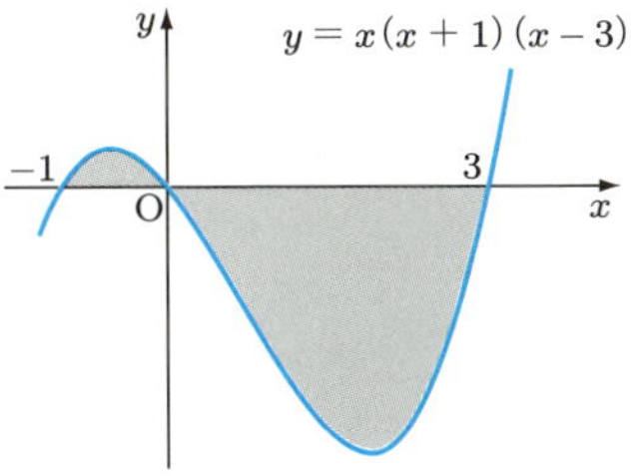


図 18.6 曲線 $y = x(x+1)(x-3)$

## 18.2 平均値の計算

定積分の電気電子工学への適用例の一つとして，周期関数 $f(t)$ の平均値の計算が挙げられる．ここでは，その計算手法を具体例を用いて説明する．ここで，周期関数とはある周期でその波形が周期的に繰り返されるような波形をもつ関数のことである．

まず，一般に，周期 $T$ の周期関数 $f(t)$ の平均値は次式で計算される．

$$\text{平均値} = \frac{1}{T}\int_0^T f(t)\,dt \tag{18.4}$$

すなわち，$f(t)$ を区間 $[0, T]$ で定積分し，それを周期 $T$ で割ったものである．

**【例題 18.2】** 電圧 $e(t) = E_m \sin\omega t$，電流 $i(t) = I_m \sin(\omega t + \phi)$ とするとき，電力を求めよ．なお，電力とは，$p(t) = e(t)\cdot i(t)$ の平均値のことである．ただし，周期を $T$ とするとき，$\omega T = 2\pi$ の関係が成り立つものとする．

**【解】**

電力の瞬時値は，

$$p(t) = e(t)\cdot i(t) = E_m I_m \sin\omega t\cdot\sin(\omega t + \phi)$$

である．この平均値 $P$ を式 (18.4) を利用して計算する．すなわち，次式を求めればよい．

$$P = \frac{1}{T}\int_0^T p(t)\,dt = \frac{1}{T}\int_0^T E_m I_m \sin\omega t\cdot\sin(\omega t + \phi)\,dt$$

この式は，式 (5.14) を利用して，つぎのように計算される．

$$\begin{aligned} P &= \frac{1}{T}\int_0^T E_m I_m \sin\omega t\cdot\sin(\omega t + \phi)\,dt \\ &= \frac{E_m I_m}{T}\int_0^T \left[-\frac{1}{2}\{\cos(\omega t + \omega t + \phi) - \cos(\omega t - \omega t - \phi)\}\right] dt \end{aligned}$$

$$
\begin{aligned}
&= \frac{E_m I_m}{2T} \int_0^T \{-\cos(2\omega t + \phi) + \cos(-\phi)\}\, dt \\
&= \frac{E_m I_m}{2T} \int_0^T \{-\cos(2\omega t + \phi) + \cos\phi\}\, dt \\
&= \frac{E_m I_m}{2T} \left[-\frac{1}{2\omega}\sin(2\omega t + \phi) + \cos\phi \cdot t\right]_0^T \\
&= \frac{E_m I_m}{2T} \left[\left\{-\frac{1}{2\omega}\sin(2\omega T + \phi) + \cos\phi \cdot T\right\} - \left\{-\frac{1}{2\omega}\sin(0 + \phi) + 0\right\}\right] \\
&= \frac{E_m I_m}{2T} \left\{-\frac{1}{2\omega}\sin(4\pi + \phi) + \cos\phi \cdot T + \frac{1}{2\omega}\sin\phi\right\} \\
&= \frac{E_m I_m}{2T} \left\{-\frac{1}{2\omega}\sin\phi + \cos\phi \cdot T + \frac{1}{2\omega}\sin\phi\right\} \\
&= \frac{E_m I_m}{2T}\cos\phi \cdot T = \frac{E_m I_m}{2}\cos\phi
\end{aligned}
$$

したがって，電力は $(E_m I_m/2)\cos\phi$ である．

## 18.3 実効値の計算

二つ目の定積分の電気電子工学への適用例として，定積分を使って，正弦波交流波形の実効値 (RMS：root mean square value) を求める方法について説明する．

正弦波交流波形の一般式 (瞬時値) は，最大値を $E_\mathrm{m}$ とすると，

$$
e(t) = E_\mathrm{m} \sin\omega t \tag{18.5}
$$

と表現される．ここで，$\omega T = 2\pi$，$T$ は周期をあらわす．

正弦波の実効値は，次式のように，瞬時値の二乗平均の平方根であらわされる．

$$
E = \sqrt{\frac{1}{T}\int_0^T \{e(t)\}^2\, dt} \tag{18.6}
$$

これを計算すると，つぎのようになる．

$$
\begin{aligned}
\sqrt{\frac{1}{T}\int_0^T \{e(t)\}^2\, dt} &= \sqrt{\frac{1}{T}\int_0^T (E_\mathrm{m}\sin\omega t)^2\, dt} \\
&= E_\mathrm{m}\sqrt{\frac{1}{T}\int_0^T \sin^2\omega t\, dt}
\end{aligned}
$$

式 (5.13) の余弦の倍角の公式より，つぎのようになる．

$$
E_\mathrm{m}\sqrt{\frac{1}{T}\int_0^T \sin^2\omega t\, dt} = E_\mathrm{m}\sqrt{\frac{1}{2T}\int_0^T (1 - \cos 2\omega t)\, dt}
$$

$$= E_{\mathrm{m}}\sqrt{\frac{1}{2T}\left[t - \frac{\sin 2\omega t}{2\omega}\right]_0^T}$$

$$= E_{\mathrm{m}}\sqrt{\frac{1}{2T}\left(T - \frac{\sin 2\omega T}{2\omega}\right)}$$

$$= E_{\mathrm{m}}\sqrt{\frac{1}{2T}\left(T - \frac{\sin 4\pi}{2\omega}\right)}$$

$$= E_{\mathrm{m}}\sqrt{\frac{1}{2T}(T-0)} = E_{\mathrm{m}}\sqrt{\frac{1}{2T}\cdot T}$$

$$= \frac{E_{\mathrm{m}}}{\sqrt{2}} \qquad (18.7)$$

たとえば，国内の家庭用交流電源 100 [V] (実効値) の最大値は，$E_{\mathrm{m}} = 100 \times \sqrt{2} = 141.421\cdots$ より，約 141 [V] である．

## 演習問題

**〈18.1〉** つぎの曲線と $x$ 軸とで囲まれる図形の面積を求めよ．

(1) $y = x^2 - x - 6$　(2) $y = -x^2 - 3x$　(3) $y = x^2(x-3)$

(4) $y = x^3 - 12x^2 + 36x$　(5) $y = x^3 + 2x^2 - x - 2$

**〈18.2〉** つぎの曲線または直線で囲まれる図形の面積を求めよ．

(1) $y = x^2$, $y = x + 2$

(2) $y = 2x^2 - 4x - 3$, $y = 2x - 3$

(3) $y = x^2 + 2x - 1$, $y = 2$

(4) $y = 2x^2 - x + 3$, $y = -x^2 + 14x - 9$

(5) $y = 2x^2 - 3x - 2$, $y = 2x + 1$

(6) $y = x^2$ と $y = x$, $y = 2x$

(7) $y = (x-1)^3$, $y = x - 1$

(8) $y = \sqrt{x}$, $y = x$

(9) $y = \sin x$, $y = \cos x$　$(0 \leqq x \leqq 2\pi)$

(10) $y = \log x$, $y = 1$, $x$ 軸，$y$ 軸

**〈18.3〉** つぎの曲線と $x$ 軸とで囲まれた二つの部分の面積を求めよ．

(1) $y = x^3 - 3x^2 + 2x$　(2) $y = (x^2-1)(x-3)$　(3) $y = \sin x$　$(0 \leqq x \leqq 2\pi)$

**〈18.4〉** 曲線 $y = x^2$ と直線 $y = ax$ とで囲まれる図形の面積が 36 であるとき，$a$ の値を求めよ．

**〈18.5〉** 曲線 $y = -x^2 + 4$ と $x$ 軸とで囲まれる図形の面積が直線 $y = a$ で二等分されるように $a$ の値を定めよ．

**〈18.6〉** 楕円 $(x^2/a^2) + (y^2/b^2) = 1$　$(a > 0, b > 0)$ の面積を定積分の計算により求めよ．

**〈18.7〉** 瞬時値が $i = |I_{\mathrm{m}} \sin \omega t|$ [A] で与えられる電流波形の平均値 $I_{\mathrm{a}}$ を求めよ．ただし，$\omega T = 2\pi$ であり，平均値は次式で定義される．

$$I_{\mathrm{a}} = \frac{1}{T}\int_0^T i\,dt$$

**〈18.8〉** 瞬時値が $v = |V_{\mathrm{m}} \cos \omega t|$ [V] で与えられる電圧波形の実効値 $V$ を求めよ．ただし，$\omega T = 2\pi$ であり，実効値は次式で定義される．

$$V = \sqrt{\frac{1}{T}\int_0^T v^2\,dt}$$

**〈18.9〉** 電圧 $e = E_{\mathrm{m}} \sin \omega t$，電流 $i = I_{\mathrm{m}} \sin(\omega t - \phi)$ とするとき，電力 $P$ ($p = ei$ の 1 周期 $T$ の平均値) を求めよ．ただし，$\omega T = 2\pi$ の関係が成り立つものとする．

**〈18.10〉** 周期 $T$ の三角波 $f(t) = \begin{cases} \dfrac{2}{T}t & \left(0 \leqq t \leqq \dfrac{T}{2}\right) \\ -\dfrac{2}{T}t + 2 & \left(\dfrac{T}{2} \leqq t \leqq T\right) \end{cases}$

の平均値と実効値を求めよ．

# 第19章 微分方程式(その1)

物理現象を解析するための基本式は，多くの場合，微分をふくんだ方程式であらわされる．この微分方程式を解くためには，いままで学んできた微分と積分を用いることになる．本章ではその基礎となる定係数1階線形微分方程式の解き方について述べる．

学習の目標
- □微分方程式の解における一般解と特殊解の違いを理解する
- □変数分離形の微分方程式が解けるようになる
- □微分演算子を用いた方法と未定係数法を使って，定係数の1階線形微分方程式が解けるようになる

## 19.1 微分方程式とは

つぎの関数について考えてみる．

$$y = ax \quad (a \text{ は任意の定数}) \tag{19.1}$$

この関数の導関数は，

$$\frac{dy}{dx} = a \tag{19.2}$$

となるが，式 (19.1) と式 (19.2) から定数 $a$ を消去すると，次式が得られる．

$$y = x\frac{dy}{dx} \tag{19.3}$$

式 (19.1) で $a$ の値を定めると，それに応じて一つの関数 $y = ax$ が定まるが，それらはすべて式 (19.3) を満足する．すなわち，式 (19.3) は，式 (19.1) の形の関数について $a$ に無関係に，$dy/dx, x, y$ の間に成り立つ共通の性質をあらわしたものである．

式 (19.3) のように，$x$ の関数 $y$ について，$dy/dx, x, y$ の間に成り立つ等式のことを**微分方程式**という．

**[例 19.1]** 関数 $y = ax^2$ ($a$ は任意の定数) についての微分方程式を求める．

この関数の導関数は，

$$\frac{dy}{dx} = 2ax$$

となる．この式と与式の関数から $a$ を消去するために，両辺に $x$ を乗じて，右辺の $ax^2$ を $y$ におき換えると，

$$x\frac{dy}{dx} = 2y$$

となり，$y = ax^2$ についての微分方程式が得られる．

本章では主として，[例 19.1]のような微分方程式を満足する関数を求める方法について説明する．

## 19.2 微分方程式の解法と積分定数

微分方程式の一例として次式を示す．

$$\frac{dy}{dx} + \frac{x}{y} = 0 \tag{19.4}$$

これをつぎのように変形する．

$$\frac{dy}{dx} = -\frac{x}{y} \text{ より，} y\,dy = -x\,dx$$

両辺を積分すると，

$$\int y\,dy = -\int x\,dx$$

$$\frac{y^2}{2} + K_y = -\frac{x^2}{2} + K_x$$

となり，両辺を整理すると，

$$x^2 + y^2 = 2(K_x - K_y)$$

となる．ここで，$K = 2(K_x - K_y)$ とおくと，

$$x^2 + y^2 = K \tag{19.5}$$

となる．式 (19.5) は，原点を中心とした半径 $\sqrt{K}$ の円の集まりの方程式をあらわしていることがわかる．ここで，$K$ は 16.1 節で説明したように，不定積分における**積分定数** (任意の定数) である．このような任意の定数を含む微分方程式の解のことを**一般解**とよぶ．

**[例 19.2]** 微分方程式 $dy/dx = 3x + 2$ を解く．

まず，両辺に $dx$ を乗じて，

$$dy = (3x + 2)\,dx$$

両辺を積分すると，つぎのようになる．

$$y = \int (3x + 2)\,dx = \frac{3}{2}x^2 + 2x + K$$

一般解の任意の定数に特定の値を代入した解を**特殊解**とよぶ．$x$ と $y$ の関係が明らかな場合，この $K$ を決めることができる．つぎの 19.3 節では，この $K$ の決定方法について説明する．

## 19.3 積分定数 $K$ の決定

19.2 節で示した微分方程式 (19.4) の解は式 (19.5) のようになった．しかし，式 (19.5) は円群を示しているにすぎず，特定の式をあらわしていない．ある特定の円を定めるには，たとえば，以下のような条件を付けることが必要である．

$x = 0$ のとき，$y = r$

このとき，式 (19.5) にこの条件を代入することで，

$$0^2 + r^2 = K$$

$$K = r^2$$

$K$ を求めることができ，すなわち式 (19.5) は，

$$x^2 + y^2 = r^2 \tag{19.6}$$

となり，半径 $r$ の円の方程式と特定することができる．

この条件のことを，微分方程式の**境界条件**とよぶ．ただし，時間関数 $t$ を扱うときは**初期条件**とよぶ．

**[例 19.3]**　[例 19.2]において，境界条件「$x = 2$ のとき，$y = 12$」のときの特殊解を求める．

[例 19.2]の一般解に $x = 2$ と $y = 12$ を代入して，

$$y = \frac{3}{2}2^2 + 2 \cdot 2 + K = 12$$

より，$K = 2$ となる．よって，このときの特殊解は，つぎのとおりとなる．

$$y = \frac{3}{2}x^2 + 2x + 2$$

## 19.4 変数分離形

次式の形の微分方程式を変数分離形という．

$$y' = \frac{dy}{dx} = f(x)g(y) \tag{19.7}$$

ここで，$f(x)$ は変数 $x$ のみの関数，$g(y)$ は変数 $y$ のみの関数である．

式 (19.7) を，つぎのように変形 (ただし，$g(y) \neq 0$) する．

$$\frac{dy}{g(y)} = f(x)\,dx \tag{19.8}$$

両辺を積分すると，

$$\int \frac{1}{g(y)}\,dy = \int f(x)\,dx + K \quad (K\text{ は積分定数}) \tag{19.9}$$

が得られるので，一般解を容易に求めることができる．

**[例 19.4]** 微分方程式 $A_1(dy/dx) + A_2 y = 0$ の一般解を求める．ここで，$A_1, A_2$ は定数とする．与式を次式のように変形し，変数分離形の微分方程式を得る．

$$\frac{dy}{dx} = -\frac{A_2}{A_1}y$$

式 (19.8)，(19.9) に従い，つぎのように変形し，両辺の積分をおこなう．

$$\frac{1}{y}\,dy = -\frac{A_2}{A_1}\,dx$$

$$\int \frac{1}{y}\,dy = -\frac{A_2}{A_1}\int dx$$

から，

$$\log y = -\frac{A_2}{A_1}x + K_1$$

となる．これを解くと，

$$y = e^{-(A_2/A_1)x} \cdot e^{K_1}$$

となる．$K = e^{K_1}$ とおくと，つぎのように一般解が得られる．

$$y = Ke^{-(A_2/A_1)x}$$

ここで，得られた解を再度与式の微分方程式に代入し，検算をしてみる．

$$\begin{aligned}(\text{左辺}) &= A_1 \cdot \frac{d}{dx}\left(Ke^{-(A_2/A_1)x}\right) + A_2\left(Ke^{-(A_2/A_1)x}\right) \\ &= -A_2e^{-(A_2/A_1)x} + A_2e^{-(A_2/A_1)x} \\ &= 0 = (\text{右辺})\end{aligned}$$

となり，両辺が一致することから，解は与式の微分方程式を満足していることがわかる．

**【例題 19.1】** 微分方程式 $3(dy/dx)+2y=0$ の解を求めよ．ただし，$x=0$ のとき $y=2$ とする．

**【解】**

次式のように変数分離形に変形する．

$$\frac{dy}{dx}=-\frac{2}{3}y$$

次式のように変形する．

$$\frac{dy}{y}=-\frac{2}{3}\,dx$$

さらに，両辺を積分する．

$$\int\frac{1}{y}\,dy=-\frac{2}{3}\int dx$$

$$\log y=-\frac{2}{3}x+K_1$$

$y$ を求めると，

$$y=e^{-(2/3)x+K_1}=e^{K_1}\cdot e^{-(2/3)x}$$

となる．ここで，$K=e^{K_1}$ とおくと，つぎのようになる．

$$y=Ke^{-(2/3)x}$$

さらに，境界条件 $x=0$ のとき $y=2$ を代入し，$K$ を求めると，$2=Ke^0=K$ となり，解はつぎのように得られる．

$$y=2e^{-(2/3)x}$$

## 19.5 微分演算子 $D$ を用いた解法

$d/dx$ を**微分演算子** $D$ とおいて，微分方程式を解く方法を説明する．

[例 19.4]で示した微分方程式 $A_1(dy/dx)+A_2y=0$ を解く場合，まず，$d/dx=D$ とおく．すると，与式の微分方程式は次式のようにあらわされる．

$$(A_1D+A_2)y=0$$

よって，

$$D=-\frac{A_2}{A_1}$$

となる．したがって，[例 19.4]の解に対応させると，

$$y=Ke^{-(A_2/A_1)x}=Ke^{Dx}$$

となることから，この形の変数分離形の微分方程式の解は，$D$ を計算すれば，次式のように指数関数の形となる．

$$y = Ke^{Dx} \tag{19.10}$$

## 19.6 定係数 1 階線形微分方程式

一般に，次式の形の微分方程式を**定係数 1 階線形微分方程式**とよぶ．

$$\frac{dy}{dx} + ay = Q(x) \tag{19.11}$$

式 (19.11) において，右辺の $Q(x)$ が 0 のときを同次，$Q(x)$ が 0 でないときを非同次という．

定係数 1 階線形微分方程式の一般解 $y$ は，式 (19.11) において $Q(x)$ を 0 とした同次方程式 (補助方程式ともいう) の解，すなわち次式を満足する解 $y_1$

$$\frac{dy_1}{dx} + P(x)y_1 = 0 \tag{19.12}$$

と，式 (19.11) において $Q(x)$ を 0 でないとした非同次方程式のある特別な解 $y_2$ (これを**特殊解**とよぶ) との和

$$y = y_1 + y_2 \tag{19.13}$$

で与えられる．

同次方程式の解 $y_1$ は，変数分離形であるので 19.4 節や微分演算子を用いた 19.5 節の方法で求めればよい．

一方，非同次方程式の特殊解 $y_2$ は，$Q(x)$ の形に応じて，一般に解を表 19.1 のように設定し，非同次方程式に代入して係数 $A, B$ などを決定することで解を求める．

具体的な解法を，定係数 1 階線形微分方程式 $dy/dx + 2y = 3x$ の一般解を求める手順を例に説明する．

**表 19.1**　特殊解の一般形

| 非同次方程式 $Q(x)$ の形 | 特殊解 $y_2$ の一般形 |
|---|---|
| $K$ (定数) | $A$ |
| $x$ (1 次式) | $Ax + B$ |
| $x^2$ (2 次式) | $Ax^2q + Bx + C$ |
| $e^{kx}$ | $Ae^{kx}$ |
| $xe^{kx}$ | $(Ax + B)e^{kx}$ |
| $\sin ax$ | $A\sin ax + B\cos ax$ |
| $e^{kx}\sin ax$ | $e^{kx}(A\sin ax + B\cos ax)$ |

① 同次方程式 (補助方程式) の解 $y_1$ を求める．

$$\frac{dy_1}{dx} + 2y_1 = 0$$

とおき，$y_1$ を求める．まず，$d/dx = D$ とおくと与式は，

$$Dy_1 + 2y_1 = 0$$

となり，$D = -2$ となり，解 $y_1$ は式 (19.10) から，つぎのようになる．

$$y_1 = Ke^{-2x}$$

② 非同次方程式の特殊解 $y_2$ を求める．

与式の右辺 $Q(x)$ は $x$ の 1 次式なので，表 19.1 から特殊解 $y_2$ の一般形を $y_2 = Ax + B$ と仮定する．これを与式に代入すると，

$$\frac{d}{dx}(Ax + B) + 2(Ax + B) = 3x$$

整理すると，

$$(2A - 3)x + (A + 2B) = 0$$

この式が恒等式 (両辺がいかなる $x$ においても成立する式のこと) になるためには，以下の二つの条件を満足する必要がある．

$$\begin{cases} 2A - 3 = 0 \\ A + 2B = 0 \end{cases}$$

この連立方程式を解くと，$A = 3/2$, $B = -3/4$ と求められる．このような係数の求め方を**未定係数法**という．以上より，特殊解 $y_2$ は以下のようになる．

$$y_2 = \frac{3}{2}x - \frac{3}{4}$$

③ 一般解 $y$ を求める．

定係数 1 階微分方程式の一般解 $y$ は，解 $y_1$ と特殊解 $y_2$ の和で求められることから，つぎのようになる．

$$y = y_1 + y_2 = Ke^{-2x} + \frac{3}{2}x - \frac{3}{4}$$

**【例題 19.2】** 微分方程式 $dy/dx - 2y = 3\sin x$ の解を求めよ．ただし，$x = 0$ のとき $y = 2$ とする．

**【解】**

① 同次方程式 (補助方程式) の解 $y_1$ を求める．

補助方程式を $dy_1/dx - 2y_1 = 0$ とおく，微分演算子 $d/dx = D$ より，

$$(D-2)y_1 = 0$$

となるため，$D=2$ である．よって，解 $y_1$ は，つぎのようになる．

$$y_1 = Ke^{2x}$$

② 非同次方程式の特殊解 $y_2$ を求める．

与式の右辺は $3\sin x$ なので，表 19.1 から特殊解 $y_2$ の一般形は $y_2 = A\sin x + B\cos x$ と仮定する．$y_2{}' = A\cos x - B\sin x$ なので，これを与式に代入すると，

$$A\cos x - B\sin x - 2(A\sin x + B\cos x) = 3\sin x$$

となる．この式を整理すると，

$$(A-2B)\cos x - (2A+B+3)\sin x = 0$$

となるので，未定係数法より，つぎのようになる．

$$\begin{cases} A-2B=0 \\ 2A+B+3=0 \end{cases}$$

この連立方程式を解くと，$A=-6/5,\ B=-3/5$ となる．よって，特殊解 $y_2$ は以下のようになる．

$$y_2 = -\frac{6}{5}\sin x - \frac{3}{5}\cos x$$

③ 一般解 $y$ を求める．

1 階線形微分方程式の一般解 $y$ は，解 $y_1$ と特殊解 $y_2$ の和で求められることから，つぎのようになる．

$$y = y_1 + y_2 = Ke^{2x} - \frac{6}{5}\sin x - \frac{3}{5}\cos x$$

④ 境界条件から積分定数 $K$ を求める．

境界条件 $x=0$ のとき $y=2$ を代入し，$K$ を求めると，

$$2 = Ke^0 - \frac{6}{5}\sin 0 - \frac{3}{5}\cos 0 = K - \frac{3}{5}$$

より，$K = 13/5$ と求められる．

⑤ 与式の解を求める．

以上より，与式の解は，つぎのようになる．

$$y = \frac{1}{5}(13e^{2x} - 6\sin x - 3\cos x)$$

## 演習問題

**〈19.1〉** つぎの式の定数 $A, B$ を消去して，微分方程式を作れ．

(1) $y = Ax$　　(2) $y = A\sin x + B\cos x$

(3) $y = \log(x+A)$　　(4) $x^2 + 3y^2 = Ay$

**〈19.2〉** つぎの変数分離型の微分方程式を解け.

(1) $\dfrac{dy}{dx} = 6x^2$　(2) $3\dfrac{dy}{dx} + 4x = 0$　(3) $\dfrac{dy}{dx} = \sin x + \cos x$

(4) $\dfrac{dy}{dx} = -2\dfrac{x}{y}$　(5) $\dfrac{dy}{dx} - 3xy = 0$　(6) $\dfrac{dy}{dx} - 3y^2 = 0$

(7) $\dfrac{dy}{dx} = e^{x+y}$　(8) $(x+3)\dfrac{dy}{dx} + 2y = 0$　(9) $\dfrac{dy}{dx} = ae^{-(x+y)}$

**〈19.3〉** つぎの微分方程式を解け.

(1) $\dfrac{dy}{dx} + 2y = 0$　(2) $\dfrac{dy}{dx} + 3y = 5$　(3) $4\dfrac{dy}{dx} - 2y = 3x$

(4) $\dfrac{dy}{dx} - 3y = x - 2$　(5) $\dfrac{dy}{dx} - 2y = e^x$　(6) $-\dfrac{dy}{dx} - 4y = \sin x$

(7) $\dfrac{dy}{dx} + 3y = 2\cos x$　(8) $3\dfrac{dy}{dx} - 4y = e^{2x}\sin x$

**〈19.4〉** つぎの微分方程式を解け.

(1) $\dfrac{dy}{dx} - 3y = 0$　($x = 0$ のとき $y = 1$)

(2) $3\dfrac{dy}{dx} + 2y = 0$　($x = 0$ のとき $y = 2$)

(3) $2\dfrac{dy}{dx} + 4y = x$　($x = 1$ のとき $y = 1$)

(4) $2\dfrac{dy}{dx} + 9y = x - 1$　($x = 0$ のとき $y = 0$)

(5) $\dfrac{dy}{dx} = \cos x - \sin x$　($x = 0$ のとき $y = 0$)

(6) $\dfrac{dy}{dx} = \sin x + \cos x$　($x = 0$ のとき $y = 0$)

# 第 20 章 微分方程式（その 2）

第 19 章では定係数についての計算法を述べたが，本章ではより一般化して，係数が $x$ の関数となる 1 階線形微分方程式の解法を説明する．さらに，微分方程式の適用例として，電気回路の過渡現象を取り上げて説明する．

学習の目標
- □定数変化法を用いて，一階線形微分方程式が解けるようになる
- □**R - L** 直列回路の過渡現象を解析するための微分方程式が解けるようになる
- □**R - C** 直列回路の過渡現象を解析するための微分方程式が解けるようになる

## 20.1 1 階線形微分方程式

19.6 節では，式 (19.11) で示される定係数 1 階線形微分方程式の解法について説明した．ここでは，次式で示されるより一般的な 1 階線形微分方程式の解法について説明する．

$$\frac{dy}{dx} + P(x)y = Q(x) \tag{20.1}$$

まず，与式において $Q(x) = 0$ とおいた次式の補助方程式を解く，

$$\frac{dy}{dx} + P(x)y = 0 \tag{20.2}$$

19.4 節の変数分離形の微分方程式の解法手順と同様に進め，移項後に両辺を積分すると，

$$\int \frac{1}{y}\,dy = -\int P(x)\,dx$$

を得る．左辺の不定積分を計算すると，

$$\log y + K_1 = -\int P(x)\,dx$$

となり，さらに左辺は，

$$\log y + K_1 = \log y + \log K_2 = \log(yK_2)$$

とあらわすことができるので，

$$\log(yK_2) = -\int P(x)\,dx$$

から，

$$yK_2 = e^{-\int P(x)\,dx}$$

となり，次式となる．

$$y = \frac{1}{K_2}e^{-\int P(x)\,dx} = K_3 e^{-\int P(x)\,dx} \tag{20.3}$$

ここで，与式の解として，$K_3$ を $x$ の関数と考え，次式を仮定する．

$$y = K_3(x)e^{-\int P(x)\,dx} \tag{20.4}$$

式 (20.4) を与式に代入すると，次式のようになる．

$$\frac{d}{dx}\left(K_3(x)e^{-\int P(x)\,dx}\right) + P(x)K_3(x)e^{-\int P(x)\,dx} = Q(x)$$

第 1 項は合成関数なので，式 (12.9) を用いて微分すると，

$$\frac{dK_3(x)}{dx}\cdot e^{-\int P(x)\,dx} - K_3(x)P(x)e^{-\int P(x)\,dx} + P(x)K_3(x)e^{-\int P(x)\,dx}$$
$$= Q(x)$$

となり，次式を得る．

$$\frac{dK_3(x)}{dx} = Q(x)e^{\int P(x)\,dx}$$

したがって，

$$K_3(x) = \int Q(x)e^{\int P(x)\,dx}\,dx + K$$

となるので，これを式 (20.4) に代入し，一般解がつぎのように得られる．

$$y = K_3(x)e^{-\int P(x)\,dx} = Ke^{-\int P(x)\,dx} + e^{-\int P(x)\,dx}\int Q(x)e^{\int P(x)\,dx}\,dx \tag{20.5}$$

ここで第 2 項は特殊解をあらわす．このような解法を**定数変化法**とよぶ．

**[例 20.1]** 一階線形微分方程式 $x(dy/dx) - y = 2x$ の解を定数変化法によって求める．ただし，$x = 1$ のとき $y = 3$ とする．

① 補助方程式を $x(dy/dx) - y = 0$ とおく．移項し，両辺を積分すると，

$$\int \frac{1}{y}\,dy = \int \frac{1}{x}\,dx$$

となり，両辺の不定積分を計算して整理すると，

$$\log y = \log x + K_1 = \log x + \log K_2 = \log K_2 x$$

から，次式を得る．

$$y = K_2 x$$

② 与式の解として，$K_2$ を $x$ の関数と考え，次式を仮定する．

$$y = K_2(x)x \tag{20.6}$$

ここで，

$$\frac{dy}{dx} = K_2{}'(x)x + K_2(x)$$

であるので，これらを与式に代入すると，

$$x\{K_2{}'(x)x + K_2(x)\} - K_2(x)x = 2x$$

となり，

$$K_2{}'(x) = \frac{2}{x}$$

から，次式を得る．

$$K_2(x) = 2\log x + K$$

③ これを，式 (20.6) に代入すると，一般解はつぎのようになる．

$$y = K_2(x)x = (2\log x + K)x = 2x\log x + Kx$$

④ $x = 1$ のとき $y = 3$ であるから，

$$3 = 2\log 1 + K \cdot 1$$

$$K = 3$$

よって，解はつぎのようになる．

$$y = 2x\log x + 3x$$

## 20.2 単エネルギー回路の過渡応答

図 20.1 に示す R-L 直列回路において，時刻 $t = 0$ でスイッチ $S$ を閉じるとき，流れる電流 $i$ の時間変化 (過渡応答) を，微分方程式を解くことで求める．

図 20.1 より，回路方程式は次式で与えられる．ただし，スイッチを閉じる前の電流は 0 とする．

$$E = L\frac{di}{dt} + Ri \quad (t = 0 \text{ のとき } i = 0) \tag{20.7}$$

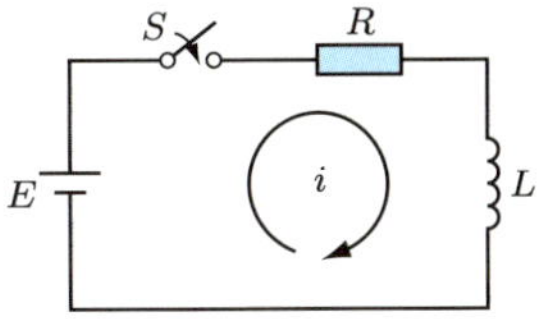

**図 20.1** R-L 直列回路

式 (20.7) は 1 階線形微分方程式であるので，これまでの方法で電流 $i$ を求めることができる．以下にその手順を説明する．

まず，式 (20.7) を次式にように変形し，これを解く．

$$\frac{di}{dt} + \frac{R}{L}i = \frac{E}{L} \tag{20.8}$$

補助方程式を

$$\frac{di}{dt} + \frac{R}{L}i = 0 \tag{20.9}$$

とおく．式 (20.9) を移項し，両辺を積分すると，

$$\int \frac{1}{i}\,di = -\int \frac{R}{L}\,dt$$

から，次式を得る．

$$i = K_1 e^{-(R/L)t}$$

ここで，与式の解として，$K_1$ を $t$ の関数と考え，次式を仮定する．

$$i = K_1(t)e^{-(R/L)t} \tag{20.10}$$

また，

$$\frac{di}{dt} = K_1{}'(t)e^{-(R/L)t} - \frac{R}{L}K_1(t)e^{-(R/L)t}$$

であるので，これらを式 (20.8) に代入すると，

$$K_1{}'(t)e^{-(R/t)t} - \frac{R}{L}K_1(t)e^{-(R/L)t} + \frac{R}{L}K_1(t)e^{-(R/L)t} = \frac{E}{L}$$

となり，

$$K_1{}'(t) = \frac{E}{L}e^{(R/L)t}$$

から，次式を得る．

$$K_1(t) = \frac{E}{L}\left(\frac{L}{R}e^{(R/L)t} + K_2\right) = \frac{E}{R}e^{(R/L)t} + K$$

これを，式 (20.10) に代入すると，一般解はつぎのようになる．

$$i = K_1(t)e^{-(R/L)t} = \left(\frac{E}{R}e^{(R/L)t} + K\right)\cdot e^{-(R/L)t} = Ke^{-(R/L)t} + \frac{E}{R}$$

$t=0$ のとき $i=0$ であるから，

$$\left[Ke^{-(R/L)t}+\frac{E}{R}\right]_{t=0}=K+\frac{E}{R}=0$$

$$K=-\frac{E}{R}$$

よって，解はつぎのようになる．

$$i=-\frac{E}{R}e^{-(R/L)t}+\frac{E}{R}=\frac{E}{R}\left(1-e^{-(R/L)t}\right) \tag{20.11}$$

式 (20.11) をグラフに描くと，図 20.2 に示すようになり，電流 $i$ はスイッチを入れて徐々に増加し，その後 $E/R$ に収束することがわかる．これは，小さな $t$ に対しては，インダクタンス $L$ の影響により，電流値が小さく，十分時間が経過すると，オームの法則で求められる $i=E/R$ に近づいていることを意味する．

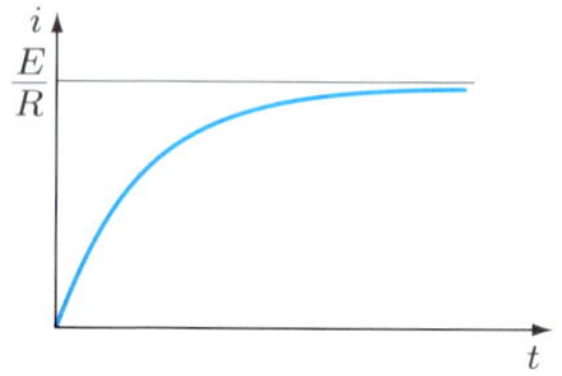


**図 20.2**　R-L 直列回路の電流 $i$ の過渡応答特性

一方，式 (20.8) は定係数 1 階線形微分方程式なので，19.6 節で説明した未定係数法でも解くことができる．電気電子回路の過渡応答の多くは，定係数 1 階線形微分方程式で表現できるので，以下別解として説明を加える．

微分演算子を $D=d/dt$ とおくと，式 (20.8) の補助方程式 (20.9) は，以下のようになる (補助方程式の解を $i_1$ とおく)．

$$\left(D+\frac{R}{L}\right)i_1=0$$

から，$D=-R/L$ となる．すなわち，式 (19.10) より，次式となる．

$$i_1=Ke^{-(R/L)t}$$

一方，式 (20.8) の右辺は $E/L$ となり，定数であるので，表 19.1 から，特殊解 $i_2$ の一般形は，つぎのようになる．

$$i_2=A$$

これを式 (20.8) に代入し，

$$\frac{di_2}{dt}+\frac{R}{L}i_2=0+\frac{R}{L}A=\frac{E}{L}$$

から，

$$A=\frac{E}{R}$$

$$i_2=\frac{E}{R}$$

となる．よって，一般解 $i$ は，

$$i = i_1 + i_2 = Ke^{-(R/L)t} + \frac{E}{R}$$

となる．$t = 0$ のとき $i = 0$ であるから，つぎのようになる．

$$\left[Ke^{-(R/L)t} + \frac{E}{R}\right]_{t=0} = K + \frac{E}{R} = 0$$

$$K = -\frac{E}{R}$$

よって，解はつぎのようになり，式 (20.11) と一致する．

$$i = -\frac{E}{R}e^{-(R/L)t} + \frac{E}{R} = \frac{E}{R}\left(1 - e^{-(R/L)t}\right) \tag{20.12}$$

**【例題 20.1】** 図 20.3 に示す R-C 直列回路で，キャパシタンス $C$ には $q = CE$ の電荷が蓄えられていた．時刻 $t = 0$ でスイッチ $S$ を閉じた．そのときに回路を流れる電流 $i$ の時間変化 (過渡応答) を求めよ．また，その波形 (過渡応答特性) を描け．

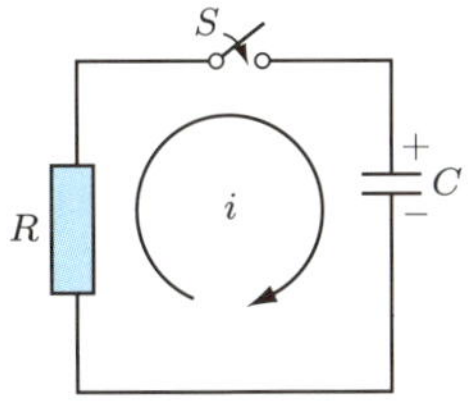


**図 20.3** R-C 直列回路

**【解】**

図 20.3 より，回路方程式は次式で与えられる．

$$\frac{dq}{dt} + \frac{1}{RC}q = 0 \quad (t = 0 \text{ のとき } q = CE) \tag{20.13}$$

また，

$$i = \frac{dq}{dt} \tag{20.14}$$

式 (20.13) の定係数 1 階線形微分方程式を $q$ について解いて，初期条件から積分定数を決定し，式 (20.14) から電流 $i$ を求める．

微分演算子を $D = d/dt$ とおくと，式 (20.13) の補助方程式は，以下のようになる (補助方程式の解を $q_1$ とおく)．

$$\left(D + \frac{1}{RC}\right)q_1 = 0$$

したがって，$D = -1/(RC)$ となり，次式を得る．

$$q_1 = Ke^{-t/(RC)}$$

一方，式 (20.13) の右辺は定数 0 であるので，表 19.1 から，特殊解 $q_2$ の一般形は，

$$q_2 = A$$

とおける．ここで，

$$\frac{dq_2}{dt} = 0$$

であるので，これらを式 (20.13) に代入すると，

$$\frac{dq_2}{dt} + \frac{1}{RC}q_2 = 0 + \frac{1}{RC}A = 0$$

となるので，

$$q_2 = A = 0$$

となる．よって，一般解 $q$ は，つぎのようになる．

$$q = q_1 + q_2 = Ke^{-t/(RC)}$$

$t = 0$ のとき，$q = CE$ であるから，

$$\left[Ke^{-t/(RC)}\right]_{t=0} = Ke^{-0/(RC)} = K = CE$$

となる．よって，解はつぎのようになる．

$$q = CEe^{-t/(RC)} \tag{20.15}$$

最後に，式 (20.14) から電流 $i$ を求めると，

$$i = \frac{dq}{dt} = \frac{d}{dt}\left(CEe^{-t/(RC)}\right) = -\frac{CE}{RC}e^{-t/(RC)} = -\frac{E}{R}e^{-t/(RC)}$$

となる，これをグラフで示すと，図 20.4 のようになる．図 20.3 の回路図で $C$ に蓄えられた電荷が放出されて $R$ で消費されるため，回路図に示した電流と逆向きとなる．したがって，図 20.4 に示したように負の電流となる．

ここで，$t/RC = 1$ となる時間 $t = RC$ を時定数 $\tau$ (タウと読む) といい，このとき $i$ はつぎのようになる．

$$i = -\frac{E}{R} \cdot e^{-1} \fallingdotseq -0.368\frac{E}{R}$$

この時定数は，過渡現象を解くうえで重要であるので，詳細に関しては回路解析などの関連書籍[1] を参照されたい．

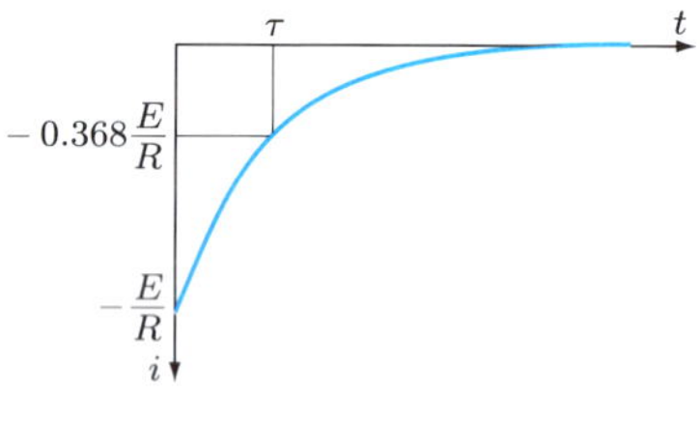


**図 20.4**　R-C 直列回路の電流 $i$ の過渡応答特性

基本的に定係数 1 階線形微分方程式は，20.1 節で説明した定数変化法および 19.6 節で説明した未定係数法のどちらでも解くことはできるが，一般に，【例題 20.1】で示したように未定係数法の方がより容易に解くことができる．

1) たとえば，『続 電気回路の基礎 (第 2 版)』(森北出版) などを参照．

## 演習問題

〈**20.1**〉 つぎの微分方程式を解け.

(1) $\dfrac{dy}{dx}-\dfrac{1}{2}y=3$　　(2) $2\dfrac{dy}{dx}-4y=5$　　(3) $\dfrac{2}{3}\dfrac{dy}{dx}+y=3x$

(4) $\dfrac{dy}{dx}+7y=2x+3$　　(5) $\dfrac{dy}{dx}+y=2e^{-x}$　　(6) $\dfrac{dy}{dx}-4y=2\sin x$

(7) $-2\dfrac{dy}{dx}+4y=3\cos x$　　(8) $\dfrac{dy}{dx}+4y=e^{x}\cos x$　　(9) $x\dfrac{dy}{dx}+6y=-x^2$

(10) $x\dfrac{dy}{dx}-y=2$　　(11) $\dfrac{dy}{dx}-\dfrac{y}{x}=3x$　　(12) $\dfrac{dy}{dx}-\dfrac{y}{x}=4$

(13) $\dfrac{dy}{dx}-\dfrac{y}{x}=2xe^{x}$

ヒント：(11)～(13) においては $\dfrac{y}{x}=z$ とおいて, $\dfrac{dy}{dx}=z+x\dfrac{dz}{dx}$ を用いる.

〈**20.2**〉 つぎの微分方程式を以下の過程（定数変化法）に従って求めよ.

$$\frac{dy}{dx}-3y=3e^{3x}\quad (x=0\ のとき\ y=2)$$

(1) 補助方程式（変数分離型）の解を求めよ.

(2) 与式の解を仮定し，一般解を求めよ.

(3) 境界条件を用いて積分定数を決定し，与式の解 $y$ を求めよ.

〈**20.3**〉 つぎの微分方程式を解け.

(1) $x\dfrac{dy}{dx}-y=x$　$(x=1$ のとき $y=1)$

(2) $x\dfrac{dy}{dx}-y=2x$　$(x=1$ のとき $y=3)$

(3) $\dfrac{dy}{dx}+3y=\cos x$　$(x=0$ のとき $y=0)$

(4) $x\dfrac{dy}{dx}+y=e^{x}$　$(x=1$ のとき $y=0)$

(5) $\dfrac{dy}{dx}-2y=e^{5x}$　$(x=1$ のとき $y=0)$

(6) $\dfrac{dy}{dx}-3y=e^{3x}$　$(x=1$ のとき $y=0)$

〈**20.4**〉 図 20.5 の回路において，時刻 $t=0$ にスイッチ $S$ を閉じた後の電流 $i$ を $t$ の関数としてあらわし，その波形の概略図を描け．ただし，$S$ を閉じる前にキャパシタンス $C$ には電荷は存在しない $(q=0)$ とする．なお，この回路ではつぎのような関係式が成り立つ.

$$R\frac{dq}{dt}+\frac{q}{C}=E,\quad i=\frac{dq}{dt}$$

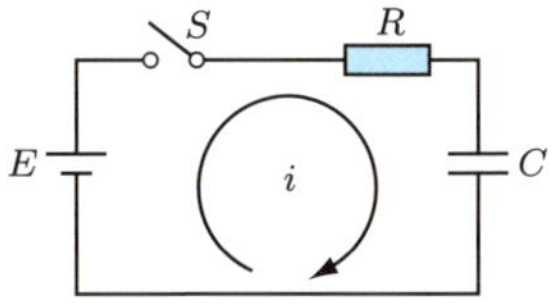


**図 20.5**　R-C 直列回路

# 第21章 離散数学入門

第20章までは，特殊な場合を除いて，電気電子工学の現象を関数などを用いて解析的に解くための方法を述べてきた．しかし，最近ではパソコンが普及し，数値計算により現象を解くことが可能となり，解析的な方法では解けなかった問題まで解けるようになった．本章では，数値計算をおこなううえでの基本となる離散数学の基礎について述べる．

学習の目標
- □ニュートン法を用いて，代数方程式の数値計算による解が求められるようになる
- □差分法を用いて，微分の数値計算による解が求められるようになる
- □台形法を用いて，定積分の数値計算による解が求められるようになる
- □シンプソン法を用いて，定積分の数値計算による解が求められるようになる
- □オイラー法を用いて，一階線形微分方程式の数値計算による解が求められるようになる

## 21.1 離散数学と数値計算

これまでの章で説明したいくつかの数学的解法のなかには，理論計算では求められないものもある．たとえば，定積分は，まずは積分 (被積分関数の原始関数をみつけること) できなければ値を得ることはできない．また，ある関数の所定の値における微分値を得るには，まずその関数の微分ができなければならない．さらに代数方程式の解を得るためには，解析的に代数方程式を解く必要がある．ところが，これらは必ずしも解析的に導けるとは限らない．たとえば，$e^x = 2\sin x$ を解析的に解くことは不可能である．

そこで本章では，計算機を使って，離散的な数値 (とびとびの数値) を扱って，近似的に解を導く手法について説明する．このことを**離散数学**という．

このように，離散数学を用いて種々の手法による近似計算により解を求めることを**数値計算**とよぶ．

また，あわせて本章では，パソコン (EXCEL) を用いて各手法の数値計算の具体的方法を例題で示していく．

## 21.2 ニュートン法による代数方程式の解法

数値計算を使って代数方程式を解く代表的な手法であるニュートン法について説明する．

代数方程式を解く ($f(x) = 0$ を満足する $x$ を求める) ということは，グラフにおいて関数 $y = f(x)$ の $x$ 軸切片を求めることと等価である．すなわち，図 21.1 における $x = a$ を求めることである．以下，ニュートン法による手順について説明する．

① まず初めに，予想される真の解に近いと思われる値を一つとる ($x$ の初期値)．$x$ の初期値を $x_0$ とする．

② つぎに，$x = x_0$ におけるグラフの接線を考え，その $x$ 軸切片を計算する．図 21.1 において，$x = x_0$ における接線の方程式は $y = f'(x_0)(x - x_0) + f(x_0)$ であるので，この接線が $x$ 軸と交差する点は，$x$ が $x_0 - f(x_0)/f'(x_0)$ のときである．この $x$ を新たに $x_1$ とする．

$$x_1 = x_0 - \frac{f(x_0)}{f'(x_0)} \quad (f'(x_0) \neq 0)$$

この $x$ 軸切片の値は，予想される真の解により近いものとなるのが一般である．

③ ②の手法を繰り返すと，限りなく $x = a$ に近い値となる．すなわち，一般に $x = x_n$ から，つぎのステップの $x = x_{n+1}$ を求める式は，つぎのようになる．

$$x_{n+1} = x_n - \frac{f(x_n)}{f'(x_n)} \quad (f'(x_n) \neq 0) \tag{21.1}$$

④ この繰り返し計算を，希望する精度の解を得るまでおこなう．すなわち，実際には，つぎの収束判定条件を計算し，満足するまで繰り返すことで，近似解を得る．

$$f(x_{n+1}) < \varepsilon_1 \text{ または } |x_{n+1} - x_n| \leqq \varepsilon_2 \tag{21.2}$$

ここで，$\varepsilon_1, \varepsilon_2$ は近似精度を決める値である (たとえば，0.01 など微小な値を設

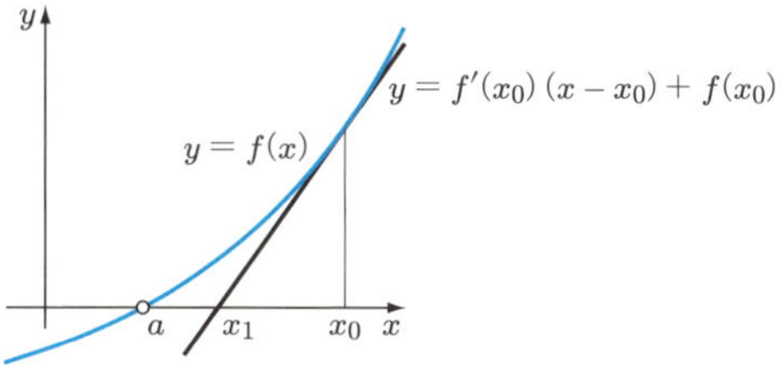


**図 21.1**　ニュートン法の原理

定する)．なお，収束判定条件の詳細に関しては，数値計算や数値解析などの関連書籍を参照されたい．

ニュートン法は，一般に早く収束するが，初期値 $x_0$ のとり方によっては収束しないこともある．また，解が複数ある場合には，初期値の設定により別の解に収束する場合がある．よって，あらかじめおおまかな解を初期値としてうまく設定する必要がある．

**[例 21.1]** $\sqrt{2}$ を計算で求める場合として，$f(x) = x^2 - 2 = 0$ の解をニュートン法で求める．$f'(x) = 2x$ であるので，式 (21.1) は，

$$x_{n+1} = x_n - \frac{{x_n}^2 - 2}{2x_n}$$

と書きあらわせる．ここで，初期値をたとえば $x_0 = 1$ とおくと，$x_{n+1}$ は $\sqrt{2}$ に収束し，一方，$x_0 = -1$ とおくと，$x_{n+1}$ は $-\sqrt{2}$ に収束していく．具体的には【例題 21.1】でその様子を示す．

**【例題 21.1】**［例 21.1］の計算過程と結果を PC (EXCEL) で示せ．

**【解】**

① 図 21.2 に示すように，1 行目に文字列「$x$」，「$f(x)$」，「$f'(x)$」を記述し，1 列目は $x_n$，2 列目は $f(x_n)$，3 列目には $f'(x_n)$ の計算過程を表示する．行が進むにつれて $n$ が増加し，それにともない、前記三つの値が更新され，$x_n$ は徐々に求める解に収束していく．

② 2 行 A 列に，初期値 $x_0$，今回は 1 を入力する．

③ 2 行 B 列に，$f(x) = {x_n}^2 - 2$ の計算結果を入れるため，EXCEL の数式「=A2*A2-2」を入力する．すると，自動的に $-1$ と計算結果が表示される．

④ 2 行 C 列に，$f'(x) = 2x_n$ の計算結果を入れるため，EXCEL の数式「=2*A2」を入力する．すると，自動的に 2 と計算結果が表示される．

⑤ 3 行 A 列に，$x_{n+1} = x_n - ({x_n}^2 - 2)/(2x_n)$ の計算結果を入れるため，EXCEL の数式「=A2-B2/C2」を入力する．すると，自動的に 1.5 と計算結果が表示される．

⑥ 3 行 B 列に③と同様の操作，3 行 C 列にも④と同様の操作をおこない，図 21.2 に示す 3 行目が完成する．実際には，3 行 B 列は 2 行 B 列から，3 行 C 列は 2 行 C 列からコピー＆貼り付けをすると，容易に得られる．

⑦ セルの A3:C3 を選択してコピーし，A4:C10 に貼り付けをすると，図 21.2 のように，$n = 8$ までの値に関して計算される．

これにより $x_n$ は 1.414214 に収束していることがわかる．一方，初期値を $x_0 = -1$ とした場合は，図 21.3 に示すように解は $-1.414214$ に収束していることがわかる．

| | A | B | C |
|---|---|---|---|
| 1 | x | f(x)=x*x-2 | f'(x)=2x |
| 2 | 1 | -1 | 2 |
| 3 | 1.5 | 0.25 | 3 |
| 4 | 1.416667 | 0.006944444 | 2.833333 |
| 5 | 1.414216 | 6.0073E-06 | 2.828431 |
| 6 | 1.414214 | 4.51061E-12 | 2.828427 |
| 7 | 1.414214 | 0 | 2.828427 |
| 8 | 1.414214 | 0 | 2.828427 |
| 9 | 1.414214 | 0 | 2.828427 |
| 10 | 1.414214 | 0 | 2.828427 |

**図 21.2**　ニュートン法の計算 (その 1)

| | A | B | C |
|---|---|---|---|
| 1 | x | f(x)=x*x-2 | f'(x)=2x |
| 2 | -1 | -1 | -2 |
| 3 | -1.5 | 0.25 | -3 |
| 4 | -1.416667 | 0.006944444 | -2.833333 |
| 5 | -1.414216 | 6.0073E-06 | -2.828431 |
| 6 | -1.414214 | 4.51061E-12 | -2.828427 |
| 7 | -1.414214 | 0 | -2.828427 |
| 8 | -1.414214 | 0 | -2.828427 |
| 9 | -1.414214 | 0 | -2.828427 |
| 10 | -1.414214 | 0 | -2.828427 |

**図 21.3**　ニュートン法の計算 (その 2)

## 21.3 差分法による数値微分

数値計算を使って関数の所定値の微分値を求める代表的な手法である差分法について説明する．数値計算では無限小を扱うことができないので，小さいが有限の値を用いた微分演算の近似である差分を用いる．ここで，微分はその点での傾き

$$f'(x) = \lim_{h \to 0} \frac{f(x+h) - f(x)}{h} \tag{21.3}$$

で定義されるが，差分では有限距離離れた 2 点の傾き

$$\frac{f(x+h) - f(x)}{h} \tag{21.4}$$

である．差分は以下のように，前進差分，後退差分，中心差分 (中央差分ともいう) の三つがある (図 21.4 参照).

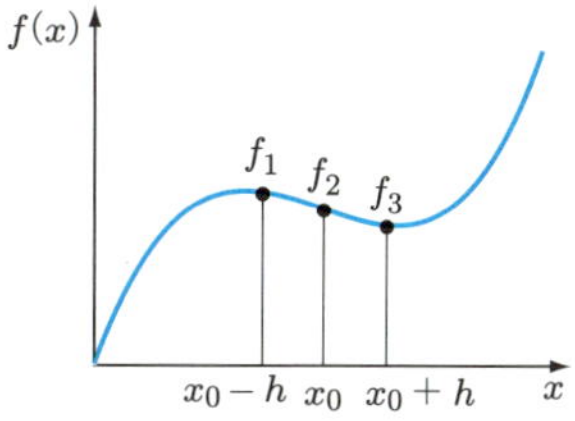


**図 21.4**　数値微分算出のための 3 点

$y = f(x)$ の $x = x_0$ における微分係数は，微小区間 $h$ について近似的につぎのように求めることができる．

$$\text{前進差分：} f'(x_0) = \frac{f_3 - f_2}{h} = \frac{f(x_0+h) - f(x_0)}{h} \tag{21.5}$$

$$\text{後退差分：} f'(x_0) = \frac{f_2 - f_1}{h} = \frac{f(x_0) - f(x_0-h)}{h} \tag{21.6}$$

$$\text{中心差分：} f'(x_0) = \frac{f_3 - f_1}{2h} = \frac{f(x_0+h) - f(x_0-h)}{2h} \tag{21.7}$$

**【例題 21.2】** $f(x) = \log x$ (自然対数) のとき，$h = 0.1$ として，$0.2 \leqq x \leqq 2.0$ の範囲の 0.1 刻みの $x$ における $f'(x)$ の値を，前進差分，後退差分，中心差分のそれぞれの方法で，PC (EXCEL) によって求めよ．

**【解】**

① 図 21.5 に示すように，1 行目に文字列「x」,「f(x)=logx」,「f'(x)=1/x」,「前進差分」,「後退差分」,「中心差分」を記述し，1 列目は $x$，2 列目は $\log x$，3 列目は解析値 $f'(x) = 1/x$，4 列目は前進差分，5 列目は後退差分，6 列目は中心差分の計算過程を表示する．

② 1 列目には，$x$ の値を 0.1〜2.1 まで 0.1 刻みで入力する．

③ 2 列目には，各 $x$ に対する $\log x$ の値を入力する．EXCEL では関数 LN を用いることで $\log x$ を計算できる．たとえば，$x = 0.1$ における $\log x$ は 2 行 B 列に,「=LN(A2)」と入力する．3 行目以降は 2 行 B 列をコピー&貼り付けをすればよい (たとえば，B2 をコピーして B3 から B22 に貼り付ければよい)．

④ 3 列目には，解析値 $f'(x) = 1/x$ を参考までに表示する．2 行 C 列に,「=1/A2」と入力し，3 行目以降は 2 行 C 列をコピー&貼り付けをすればよい．

⑤ 4 列目には，前進差分による数値微分の値を表示させる．3 行 D 列に,「=(B4-B3)/0.1」と入力し，4 行目以降は 3 行 D 列をコピー&貼り付けをすればよい．「=(B4-B3)/0.1」が式 (21.5) を意味している．

⑥ 5 列目には，後退差分による数値微分の値を表示させる．3 行 E 列に,「=(B3-B2)/0.1」と入力し，4 行目以降は 3 行 E 列をコピー&貼り付けをすればよい．「=(B3-B2)/0.1」が式 (21.6) を意味している．

⑦ 6 列目には，中心差分による数値微分の値を表示させる．3 行 F 列に,「=(B4-B2)/(2∗0.1)」と入力し，4 行目以降は 3 行 F 列をコピー&貼り付けをすればよい．「=(B4-B2)/(2∗0.1)」が式 (21.7) を意味している．

| | A | B | C | D | E | F |
|---|---|---|---|---|---|---|
| 1 | x | f(x)=logx | f'(x)=1/x | 前進差分 | 後退差分 | 中心差分 |
| 2 | 0.100 | −2.303 | 10.000 | | | |
| 3 | 0.200 | −1.609 | 5.000 | 4.055 | 6.931 | 5.493 |
| 4 | 0.300 | −1.204 | 3.333 | 2.877 | 4.055 | 3.466 |
| 5 | 0.400 | −0.916 | 2.500 | 2.231 | 2.877 | 2.554 |
| 6 | 0.500 | −0.693 | 2.000 | 1.823 | 2.231 | 2.027 |
| 7 | 0.600 | −0.511 | 1.667 | 1.542 | 1.823 | 1.682 |
| 8 | 0.700 | −0.357 | 1.429 | 1.335 | 1.542 | 1.438 |
| 9 | 0.800 | −0.223 | 1.250 | 1.178 | 1.335 | 1.257 |
| 10 | 0.900 | −0.105 | 1.111 | 1.054 | 1.178 | 1.116 |
| 11 | 1.000 | 0.000 | 1.000 | 0.953 | 1.054 | 1.003 |
| 12 | 1.100 | 0.095 | 0.909 | 0.870 | 0.953 | 0.912 |
| 13 | 1.200 | 0.182 | 0.833 | 0.800 | 0.870 | 0.835 |
| 14 | 1.300 | 0.262 | 0.769 | 0.741 | 0.800 | 0.771 |
| 15 | 1.400 | 0.336 | 0.714 | 0.690 | 0.741 | 0.716 |
| 16 | 1.500 | 0.405 | 0.667 | 0.645 | 0.690 | 0.668 |
| 17 | 1.600 | 0.470 | 0.625 | 0.606 | 0.645 | 0.626 |
| 18 | 1.700 | 0.531 | 0.588 | 0.572 | 0.606 | 0.589 |
| 19 | 1.800 | 0.588 | 0.556 | 0.541 | 0.572 | 0.556 |
| 20 | 1.900 | 0.642 | 0.526 | 0.513 | 0.541 | 0.527 |
| 21 | 2.000 | 0.693 | 0.500 | 0.488 | 0.513 | 0.500 |
| 22 | 2.100 | 0.742 | | | | |

**図 21.5**　EXCEL による数値微分の操作

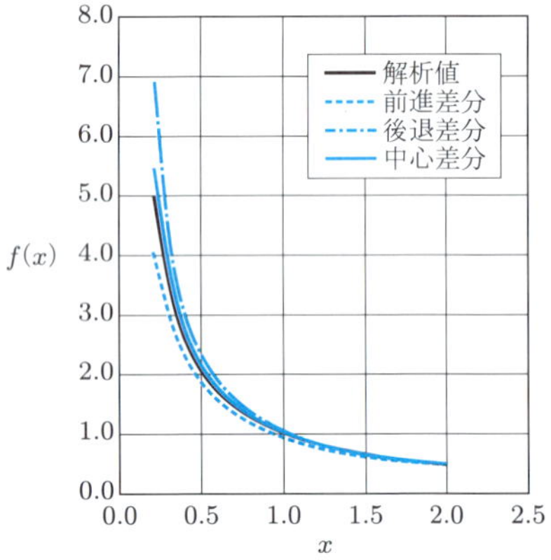


**図 21.6**　数値微分の演算誤差

図 21.5 から，理論値 (解析値) と各微分演算の結果は近い値を示しているが誤差を生じていることがわかる．図 21.6 は，図 21.5 のエクセルの表の C 列 (解析値)，D 列 (前進差分)，E 列 (後退差分)，F 列 (中心差分) をグラフ化したものである．中心差分がもっとも解析値に近いことがわかる．

もっとも解析値に近いことがわかる．

したがって，実際の計算をおこなう場合，区間の端を除いて一般に中心差分を用いる．

## 21.4 台形法とシンプソン法による数値積分

定積分の数値計算法としては，$x$ を $n$ 分割し，各区間の両端を直線で結んで得られる台形の面積の総和を求める台形法と，2 区間を 2 次式で近似して面積の総和を求めるシンプソン法などがある．解析的に積分が求められない場合の定積分を計算するのに有効であり，数値積分とよばれる．

### 21.4.1 台形法

図 21.7 に示すように，区間 $[a,b]$ を $n$ 等分して，$x = x_k, x_{k+1}$ における関数 $f(x)$ の値 $f(x_k), f(x_{k+1})$ を利用した微小台形を作成する．この台形の面積は次式で計算され，微小領域の面積を近似する．ここで，$n$ を分割数という．

$$\frac{f(x_k)+f(x_{k+1})}{2}(x_{k+1}-x_k) = \frac{b-a}{n}\cdot\frac{f(x_k)+f(x_{k+1})}{2} \tag{21.8}$$

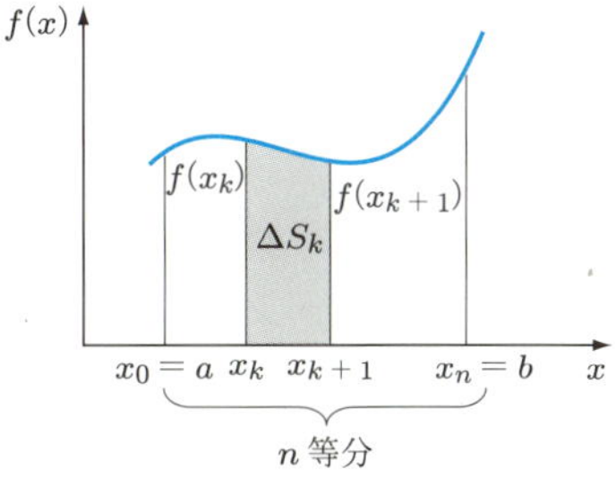


**図 21.7** 台形法の原理

ここで，$x_{k+1} - x_k$ は台形の高さ，$f(x_k), f(x_{k+1})$ は台形の上底と下底をあらわしている．

一方，微小領域の面積 $\Delta S_k$ は定積分を用いてつぎのようにあらわせるので，式 (21.8) とあわせて次式が成り立つ．

$$\Delta S_k = \int_{x_k}^{x_{k+1}} f(x)\,dx \fallingdotseq \frac{b-a}{n}\cdot\frac{f(x_k)+f(x_{k+1})}{2} \tag{21.9}$$

したがって，区間 $[a,b]$ の面積 $S$ は，

$$\begin{aligned} S = \sum_{k=0}^{n-1}\Delta S_k &= \frac{b-a}{2n}\{f(x_0)+f(x_1)+f(x_1)+f(x_2)+f(x_2)+\cdots \\ &\quad + f(x_{n-1})+f(x_{n-1})+f(x_n)\} \\ &= \frac{b-a}{2n}\{f(x_0)+2(f(x_1)+f(x_2)+\cdots+f(x_{n-1}))+f(x_n)\} \end{aligned} \tag{21.10}$$

となり，定積分 $\int_a^b f(x)\,dx$ は次式で近似できる．これを台形法とよぶ．

$$\int_a^b f(x)\,dx = \frac{b-a}{2n}\{f(x_0)+2(f(x_1)+f(x_2)+\cdots+f(x_{n-1}))+f(x_n)\} \quad (21.11)$$

### 21.4.2 シンプソン法

図 21.8 に示すように区間 $[a,b]$ を $2n$ 等分して，微小区間 $x_{2k} \leqq x \leqq x_{2k+2}$ で関数 $f(x)$ を $(x_{2k},\ f(x_{2k}))$, $(x_{2k+1},\ f(x_{2k+1}))$, $(x_{2k+2},\ f(x_{2k+2}))$ の 3 点を通る 2 次曲線で補間することを考える．

2 次曲線を，$g(t) = p + qt + rt^2$ と定義すると，微小区間 $[x_{2k}, x_{2k+2}]$ における面積 $\Delta S_k$ は次式のようにあらわせる．

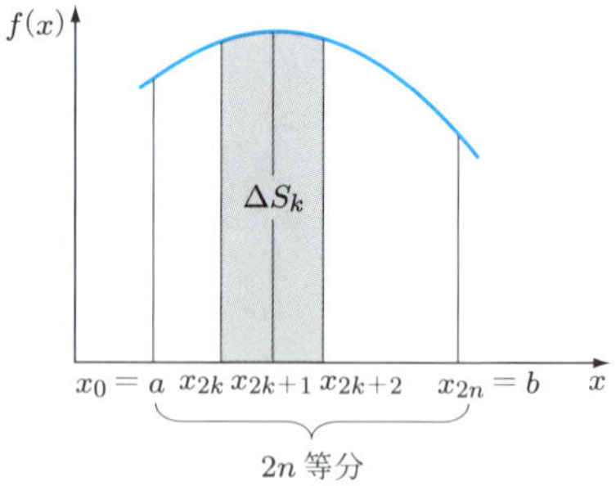


**図 21.8** シンプソン法の原理

$$\begin{aligned}\Delta S_k &= \int_{x_{2k}}^{x_{2k+2}} f(x)\,dx \risingdotseq \int_{-h}^{h} g(t)\,dt \\ &= \int_{-h}^{h}(p+qt+rt^2)\,dt = \left[pt + \frac{1}{2}qt^2 + \frac{1}{3}rt^3\right]_{-h}^{h} \\ &= \left(ph + \frac{1}{2}qh^2 + \frac{1}{3}rh^3\right) - \left(-ph + \frac{1}{2}qh^2 - \frac{1}{3}rh^3\right) = 2ph + \frac{2}{3}rh^3 \\ &= \frac{h}{3}(6p + 2rh^2) \end{aligned} \quad (21.12)$$

ここで，

$$f(x_{2k}) = g(-h) = p - qh + rh^2$$

$$f(x_{2k+1}) = g(0) = p$$

$$f(x_{2k+2}) = g(h) = p + qh + rh^2$$

から，次式が成り立つ．

$$6p + 2rh^2 = f(x_{2k}) + 4f(x_{2k+1}) + f(x_{2k+2}) \quad (21.13)$$

式 (21.13) を式 (21.12) に代入すると，つぎのようになる．

$$\int_{-h}^{h} g(t)\,dt = \frac{h}{3}\{f(x_{2k}) + 4f(x_{2k+1}) + f(x_{2k+2})\}$$

ここで，$h = (b-a)/(2n)$ であるので，

$$\Delta S_k = \int_{x_{2k}}^{x_{2k+2}} f(x)\,dx \risingdotseq \int_{-h}^{h} g(t)\,dt = \frac{b-a}{2n}\cdot\frac{f(x_{2k}) + 4f(x_{2k+1}) + f(x_{2k+2})}{3}$$

となる．したがって，つぎのようになる．

$$S = \int_a^b f(x)\,dx \fallingdotseq \sum_{k=0}^{n-1} \Delta S_k = \frac{b-a}{6n} \sum_{k=0}^{n-1} \{f(x_{2k}) + 4f(x_{2k+1}) + f(x_{2k+2})\}$$
$$= \frac{b-a}{6n} \{(f(x_0) + 4f(x_1) + f(x_2)) + (f(x_2) + 4f(x_3) + f(x_4)) + \cdots\}$$
$$= \frac{b-a}{6n} \{f(x_0) + 4(f(x_1) + f(x_3) + \cdots + f(x_{2n-1}))$$
$$+ 2(f(x_2) + f(x_4) + \cdots + f(x_{2n-2})) + f(x_{2n})\} \quad (21.14)$$

これをシンプソン法とよび，一般に台形法と比べて同じ分割数 $n$ において近似精度が高い．ただし，シンプソン法では区間を $2n$ 等分するので，偶数分割することが前提となる．

**【例題 21.3】** 定積分 $\int_0^1 3x^2\,dx$ を台形法とシンプソン法のそれぞれについて，PC (EXCEL) を用いて示せ．ただし，分割数 $n$ は 10 とする．

**【解】**

まず，台形法による与式の数値積分の計算法について説明する．

① 図 21.9(a) に示すように，A 列に文字列「a=」,「b=」,「n」,「刻み」を記述し ($a, b$ は積分区間の始点終点，$n$ は分割数をあらわす)，1 行 B 列に積分区間 [0,1] の始点 0，2 行 B 列に積分区間の終点 1.0 を入力する．また，3 行 B 列に分割数 10 を入力する．

② 4 行 B 列には，刻みを自動計算させるため，「=(B2-B1)/B3」と入力すると，今回の場合，自動的に 0.1 と表示される．

③ C 列目には，$x_0, x_1, x_2, \cdots, x_n$ を入力する．1 行 C 列は $x_0 = a$ であるので「=B1」と入力すると自動的に 0 が表示される．2 行目は，「=C1+$B$4」と入力する．これは $x_0$ に刻み分を加算するという意味で，$B$4 は絶対アドレスの 4 行 B 列に刻み値が格納されていることをあらわす (コピー&貼り付けをしても 4 行 B 列の位置は変わらない)．3 行目以降は，2 行目をコピー&貼り付けをすればよい．図 21.9(a) の C 列のように，$x_n = b$ まで表示するように操作すればよい．

④ D 列は，式 (21.11) の各項を計算する．1 行目は $f(x_0) = 3{x_0}^2$ を計算するので，「=3*C1*C1」と入力する．2〜10 行目は $2f(x_i) = 2 \times 3{x_i}^2$ を計算するので，「=2*3*C2*C2」と入力する．実際には 2 行目だけを入力し，3〜10 行目は 2 行目をコピー&貼り付けをすればよい．最後に，11 行目は $f(x_n) = 3{x_n}^2$ を計算するので，「=3*C11*C11」と入力する．この操作により，図 21.9(a) の D 列のように各数値が自動計算され，表示される．

⑤ D 列 12 行目には，各項の総和の計算結果を表示させる．EXCEL の SUM 関数を利用し，D 列 12 行に「=SUM(D1:D11)」と入力すれば，図 21.9 のように総和が自動計算されて表示される．

⑥ D 列 13 行目には，定積分結果を表示させる．⑤の総和に $(b-a)/(2n)$ を掛けることで式 (21.11) のすべての計算が終了する．D 列 12 行に「=(B2-B1)/(2*B3)*D12」と入力すれば，図 21.9(a) のように定積分結果が自動計算され，表示される．この場合，積分値は 1.005 と計算された．

一方，シンプソン法による計算法は，式 (21.11) を式 (21.14) に変更し，分割数を $2n$ にする変更のみである．よって，台形法の手順とほぼ同じでである．変更点は以下の通りである．

❶ ①において，3 行 B 列には $n$ の値として 5 を入力する．

❷ ②において，4 行 B 列の刻み値は「=(B2-B1)/(2*B3)」と入力する．

❹ ④において，D 列は，式 (21.14) の各項を計算する．1 行目と 11 行目は変更ないが，2〜10 行目は，偶数行では $4f(x_i) = 4 \times 3{x_i}^2$ を計算するので「=4*3*C2*C2」と入力し，奇数行では $2f(x_i) = 2 \times 3{x_i}^2$ を計算するので「=2*3*C3*C3」と入力する．

❻ ⑥において，⑤の総和に $(b-a)/(6n)$ をかけることで式 (21.14) のすべての計算が終了する．D 列 12 行に「=(B2-B1)/(6*B3)*D12」と入力する．

シンプソン法による計算結果は，図 21.9(b) に示すように，1.000 と計算された．

以上二つの方法を比較すると，シンプソン法による数値積分の方がより精度が高いことがわかる．

| | A | B | C | D |
|---|---|---|---|---|
| 1 | a= | 0.00 | 0.00 | 0.00 |
| 2 | b= | 1.00 | 0.10 | 0.06 |
| 3 | n= | 10 | 0.20 | 0.24 |
| 4 | 刻み | 0.10 | 0.30 | 0.54 |
| 5 | | | 0.40 | 0.96 |
| 6 | | | 0.50 | 1.50 |
| 7 | | | 0.60 | 2.16 |
| 8 | | | 0.70 | 2.94 |
| 9 | | | 0.80 | 3.84 |
| 10 | | | 0.90 | 4.86 |
| 11 | | | 1.00 | 3.00 |
| 12 | | | | 20.10 |
| 13 | | | | 1.005 |

（a）台形法

| | A | B | C | D |
|---|---|---|---|---|
| 1 | a= | 0.00 | 0.00 | 0.00 |
| 2 | b= | 1.00 | 0.10 | 0.12 |
| 3 | n= | 5 | 0.20 | 0.24 |
| 4 | 刻み | 0.10 | 0.30 | 1.08 |
| 5 | | | 0.40 | 0.96 |
| 6 | | | 0.50 | 3.00 |
| 7 | | | 0.60 | 2.16 |
| 8 | | | 0.70 | 5.88 |
| 9 | | | 0.80 | 3.84 |
| 10 | | | 0.90 | 9.72 |
| 11 | | | 1.00 | 3.00 |
| 12 | | | | 30.00 |
| 13 | | | | 1.000 |

（b）シンプソン法

**図 21.9**　EXCEL による数値積分の操作

## 21.5 オイラー法による微分方程式の解法

ここでは，微分方程式の数値解析の一つであるオイラー法について説明する．次式の微分方程式を数値解析によって解くこととする．ただし，初期値 $x_0$ のとき $y_0$ とする．

$$\frac{dy}{dx} = f(x, y) \quad (y(x_0) = y_0) \tag{21.15}$$

微分の定義から，

$$\frac{dy}{dx} = \lim_{h \to 0} \frac{y(x+h) - y(x)}{h} \tag{21.16}$$

となり，これが $f(x, y)$ と等しい．

一方，$h$ が十分に小さいとき，式 (21.16) の右辺は $\{y(x+h) - y(x)\}/h$ に近似することから，

$$f(x, y) = \frac{y(x+h) - y(x)}{h} \tag{21.17}$$

となる．すなわち，次式が成り立つ．

$$y(x+h) = y(x) + hf(x, y) \tag{21.18}$$

初期値を $x_0, y_0 = y(x_0)$ とすれば，$x_1 = x_0 + h, y_1 = y(x_1) = y_0 + hf(x_0, y_0), x_2 = x_1 + h, y_2 = y(x_2) = y_1 + hf(x_1, y_1), \cdots$ と順次に $y_i = y(x_i)$ を計算できる．微分方程式の数値解析とは，これらの点 $(x_i, y_i)$ の集まりを求めることであり，さらに平面上に $(x_i, y_i)$ をプロットすると求める関数 $y$ のグラフが描ける．このようにして，微分方程式の解 (関数 $y$) がグラフ上に得られることになる．

オイラー法をまとまると，初期値を与え，漸化式 $y_{k+1} = y(x_k) + hf(x_k, y_k)$ を順に計算すればよいので，以下の手順になる．

① あたえられた初期値 $x_0, y_0 = y(x_0)$ を入力する．

② $y_1 = y(x_1) = y(x_0 + h) = y(x_0) + hf(x_0, y_0) = y_0 + hf(x_0, y_0)$ を計算する．

③ $y_2 = y(x_2) = y(x_1 + h) = y(x_1) + hf(x_1, y_1) = y_1 + hf(x_1, y_1)$ を計算する．

④ $y_3 = y(x_3) = y(x_2 + h) = y(x_2) + hf(x_2, y_2) = y_2 + hf(x_2, y_2)$ を計算する．

⑤ 順次，$y_{k+1} = y(x_{k+1}) = y(x_k + h) = y(x_k) + hf(x_k, y_k) = y_k + hf(x_k, y_k)$ を計算する．

オイラー法は，区間 $[x_k, x_{k+1}]$ における傾き (微分係数)$dy/dx = \{y(x_k+h) - y(x_k)\}/h$ を一定 (直線) と仮定して計算するので，$y(x)$ の微分係数が大きい場合には誤差が大きくなりやすい．

ここで説明したオイラー法は，一般には前進オイラー法とよばれる．ほかにも，後退オイラー法や，前述のような誤差を小さくするために改良された修正オイラー法 (改良オイラー法ともよぶ) などが存在する．また，非常に精度が高く，実用的に広く使われているルンゲ・クッタ法などもある．これらの手法の詳細に関しては，数値計算，数値解析，回路シミュレーションなどの関連書籍を参照されたい．

**【例題 21.4】** 微分方程式 $dy/dx = -y$，初期値を $x_0 = 0$, $y_0 = 1$, $h = 0.1$ とするとき，オイラー法により微分方程式の解を EXCEL を使って求めよ．

**【解】**

$f(x, y) = -y$ であるので，オイラー法 $y_{k+1} = y(x_{k+1}) = y(x_0 + kh) = y(x_k + h) = y(x_k) + hf(x_k, y_k)$ を利用して，以下に EXCEL での自動計算の手順を示す．

① 図 21.10 に示すように，1, 2 行目には表記の文字列を入力する．ただし，1 行 B 列には刻み値 $h(0.1)$ を入力する．

② A 列の 3 行目以降は，$x_0, x_1, x_2, \cdots, x_{10}$ の値を入力する (今回は $x_{10}, y(x_{10})$ まで求めるものとする)．具体的には，3 行目 A 列には初期値 $x_0 = 0$ を入力し，4 行 A 列は「=A3+$B$1」と入力し，5 行目以降は 4 行 A 列をコピー&貼り付けをすればよい．

③ B 列には，$y(x_{k+1})$ の計算結果を表示させる．まず，3 行目には初期値 $y_0 = 1$ を入力する．4 行目以降は，$y(x_{k+1}) = y(x_k) + hf(x_k, y_k)$ をあてはめ，「=B3+$B$1*C3」と入力すれば自動的に 0.9 が表示される．5 行目以降は，4 行目をコピー&貼り付けをすればよい．図 21.12 の B 列のように $y(x_{k+1})$ が自動計算される．なお，C 列の入力はつぎのステップ④でおこなうので，実際には④の後に数値が表示される．

④ C 列には，$f(x_k, y_k)$ の計算結果を表示させる．$f(x_k, y_k)$ は $-y_k$ であるので，たとえば 3 行目は「=-B3」と入力すれば，自動的に $-1$ が表示される．4 行目以降は，3 行目をコピー&貼り付けをすればよい．図 21.10 の C 列のように $f(x_k, y_k)$ が自動計算される．

⑤ 参考のために E 列に解析解を表示させる．与式の微分方程式の解析解は，$y(x) = e^{-x}$ であるので，たとえば 3 行目は「=1/EXP(A3)」と入力すれば自動的に 1 が表示される．4 行目以降は，3 行目をコピー&貼り付けをすればよい．図 21.10 の E 列のように解析解が自動計算される．

| | A | B | C | D | E |
|---|---|---|---|---|---|
| 1 | h | 0.1 | | | |
| 2 | x | y | f(x,y) | | 解析解 |
| 3 | 0 | 1 | −1 | | 1 |
| 4 | 0.1 | 0.9 | −0.9 | | 0.904837 |
| 5 | 0.2 | 0.81 | −0.81 | | 0.818731 |
| 6 | 0.3 | 0.729 | −0.729 | | 0.740818 |
| 7 | 0.4 | 0.6561 | −0.656 | | 0.67032 |
| 8 | 0.5 | 0.59049 | −0.59 | | 0.606531 |
| 9 | 0.6 | 0.53144 | −0.531 | | 0.548812 |
| 10 | 0.7 | 0.4783 | −0.478 | | 0.496585 |
| 11 | 0.8 | 0.43047 | −0.43 | | 0.449329 |
| 12 | 0.9 | 0.38742 | −0.387 | | 0.40657 |
| 13 | 1 | 0.34868 | −0.349 | | 0.367879 |

**図 21.10**　EXCEL によるオイラー法の計算

図 21.10 の B 列と E 列を比較することで，近似解 (数値計算による解) と解析解を比較することができる．この例題の場合，$x$ が小さいと誤差は少ないが，$x$ が大きくなるとある程度の誤差はあるものの近似できていることがわかる．

## 演習問題

**〈21.1〉** つぎの方程式の解をニュートン法により求めよ．

(1) $x^2 - 5x + 6 = 0$　　(2) $x^2 - x - 1 = 0$

(3) $\sin x - \cos x = 0 \quad (0 \leqq x \leqq 2\pi)$　　(4) $x^3 + 64 = 0$

**〈21.2〉** $f(x) = \log x - 1 = 0$ の解を，ニュートン法を用いて PC (EXCEL) によって求めよ．

**〈21.3〉** 2 の立方根 $(= \sqrt[3]{2})$ を，ニュートン法を用いて PC (EXCEL) によって求めよ．

**〈21.4〉** $y = x^3$ の $x = 1$ における微分係数を，微小区間 $h = 0.01$ として，前進差分，中心差分，後退差分のそれぞれについて求めよ．

**〈21.5〉** つぎの関数の微分係数を，微小区間を $h$ として，$x = x_1$ の点で中心差分を求めると，真の微分係数に対してどのようになるか，$h$ を用いた式であらわせ．

(1) $f(x) = x^3$　　(2) $f(x) = \sin x$

**〈21.6〉** (1) $f(x) = x^2 + 2x - 1$ のとき，微小区間 $h = 0.1$ として，$x = 2.0$ のときの $f'(x)$ の値を前進差分，後退差分，中心差分のそれぞれの方法で求めよ．

(2) $h = 0.1$ として，$3.0 \leqq x \leqq 4.5$ の範囲の 0.1 刻みの $x$ における $f'(x)$ の値を前進差分，後退差分，中心差分のそれぞれの方法で PC (EXCEL) によって求めよ．

**〈21.7〉** $f(x) = x^3$ とするとき，$0 \leqq x \leqq 1$ の範囲で $x$ 軸との間で囲まれた面積を，つぎの方法によって求めよ．

(1) 定積分による方法 (解析解を求める)

(2) 10 等分して，台形法によって求める方法

(3) 10 等分して，シンプソン法によって求める方法

**〈21.8〉** $f(x) = 1/x$ とするとき，$1 \leqq x \leqq 2$ の範囲で $x$ 軸との間で囲まれた面積を，つぎの方法によって求めよ．

(1) 定積分による方法 (解析解を求める)

(2) 5 等分して，台形法によって求める方法

(3) 4 等分して，シンプソン法によって求める方法

**〈21.9〉** (1) $f(x) = x^2 + 1$ のとき，$0 \leqq x \leqq 1$ の範囲の面積を台形法とシンプソン法のそれぞれの方法で数値積分を求めよ．ただし，分割数は 4 とする．

(2) (1) と同じ範囲において分割数を 10 としたときの数値積分を台形法とシンプソン法それぞれの方法で PC (EXCEL) によって求めよ．

**〈21.10〉** つぎの微分方程式の解をオイラー法により求めよ．

(1) $\dfrac{dy}{dx} = 2x,\ y(0) = 0$　　(2) $\dfrac{dy}{dx} = 3x^2 + 2x,\ y(0) = 1$

(3) $\dfrac{dy}{dx} = y^2,\ y(0) = 1$　　(4) $\dfrac{dy}{dx} = e^{-x} + y,\ y(0) = 1$

**〈21.11〉** 微分方程式 $dy/dx = 2y - 1$，初期値を $x_0 = 1, y_0 = y(x_0) = y(1) = 2$，$h = 0.1$ とするとき，オイラー法を用いた微分方程式の解を，PC (EXCEL) によって $x_{10}, y(x_{10})$ まで求めよ．

# 第22章 ベクトル算法

電気磁気学では，3次元の自由空間での現象を扱ううえに，物理量が大きさだけでなく方向をもったベクトル量であることが多い．本章では，ベクトル量の計算に関する基本事項について述べる．

学習の目標
- □スカラーとベクトルの違いを理解する
- □直交座標系における単位ベクトルを用いたベクトルの表示法を習得する
- □ベクトルの和，差，内積の演算ができるようになる
- □ベクトルの外積の定義を理解し，その演算ができるようになる

## 22.1 スカラーとベクトル

**スカラー** (scalar) あるいは**スカラー量**とは，大きさのみで定まる量のことであり，一つの数値で表現される．たとえば，質量，距離，エネルギー，温度などの量のことである．

一方，**ベクトル** (vector，ベクターとよぶこともある) あるいは**ベクトル量**とは，大きさと方向によって定まる量のことであり，複数個の数値の組で表現される．たとえば，力，速度，電界，磁束密度などである．

一方，平面や空間図形の意味からベクトルを説明すると，ベクトルは平面もしくは空間上の**有向線分** (始点終点といった向きをもつ線分) をあらわし，長さが等しく向きも同じである有向線分のあらわすベクトルは，等しいものとする．

## 22.2 ベクトルの表示

始点を O，終点を P とするベクトルは，図 22.1 に示すように O から P に向かって矢印線を引いて，$\overrightarrow{\mathrm{OP}}$ または $\boldsymbol{A}$ であらわす．ベクトル $\boldsymbol{A}$ の大きさは，$\overline{\mathrm{OP}}$，$|\overrightarrow{\mathrm{OP}}|$，$|\boldsymbol{A}|$ または $A$ と表現し，ベクトルの絶対値ともいう．大きさが 1 のベクトルを**単位ベクトル**といい，単位ベクトルを $\boldsymbol{u}$ ($|\boldsymbol{u}| = 1$) とすると，ベクトル $\boldsymbol{A}$ はつぎのようにあらわせる．

$$\boldsymbol{A} = A\boldsymbol{u} = |\boldsymbol{A}|\boldsymbol{u} \tag{22.1}$$

ベクトルは，方向と大きさによってのみ決まるので，図 22.2 に示すように，向きも大きさも等しい二つのベクトルは等しいといい，$\boldsymbol{A} = \boldsymbol{B}$ と書く．この場合，有向線

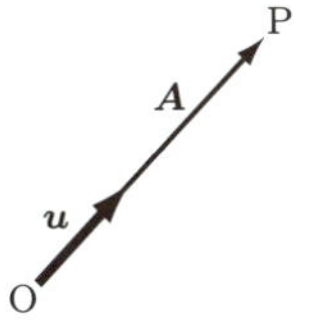


**図 22.1**　ベクトルの表示

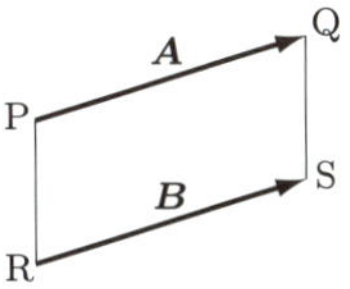


**図 22.2**　二つの同じベクトル

分 PQ を平行移動して有向線分 RS に重ねあわせることができる．

また，ベクトル $\boldsymbol{A}$ と長さが等しく，向きが反対であるベクトルを $\boldsymbol{A}$ の**逆ベクトル**といい，$-\boldsymbol{A}$ であらわす．

さらに，始点と終点が一致した (大きさがゼロとなる) ベクトルを**零ベクトル**といい，$\overrightarrow{0}$ または $\mathbf{0}$ であらわす．たとえば，$\overrightarrow{\mathrm{OO}}$ や $\overrightarrow{\mathrm{AA}}$ は零ベクトルである．ただし，$\mathbf{0}$ はベクトルであり，数値の 0 (スカラー) とは異なることに注意する必要がある．

**[例 22.1]**　図 22.3 に示す平行四辺形について，つぎのことがいえる．

$$\boldsymbol{A} = \boldsymbol{B}, \quad \boldsymbol{C} = -\boldsymbol{D}$$

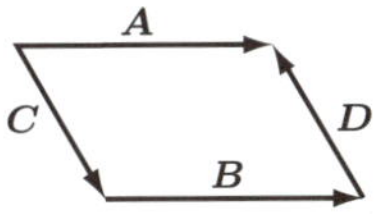


**図 22.3**　平行四辺形の辺のベクトル

## 22.3 直交座標系によるベクトルの表示

図 22.4(a) に，$x$ 軸と $y$ 軸の 2 次元直交座標系におけるベクトル $\boldsymbol{A}$ の表示を示す．ここで，$x$ 軸上の正方向の単位ベクトル (**基本ベクトル**とよぶ) を $\boldsymbol{i}$，$y$ 軸上の正方向の単位ベクトルを $\boldsymbol{j}$ とすると，ベクトル $\boldsymbol{A}$ は次式のようにあらわすことができる．

$$\boldsymbol{A} = \boldsymbol{i}A_x + \boldsymbol{j}A_y = (A_x, A_y) \tag{22.2}$$

$A_x, A_y$ を $\boldsymbol{x}$ **成分**，$\boldsymbol{y}$ **成分**といい，まとめてベクトル $\boldsymbol{A}$ **の成分**という．また，$(A_x, A_y)$ をベクトル $\boldsymbol{A}$ の成分表示という．数学では $A_x\boldsymbol{i} + A_y\boldsymbol{j}$ のように成分を先に単位ベクトルを後に記述するが，電気電子工学では一般に，$\boldsymbol{i}A_x + \boldsymbol{j}A_y$ のように単位ベクトルを先に成分を後に記述することが多いので，本書では後者の表現を用いる．

同様に，図 22.4(b) に，$x$ 軸と $y$ 軸と $z$ 軸の 3 次元直交座標系におけるベクトル $\boldsymbol{A}$ の表示を示す．さらに，$z$ 軸上の正方向の単位ベクトルを $\boldsymbol{k}$ とすると，ベクトル $\boldsymbol{A}$ は次式のようにあらわすことができる．

$$\boldsymbol{A} = \boldsymbol{i}A_x + \boldsymbol{j}A_y + \boldsymbol{k}A_z = (A_x, A_y, A_z) \tag{22.3}$$

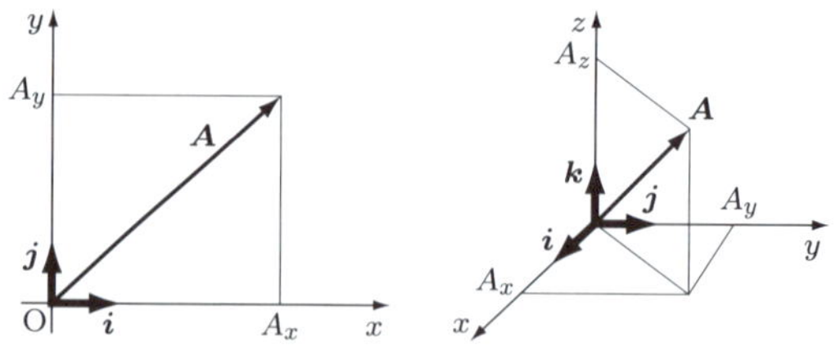


（a）$xy$ 2 次元直交座標系　　（b）$xyz$ 3 次元直交座標系

**図 22.4**　直交座標系におけるベクトルの表示

図からも明らかなように，ベクトル $\boldsymbol{A}$ の大きさ (長さ) は，つぎのようになる．

$$|\boldsymbol{A}| = A = \sqrt{A_x{}^2 + A_y{}^2 + A_z{}^2} \tag{22.4}$$

また，二つのベクトル $\boldsymbol{A} = \boldsymbol{i}A_x + \boldsymbol{j}A_y + \boldsymbol{k}A_z$，$\boldsymbol{B} = \boldsymbol{i}B_x + \boldsymbol{j}B_y + \boldsymbol{k}B_z$ について，つぎの関係が成り立つ．

$$\boldsymbol{A} = \boldsymbol{B} \quad \Leftrightarrow \quad A_x = B_x,\ A_y = B_y,\ A_z = B_z$$

**[例 22.2]**　単位ベクトルの成分表示は，$\boldsymbol{i} = \boldsymbol{i}1 + \boldsymbol{j}0 + \boldsymbol{k}0$ より，$\boldsymbol{i} = (1, 0, 0)$ となる．同様に，$\boldsymbol{j} = (0, 1, 0)$, $\boldsymbol{k} = (0, 0, 1)$ となる．

**【例題 22.1】** つぎのベクトルの大きさを求めよ．

(1) $\boldsymbol{A} = \boldsymbol{i}2 + \boldsymbol{j}3$　　(2) $\boldsymbol{B} = \boldsymbol{i}2 + \boldsymbol{j}4 + \boldsymbol{k}4$

**【解】**

(1) $|\boldsymbol{A}| = A = \sqrt{A_x{}^2 + A_y{}^2} = \sqrt{2^2 + 3^2} = \sqrt{13}$

(2) $|\boldsymbol{B}| = B = \sqrt{B_x{}^2 + B_y{}^2 + B_z{}^2} = \sqrt{2^2 + 4^2 + 4^2} = 6$

## 22.4 ベクトルの演算

ベクトル $\boldsymbol{A}$ とベクトル $\boldsymbol{B}$ のベクトル和を $\boldsymbol{C}$，ベクトル差を $\boldsymbol{D}$ とするとき，それぞれは次式で計算される．

$$\begin{aligned}
\boldsymbol{C} &= \boldsymbol{A} + \boldsymbol{B} = \boldsymbol{i}(A_x + B_x) + \boldsymbol{j}(A_y + B_y) + \boldsymbol{k}(A_z + B_z) \\
&= (A_x + B_x, A_y + B_y, A_z + B_z) = (C_x, C_y, C_z) \qquad (22.5) \\
\boldsymbol{D} &= \boldsymbol{A} - \boldsymbol{B} = \boldsymbol{i}(A_x - B_x) + \boldsymbol{j}(A_y - B_y) + \boldsymbol{k}(A_z - B_z)
\end{aligned}$$

$$= (A_x - B_x, A_y - B_y, A_z - B_z) = (D_x, D_y, D_z) \qquad (22.6)$$

また，$\boldsymbol{C}$ は平行四辺形を描いて，$\boldsymbol{D}$ は三角形を描いて，図 22.5 のように求めることができる (ただし，図 22.5 ではわかりやすくするため 2 次元平面で表現している).

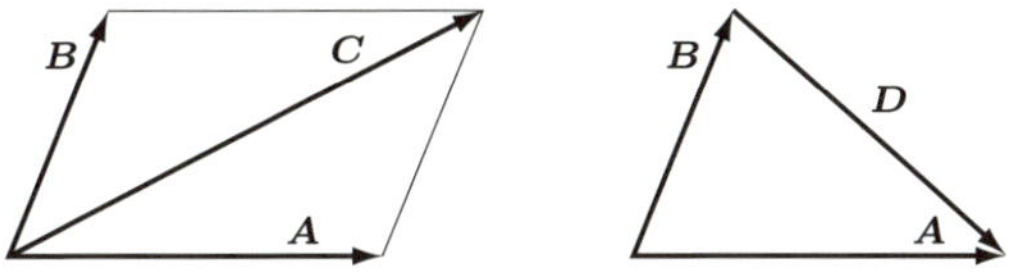


（a）ベクトル和 $\boldsymbol{C} = \boldsymbol{A} + \boldsymbol{B}$　（b）ベクトル差 $\boldsymbol{D} = \boldsymbol{A} - \boldsymbol{B}$

**図 22.5**　ベクトルの和と差

**[例 22.3]** ベクトル $\boldsymbol{A} = \boldsymbol{i}3 - \boldsymbol{j}2 - \boldsymbol{k}4$ とベクトル $\boldsymbol{B} = -\boldsymbol{i}4 + \boldsymbol{j}3 - \boldsymbol{k}2$ のベクトル和 $\boldsymbol{C} = \boldsymbol{A} + \boldsymbol{B}$ とベクトル差 $\boldsymbol{D} = \boldsymbol{A} - \boldsymbol{B}$ を求める.

$$\boldsymbol{C} = \boldsymbol{A} + \boldsymbol{B} = \boldsymbol{i}\{3 + (-4)\} + \boldsymbol{j}\{(-2) + 3\} + \boldsymbol{k}\{(-4) + (-2)\}$$

$$= -\boldsymbol{i} + \boldsymbol{j} - \boldsymbol{k}6$$

$$\boldsymbol{D} = \boldsymbol{A} - \boldsymbol{B} = \boldsymbol{i}\{3 - (-4)\} + \boldsymbol{j}\{(-2) - 3\} + \boldsymbol{k}\{(-4) - (-2)\}$$

$$= \boldsymbol{i}7 - \boldsymbol{j}5 - \boldsymbol{k}2$$

式 (22.5) に示したベクトルの和から，以下に示すベクトルの加法の性質は明らかである.

交換法則：$\boldsymbol{A} + \boldsymbol{B} = \boldsymbol{B} + \boldsymbol{A}$

結合法則：$(\boldsymbol{A} + \boldsymbol{B}) + \boldsymbol{C} = \boldsymbol{A} + (\boldsymbol{B} + \boldsymbol{C})$

零ベクトルとの関係：$\boldsymbol{A} + (-\boldsymbol{A}) = \boldsymbol{0}$, $\boldsymbol{A} + \boldsymbol{0} = \boldsymbol{A}$

また，式 (22.6) に示したベクトルの差から，以下に示すベクトルの減法の性質も明らかである.

$$\boldsymbol{A} - \boldsymbol{B} = \boldsymbol{A} + (-\boldsymbol{B})$$

$$\boldsymbol{A} - \boldsymbol{A} = \boldsymbol{0}$$

一方，ベクトル $\boldsymbol{A}$ の実数倍 ($m$ 倍) を考えると，$\boldsymbol{A}$ が零ベクトルでないとき，つぎのようになる.

① $m > 0$ ならば，$m\boldsymbol{A}$ は $\boldsymbol{A}$ と同じ向きで，大きさが $m$ 倍のベクトルである．とくに，$m = 1$ の場合は $\boldsymbol{A}$ と等しい．

② $m < 0$ ならば，$m\boldsymbol{A}$ は $\boldsymbol{A}$ と向きが反対で，大きさが $|m|$ 倍のベクトルである．とくに，$m = -1$ の場合は $-\boldsymbol{A}$ となる．

③ $m = 0$ ならば，$m\boldsymbol{A}$ は零ベクトルとなる．

これらの関係から，ベクトルの実数倍において，以下の性質は明らかである．

$$m(n\boldsymbol{A}) = (mn)\boldsymbol{A}$$

$$(m+n)\boldsymbol{A} = m\boldsymbol{A} + n\boldsymbol{A}$$

$$m(\boldsymbol{A}+\boldsymbol{B}) = m\boldsymbol{A} + m\boldsymbol{B}$$

また，零ベクトル $\mathbf{0}$ の実数倍 ($m$ 倍) は零ベクトル $\mathbf{0}$ である．

$$m\mathbf{0} = \mathbf{0}$$

**【例題 22.2】** つぎのベクトルの計算をせよ．

(1) $3\boldsymbol{A} + 5\boldsymbol{B} - 2\boldsymbol{A} - 4\boldsymbol{B}$　　(2) $3(2\boldsymbol{A} + \boldsymbol{B}) - 2(4\boldsymbol{A} + 2\boldsymbol{B})$

(3) $\dfrac{1}{2}(\boldsymbol{A} + 2\boldsymbol{B}) - \dfrac{1}{3}(2\boldsymbol{A} - \boldsymbol{B})$

**【解】**

(1) $3\boldsymbol{A} + 5\boldsymbol{B} - 2\boldsymbol{A} - 4\boldsymbol{B} = (3-2)\boldsymbol{A} + (5-4)\boldsymbol{B} = \boldsymbol{A} + \boldsymbol{B}$

(2) $3(2\boldsymbol{A} + \boldsymbol{B}) - 2(4\boldsymbol{A} + 2\boldsymbol{B}) = 6\boldsymbol{A} + 3\boldsymbol{B} - 8\boldsymbol{A} - 4\boldsymbol{B} = -2\boldsymbol{A} - \boldsymbol{B}$

(3) $\dfrac{1}{2}(\boldsymbol{A} + 2\boldsymbol{B}) - \dfrac{1}{3}(2\boldsymbol{A} - \boldsymbol{B}) = \dfrac{1}{2}\boldsymbol{A} + \boldsymbol{B} - \dfrac{2}{3}\boldsymbol{A} + \dfrac{1}{3}\boldsymbol{B} = -\dfrac{1}{6}\boldsymbol{A} + \dfrac{4}{3}\boldsymbol{B}$

## 22.5 内　積

ベクトルの積には2種類あるが，そのひとつに**内積**といわれるものがある．内積の結果はスカラー量となることから，**スカラー積**ともよばれる．

内積は，零ベクトルではない二つのベクトル $\boldsymbol{A}, \boldsymbol{B}$ のそれぞれの大きさと二つのベクトルの**なす角** $\theta$ $(0 \leqq \theta \leqq \pi)$ (図 22.6 参照) を用いて式 (22.7) のように定義される．内積は，$\boldsymbol{AB}$ もしくは $\boldsymbol{A}\cdot\boldsymbol{B}$ と表現する．また，変数 $C$ を使って，$C = \boldsymbol{AB} = \boldsymbol{A}\cdot\boldsymbol{B}$ とあらわすことが多い．

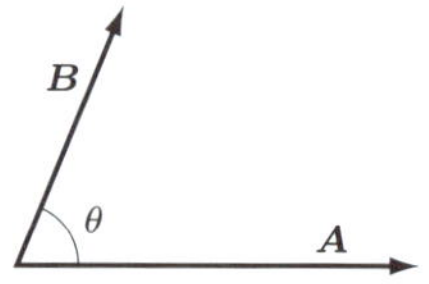


**図 22.6**　ベクトルの内積

$$C = \boldsymbol{AB} = \boldsymbol{A}\cdot\boldsymbol{B} = |\boldsymbol{A}||\boldsymbol{B}|\cos\theta = AB\cos\theta \tag{22.7}$$

式 (22.7) の内積の定義から，内積に関する重要な性質を以下に示す．

① 二つのベクトルのなす角 $\theta$ が 0 のとき，

$$\boldsymbol{A}\cdot\boldsymbol{B} = AB\cos 0 = AB \tag{22.8}$$

となる．とくに，$\boldsymbol{A}=\boldsymbol{B}$ のときは，つぎのようになる．

$$\boldsymbol{A}\cdot\boldsymbol{A} = AA\cos 0 = A^2$$

② 二つのベクトルが直交するとき，すなわち，なす角 $\theta$ が $\pi/2$ のとき，つぎのようになる．

$$\boldsymbol{A}\cdot\boldsymbol{B} = AB\cos\frac{\pi}{2} = 0 \tag{22.9}$$

③ 交換法則

$$\boldsymbol{A}\cdot\boldsymbol{B} = \boldsymbol{B}\cdot\boldsymbol{A} \tag{22.10}$$

④ 分配法則

$$\boldsymbol{A}\cdot(\boldsymbol{B}+\boldsymbol{C}) = \boldsymbol{A}\cdot\boldsymbol{B}+\boldsymbol{A}\cdot\boldsymbol{C} \tag{22.11}$$

⑤ スカラー倍

$$(k\boldsymbol{A})\cdot\boldsymbol{B} = k(\boldsymbol{A}\cdot\boldsymbol{B}) = \boldsymbol{A}\cdot(k\boldsymbol{B}) \tag{22.12}$$

①～③の性質から，直交座標における各軸上の単位ベクトル $\boldsymbol{i},\boldsymbol{j},\boldsymbol{k}$ は，大きさ 1 であるのでそれ自身の内積は 1，また，互いに直交するのでそれぞれ互いの内積は 0 であり，次式が成り立つ．

$$\boldsymbol{i}\cdot\boldsymbol{i}=1,\ \boldsymbol{j}\cdot\boldsymbol{j}=1,\ \boldsymbol{k}\cdot\boldsymbol{k}=1 \tag{22.13}$$

$$\boldsymbol{i}\cdot\boldsymbol{j}=0,\ \boldsymbol{j}\cdot\boldsymbol{k}=0,\ \boldsymbol{k}\cdot\boldsymbol{i}=0,\ \boldsymbol{j}\cdot\boldsymbol{i}=0,\ \boldsymbol{k}\cdot\boldsymbol{j}=0,\ \boldsymbol{i}\cdot\boldsymbol{k}=0 \tag{22.14}$$

さらに，式 (22.7) は，直交座標成分を用いて表現すると，次式のように書き直すことができる．

$$C = \boldsymbol{AB} = \boldsymbol{A}\cdot\boldsymbol{B} = A_xB_x + A_yB_y + A_zB_z \tag{22.15}$$

式 (22.7) と式 (22.15) から，二つのベクトルがなす角 $\theta$ には以下の関係が成立する．

$$\cos\theta = \frac{\boldsymbol{A}\cdot\boldsymbol{B}}{AB} = \frac{C}{AB} = \frac{A_xB_x + A_yB_y + A_zB_z}{AB} \tag{22.16}$$

$$\theta = \mathrm{Cos}^{-1}\left(\frac{A_xB_x + A_yB_y + A_zB_z}{AB}\right) \tag{22.17}$$

この式は，二つのベクトルが与えられたときに，そのなす角を算出できる重要な式である．

**【例題 22.3】** 直交座標成分による内積 $C = \boldsymbol{AB} = \boldsymbol{A}\cdot\boldsymbol{B} = A_xB_x + A_yB_y + A_zB_z$ を導け.

**【解】**

$$C = \boldsymbol{AB} = \boldsymbol{A}\cdot\boldsymbol{B} = (\boldsymbol{i}A_x + \boldsymbol{j}A_y + \boldsymbol{k}A_z)\cdot(\boldsymbol{i}B_x + \boldsymbol{j}B_y + \boldsymbol{k}B_z)$$

この式の右辺は，式 (22.11) の分配法則と式 (22.12) のスカラー倍の性質を利用して，つぎのように展開できる.

$$\begin{aligned}&A_xB_x(\boldsymbol{i}\cdot\boldsymbol{i}) + A_xB_y(\boldsymbol{i}\cdot\boldsymbol{j}) + A_xB_z(\boldsymbol{i}\cdot\boldsymbol{k}) + A_yB_x(\boldsymbol{j}\cdot\boldsymbol{i})\\&\quad + A_yB_y(\boldsymbol{j}\cdot\boldsymbol{j}) + A_yB_z(\boldsymbol{j}\cdot\boldsymbol{k}) + A_zB_x(\boldsymbol{k}\cdot\boldsymbol{i}) + A_zB_y(\boldsymbol{k}\cdot\boldsymbol{j})\\&\quad + A_zB_z(\boldsymbol{k}\cdot\boldsymbol{k})\end{aligned}$$

ここで，式 (22.13) と式 (22.14) の単位ベクトル $\boldsymbol{i}, \boldsymbol{j}, \boldsymbol{k}$ 相互の内積の性質を使用すると，上式はさらにつぎのように計算できる.

$$\begin{aligned}&A_xB_x\cdot 1 + A_xB_y\cdot 0 + A_xB_z\cdot 0 + A_yB_x\cdot 0 + A_yB_y\cdot 1 + A_yB_z\cdot 0\\&\quad + A_zB_x\cdot 0 + A_zB_y\cdot 0 + A_zB_z\cdot 1\\&= A_xB_x + A_yB_y + A_zB_z\end{aligned}$$

すなわち，次式が成り立つ.

$$C = \boldsymbol{AB} = \boldsymbol{A}\cdot\boldsymbol{B} = A_xB_x + A_yB_y + A_zB_z$$

**[例 22.4]** ベクトル $\boldsymbol{A} = \boldsymbol{i}3 - \boldsymbol{j}2 - \boldsymbol{k}4$ とベクトル $\boldsymbol{B} = -\boldsymbol{i}4 + \boldsymbol{j}3 - \boldsymbol{k}2$ のなす角 $\theta$ を求める.

$$C = \boldsymbol{A}\cdot\boldsymbol{B} = 3\cdot(-4) + (-2)\cdot 3 + (-4)\cdot(-2) = -12 - 6 + 8 = -10$$

$$A = \sqrt{3^2 + (-2)^2 + (-4)^2} = \sqrt{29},\quad B = \sqrt{(-4)^2 + 3^2 + (-2)^2} = \sqrt{29}$$

$$\cos\theta = \frac{C}{AB} = -\frac{10}{29}$$

$$\therefore\ \theta = \mathrm{Cos}^{-1}\left(-\frac{10}{29}\right) \fallingdotseq 110.2^\circ$$

## 22.6 外　積

もう一つのベクトルの積として，**外積**といわれるものがある．外積の結果はベクトル量となることから，**ベクトル積**ともよばれる．外積は，零ベクトルではない二つのベクトル $\boldsymbol{A}, \boldsymbol{B}$ に対して $\boldsymbol{C} = \boldsymbol{A}\times\boldsymbol{B}$ と表現し，つぎのように定義される.

① 外積 $\boldsymbol{C} = \boldsymbol{A} \times \boldsymbol{B}$ の大きさの定義

図 22.7 に示すように，外積の大きさは，ベクトル $\boldsymbol{A}$, $\boldsymbol{B}$ が作る平行四辺形の面積と等しい．すなわち，外積 $\boldsymbol{A} \times \boldsymbol{B}$ の大きさ $|\boldsymbol{A} \times \boldsymbol{B}|$ は次式であらわされる．

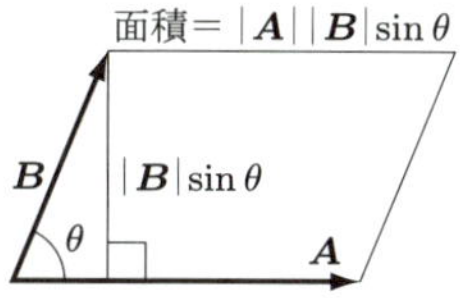


**図 22.7** 外積の大きさの定義

$$|\boldsymbol{A} \times \boldsymbol{B}| = AB\sin\theta = |\boldsymbol{A}|\,|\boldsymbol{B}|\sin\theta \tag{22.18}$$

ここで，$\theta$ は二つのベクトル $\boldsymbol{A}$, $\boldsymbol{B}$ のなす角 $(0 \leqq \theta \leqq \pi)$ をあらわす．

② 外積 $\boldsymbol{C} = \boldsymbol{A} \times \boldsymbol{B}$ の向きの定義

図 22.8 に示すように，外積の向きは，$\boldsymbol{AB}$ 平面に垂直で $\boldsymbol{A}$ から $\boldsymbol{B}$ へ回転させるときに右ねじの進む方向 (これを右手系とよぶ) と定義されている．

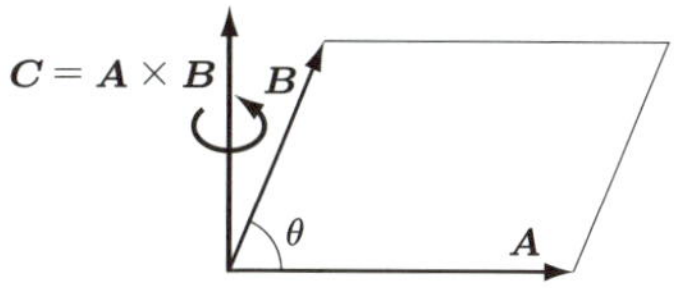


**図 22.8** 外積の方向の定義

前記定義から，外積 $\boldsymbol{A} \times \boldsymbol{B}$ と外積 $\boldsymbol{B} \times \boldsymbol{A}$ は，大きさは同じものの向きが反対になることに注意する必要がある．このように，外積では積の順序も問題となる．すなわち，交換法則が成り立たない (式 (22.21) の反可換法則を参照)．

外積に関する重要な性質を以下に示す．

① 二つのベクトルのなす角 $\theta$ が 0 のとき，つぎのようになる．

$$\boldsymbol{A} \times \boldsymbol{B} = \boldsymbol{0} \tag{22.19}$$

② 二つのベクトルが直交するとき，すなわち，なす角 $\theta$ が $\pi/2$ のとき，つぎのようになる．

$$|\boldsymbol{A} \times \boldsymbol{B}| = AB \tag{22.20}$$

③ 反可換法則

$$\boldsymbol{A} \times \boldsymbol{B} = -\boldsymbol{B} \times \boldsymbol{A} \tag{22.21}$$

④ 分配法則

$$\boldsymbol{A} \times (\boldsymbol{B} + \boldsymbol{C}) = \boldsymbol{A} \times \boldsymbol{B} + \boldsymbol{A} \times \boldsymbol{C} \tag{22.22}$$

$$(\boldsymbol{A} + \boldsymbol{B}) \times \boldsymbol{C} = \boldsymbol{A} \times \boldsymbol{C} + \boldsymbol{B} \times \boldsymbol{C} \tag{22.23}$$

⑤ スカラー倍

$$(k\boldsymbol{A}) \times \boldsymbol{B} = k(\boldsymbol{A} \times \boldsymbol{B}) = \boldsymbol{A} \times (k\boldsymbol{B}) \tag{22.24}$$

①〜③の性質および外積の向きの定義から，直交座標における各軸上の単位ベクトル $\boldsymbol{i}, \boldsymbol{j}, \boldsymbol{k}$ は，それ自身の外積は $\mathbf{0}$，また，互いに直交するので互いの外積は残りの単位ベクトルもしくはその逆ベクトルであり，次式が成り立つ．

$$\boldsymbol{i} \times \boldsymbol{i} = \mathbf{0},\ \boldsymbol{j} \times \boldsymbol{j} = \mathbf{0},\ \boldsymbol{k} \times \boldsymbol{k} = \mathbf{0} \tag{22.25}$$

$$\boldsymbol{i} \times \boldsymbol{j} = \boldsymbol{k},\ \boldsymbol{j} \times \boldsymbol{i} = -\boldsymbol{k},\ \boldsymbol{j} \times \boldsymbol{k} = \boldsymbol{i},\ \boldsymbol{k} \times \boldsymbol{j} = -\boldsymbol{i},\ \boldsymbol{k} \times \boldsymbol{i} = \boldsymbol{j},\ \boldsymbol{i} \times \boldsymbol{k} = -\boldsymbol{j} \tag{22.26}$$

さらに外積は，直交座標成分を用いて表現すると，次式のように書き直すことができる．

零ベクトルではない二つのベクトル $\boldsymbol{A} = (A_x, A_y, A_z)$, $\boldsymbol{B} = (B_x, B_y, B_z)$ に対して，外積 $\boldsymbol{C} = \boldsymbol{A} \times \boldsymbol{B}$ は，つぎのようになる．

$$\boldsymbol{C} = \boldsymbol{A} \times \boldsymbol{B} = (A_y B_z - A_z B_y, A_z B_x - A_x B_z, A_x B_y - A_y B_x) \tag{22.27}$$

大きさ $|\boldsymbol{A} \times \boldsymbol{B}|$ は，つぎのように表現できる．

$$|\boldsymbol{A} \times \boldsymbol{B}| = \sqrt{(A_y B_z - A_z B_y)^2 + (A_z B_x - A_x B_z)^2 + (A_x B_y - A_y B_x)^2} \tag{22.28}$$

なお，外積は，行列式を使って次式のように記述することもできる．

$$\boldsymbol{C} = \boldsymbol{A} \times \boldsymbol{B} = \begin{vmatrix} \boldsymbol{i} & \boldsymbol{j} & \boldsymbol{k} \\ A_x & A_y & A_z \\ B_x & B_y & B_z \end{vmatrix} \tag{22.29}$$

**[例 22.5]**　ベクトル $\boldsymbol{A} = \boldsymbol{i}3 - \boldsymbol{j}2 - \boldsymbol{k}4$ とベクトル $\boldsymbol{B} = -\boldsymbol{i}4 + \boldsymbol{j}3 - \boldsymbol{k}2$ の外積 $\boldsymbol{C}$ を求める．

式 (22.27) より，

$$\begin{aligned} \boldsymbol{C} &= \boldsymbol{A} \times \boldsymbol{B} \\ &= \{(-2)\cdot(-2) - 3\cdot(-4),\ (-4)\cdot(-4) - 3\cdot(-2),\ 3\cdot 3 - (-2)\cdot(-4)\} \\ &= (16, 22, 1) \end{aligned}$$

となる．あるいは，式 (22.29) より，つぎのようになる．

$$C = A \times B = \begin{vmatrix} i & j & k \\ 3 & -2 & -4 \\ -4 & 3 & -2 \end{vmatrix}$$

$$= i(-2)\cdot(-2) + j(-4)\cdot(-4) + k3\cdot 3 - k(-2)\cdot(-4)$$

$$- j3\cdot(-2) - i3\cdot(-4)$$

$$= i4 + j16 + k9 - i(-12) - j(-6) - k8 = i16 + j22 + k$$

$$= (16, 22, 1)$$

なお，ホームページ http://www.morikita.co.jp/soft/73471/index.html では，補足の意味で，以下の証明も掲載している．

(1) 式 (22.11) の証明

(2) 式 (22.27) の証明

(3) 式 (22.29) の証明

## 演習問題

〈22.1〉 $A = -i + j2 + k3$, $B = -j3 + k2$ のとき，つぎのベクトルや値を求めよ．

(1) $2A$　(2) $A + B$　(3) $3B - 2A$　(4) $|A|$

〈22.2〉 つぎの二つのベクトルについて，$A + B$, $A - B$, $B - A$, $3A + 2B$ を求めよ．

(1) $A = (1, 2)$, $B = (3, 4)$　(2) $A = (1, 3, 4)$, $B = (2, 0, 3)$

(3) $A = (2, 3, 4)$, $B = (-2, 1, 2)$　(4) $A = (5, 1, 2)$, $B = (-2, -3, -1)$

〈22.3〉 つぎの二つのベクトルについて，$A + B$, $A - B$, $A \cdot B$, $A \times B$ を求めよ．

(1) $A = i3 - j2 - k4$, $B = -i4 + j3 - k2$

(2) $A = i2 - j3 + k4$, $B = i5 + j0 - k2$

(3) $A = i1 + j2 + k3$, $B = -i3 - j2 - k1$

〈22.4〉 $A = -i + j3 + k$, $B = i2 + j4 - k2$ のとき，つぎのベクトルや値を求めよ．

(1) $A \cdot B$　(2) $A \times B$　(3) $(2A - 3B) \times (A + 2B)$

〈22.5〉 $A = i + j + k2$, $B = -i + j2 + k$ のとき，つぎのベクトルや値を求めよ．

(1) $A$ と $B$ の単位ベクトル　(2) $A$ と $B$ のなす角

〈22.6〉 $A = (1, 2, 2)$, $B = (2, 2, 1)$ のとき，つぎの値を求めよ．

(1) $|A|$　(2) $|B|$　(3) $\cos\theta$ ($\theta$ は $A, B$ のなす角)

〈22.7〉 つぎの二つのベクトルについて，各ベクトルの大きさ，$A \cdot B$, $A$ と $B$ のなす角，$A \times B$, $B \times A$ を求めよ．

(1) $A = (1, 2, 3)$, $B = (1, 2, 3)$　(2) $A = (2, 3, 4)$, $B = (3, -2, 0)$

(3) $A = (2, 3, -4)$, $B = (3, -2, 0)$　(4) $A = (1, 1, 1)$, $B = (1, -1, 1)$

**⟨22.8⟩** $\boldsymbol{A}=(2,3,4)$, $\boldsymbol{B}=(-2,0,3)$, $\boldsymbol{C}=(2,-1,2)$ とするとき，つぎの値を求めよ．
(1) $\boldsymbol{A}\cdot(\boldsymbol{B}\times\boldsymbol{C})$　(2) $\boldsymbol{A}\times(\boldsymbol{B}\times\boldsymbol{C})$　(3) $(\boldsymbol{A}-\boldsymbol{B})\times(\boldsymbol{A}+\boldsymbol{B})$

**⟨22.9⟩** $\boldsymbol{A}=\boldsymbol{i}+\boldsymbol{j}2+\boldsymbol{k}3$, $\boldsymbol{B}=\boldsymbol{i}2-\boldsymbol{k}5$ とするとき，$\boldsymbol{A}-\boldsymbol{B}$ と同じ向きをもつ単位ベクトルを求めよ．

**⟨22.10⟩** ベクトル $\boldsymbol{A}=(1,1,0)$, $\boldsymbol{B}=(0,1,1)$, $\boldsymbol{C}=(1,0,1)$ の実数倍の和を用いて，ベクトル $\boldsymbol{D}=(1,8,3)$ をあらわせ．

**⟨22.11⟩** 二つのベクトル $\boldsymbol{A}=\boldsymbol{i}+\boldsymbol{j}3+\boldsymbol{k}4$, $\boldsymbol{B}=\boldsymbol{i}3-\boldsymbol{j}6+\boldsymbol{k}2$ のどちらにも垂直な単位ベクトルを求めよ．

**⟨22.12⟩** 外積を利用して，$\boldsymbol{A}=(-3,4,2)$, $\boldsymbol{B}=(-2,0,3)$ で作る平行四辺形の面積を求めよ．

**⟨22.13⟩** つぎの二つのベクトルで作る平行四辺形の面積を求めよ．
(1) $\boldsymbol{A}=(1,2,-3)$, $\boldsymbol{B}=(3,2,1)$　(2) $\boldsymbol{A}=(1,1,1)$, $\boldsymbol{B}=(2,-1,2)$
(3) $\boldsymbol{A}=(4,3,0)$, $\boldsymbol{B}=(2,-1,2)$

**⟨22.14⟩** 原点と $(1,0,2)$, $(-1,3,0)$ を頂点とする三角形の面積を求めよ．

**⟨22.15⟩** 平行四辺形の面積 $S$ は $\sqrt{|\boldsymbol{A}|^2|\boldsymbol{B}|^2-(\boldsymbol{A}\cdot\boldsymbol{B})^2}$ となることを示せ．

**⟨22.16⟩** 外積における分配法則，式 (22.22) を証明せよ．

**⟨22.17⟩** つぎのスカラー 3 重積を証明せよ．

$$\boldsymbol{A}\cdot(\boldsymbol{B}\times\boldsymbol{C})=\boldsymbol{C}\cdot(\boldsymbol{A}\times\boldsymbol{B})=\boldsymbol{B}\cdot(\boldsymbol{C}\times\boldsymbol{A})$$

**⟨22.18⟩** つぎのベクトル 3 重積を証明せよ．

$$\boldsymbol{A}\times(\boldsymbol{B}\times\boldsymbol{C})=\boldsymbol{B}(\boldsymbol{A}\cdot\boldsymbol{C})-\boldsymbol{C}(\boldsymbol{A}\cdot\boldsymbol{B})$$

# 第23章 確　率

コンピュータや情報通信などのデジタル量を扱う分野では，確率について理解しておく必要がある．本章では，確率に関する基本事項について述べる．

学習の目標
- □確率の定義と基本的な性質を理解する
- □独立試行の確率計算ができるようになる
- □反復試行の確率計算ができるようになる
- □確率分布の表を作成できるようになる
- □確率分布の表から，平均値と標準偏差を求められるようになる

## 23.1 確率とその性質

### 23.1.1 確率の定義

さいころを投げるとき，出る目は1から6のいずれかであるが，そのどれであるかは実際に投げてみないとわからない．このように結果をあらかじめ知ることのできない実験や観測などを試行といい，試行の結果起こる事柄を事象という．

ある試行において，いくつかの事象の起こりやすさが同じであるとき，これらの事象は同様に確からしいという．

ある試行において，全事象 $U$ が $N$ 通りの同様に確からしい事象からなるとする．事象 $A$ に属するものが $a$ 個のとき，$A$ の起こりやすさを事象 $A$ の確率といい，次式であらわす．

$$P(A) = \frac{a}{N} = \frac{\text{事象 } A \text{ の起こりうる場合の数}}{\text{起こりうるすべての場合の数}} \tag{23.1}$$

どんな事象 $A$ に対しても，$0 \leqq P(A) \leqq 1$ である．$P(A)$ の $P$ は英語で確率を意味する probability の頭文字である．

**[例 23.1]** 2個のさいころを同時に投げるとき，目の和が9となる確率を求める．

この試行において，目の出方は全部で $6^2 = 36$ 通りある．このうち，目の和が9となるのは，$(3,6),(4,5),(5,4),(6,3)$ の4通りであるから，求める確率は $4/36 = 1/9$ である．

### 23.1.2 基本的な性質

事象 $A$ と事象 $B$ がともに起こる事象を，$A$ と $B$ の積集合 (共通集合) といい，$A \cap B$ であらわす．また，$A$ または $B$ が起こる事象を $A$ と $B$ の和集合 (合併集合) といい，$A \cup B$ であらわす．それぞれの確率は次式であらわされる．

$$\text{積集合}：P(A \cap B) = P(A) \times P(B) \tag{23.2}$$

$$\text{和集合}：P(A \cup B) = P(A) + P(B) - P(A \cap B) \tag{23.3}$$

また，それぞれの集合は図 23.1(a) のようにあらわせる．

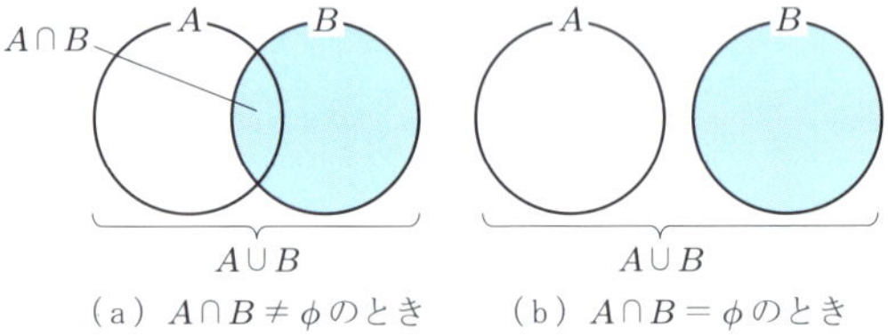


**図 23.1** 和集合と積集合

事象 $A$, $B$ が同時に起こることがないとき，すなわち，図 23.1(b) のように $A \cap B = \phi$ (空事象) のとき，$A$ と $B$ は互いに排反であるという．事象 $A$, $B$ が互いに排反のとき，つぎの等式が得られる．

$$\text{和集合 (合併集合)}：P(A \cup B) = P(A) + P(B) \tag{23.4}$$

ある試行において全事象を $U$ とする．$U$ の部分集合である事象 $A$ に対して，$A$ が起こらないという事象を $A$ の余事象という．$A$ の余事象は $U$ に関する $A$ の補集合 $\overline{A}$ であらわされる．事象 $A$ と $\overline{A}$ は互いに排反であり，これらの和事象 $A \cup \overline{A}$ は全事象 $U$ であるから，次式が成り立つ．

$$P(A) = 1 - P(\overline{A}) \tag{23.5}$$

また，余集合と全体集合の関係を図 23.2 に示す．

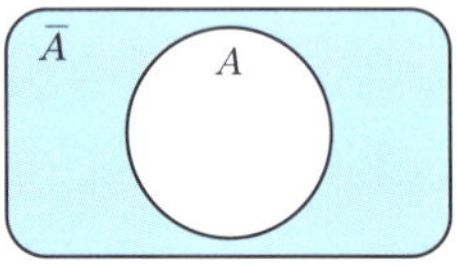


**図 23.2** 余集合

## 23.2 独立試行の確率

複数の試行があり，それぞれの結果の起こり方が互いに影響を与えないとき，それらの試行は独立であるという．

二つの試行 $T_1, T_2$ が独立であるとき，試行 $T_1$ で事象 $A$ が起こり，試行 $T_2$ で事象 $B$ が起こる確率は式 (23.2) と等価となる．

**【例題 23.1】** 当たりくじ 3 本，はずれくじ 5 本の入った箱 A と当たりくじ 4 本，はずれくじ 2 本の入った箱 B がある．この二つの箱から同時にくじを 1 本ずつひくとき，つぎの確率を求めよ．

(1) 2 本とも当たる　　(2) 1 本だけ当たる

**【解】**

(1) 箱 A，B ともに当たりくじをひく確率は，つぎのようになる．

$$\frac{3}{8} \times \frac{4}{6} = \frac{1}{4}$$

(2) 箱 A が当たって箱 B がはずれる場合と，箱 A がはずれて箱 B が当たる場合の 2 通りの場合が考えられる．したがって，1 本だけが当たる確率は，つぎのようになる．

$$\frac{3}{8} \times \frac{2}{6} + \frac{5}{8} \times \frac{4}{6} = \frac{1}{8} + \frac{5}{12} = \frac{13}{24}$$

## 23.3 反復試行の確率

同じ試行を何回か繰り返しおこなうとき，各回の試行は独立である．このような一連の独立な試行をまとめて考えるとき，それを**反復試行**という．

**[例 23.2]** 1 個のさいころを 4 回続けて投げるとき，1 の目が 1 回だけでる確率を求める．4 回の試行のうち，1 の目がどこで出るかを考えると 4 通りある．このうち，一つの事象が起こる確率は，

$$\frac{1}{6} \times \frac{5}{6} \times \frac{5}{6} \times \frac{5}{6} = \left(\frac{1}{6}\right)^1 \left(\frac{5}{6}\right)^3$$

となる．よって，求める確率は，つぎのようになる．

$$4 \times \left(\frac{1}{6}\right)^1 \left(\frac{5}{6}\right)^3 = 4 \times \frac{5^3}{6^4} = \frac{125}{324}$$

ここで，いくつかのもののなかからその一部を取り出して作る組み合わせのことを，$n$ 個から $r$ 個を作る組み合わせといい，その総数を ${}_nC_r$ であらわす ($C$ は英語で組み合わせを意味する combination の頭文字である)．[例 23.2]において，4 回の試行のう

ち 1 の目がどこかで出る組み合わせは ${}_4C_1$ であらわす．一般に，${}_nC_r$ は次式であらわせる．

$$ {}_nC_r = \frac{n(n-1)\cdots(n-r+1)}{r(r-1)\cdots 3\cdot 2\cdot 1} \tag{23.6} $$

**【例題 23.2】** 二者択一問題が 8 問ある．いま，8 問ともでたらめに答えを選択するとき，ちょうど 4 問正解する確率を求めよ．

**【解】**

8 問中のどの問題を 4 問正解するかは，${}_8C_4$ 通りある．一つの問題を正解する確率は 1/2 なので，つぎのようになる．

$$ {}_8C_4 \left(\frac{1}{2}\right)^4 \left(\frac{1}{2}\right)^4 = \frac{8\cdot 7\cdot 6\cdot 5}{4\cdot 3\cdot 2\cdot 1}\left(\frac{1}{2^8}\right) = \frac{35}{128} $$

## 23.4 確率分布

### 23.4.1 確率変数と確率分布

試行の結果によって変数 $x$ のとる値が定まり，そのおのおのの値をとる確率が定まっているとき，$X$ を**確率変数**といい，$X = \{x_1, x_2, \cdots, x_n\}$ を意味する．また，表 23.1 のように，変数 $x$ のとる値とその確率 $p$ との対応関係を確率変数 $X$ の**確率分布**という．

**表 23.1**　確率分布

| 確率変数 $X$ | $x_1$ | $x_2$ | $\cdots$ | $x_n$ | 計 |
|---|---|---|---|---|---|
| 確率 $P$ | $p_1$ | $p_1$ | $\cdots$ | $p_n$ | 1 |

確率変数の例として，表 23.2 は，100 本のくじの賞金とその本数であり，さらに，賞金を確率変数として，その確率分布を示したものである．

**表 23.2**　くじの賞金と確率分布

| | 賞　金 | 本　数 | 確率変数 | 確　率 |
|---|---|---|---|---|
| 1 等 | 2000 円 | 3 | 2000 | 3/100 |
| 2 等 | 500 円 | 10 | 500 | 10/100 |
| 3 等 | 200 円 | 30 | 200 | 30/100 |
| はずれ | 0 円 | 57 | 0 | 57/100 |

### 23.4.2　平均値

確率変数 $X$ の確率分布が表 23.1 で与えられているとき，次式であらわされる $E(X)$ を確率変数 $X$ の**平均値**または**期待値**という（$E$ は英語で期待を意味する expectation の頭文字である）．

$$E(X) = x_1p_1 + x_2p_2 + \cdots + x_np_n \tag{23.7}$$

式 (23.7) は，和をあらわす記号 $\Sigma$ を用いると，つぎのように書くことができる．

$$E(X) = \sum_{k=1}^{n} x_kp_k \tag{23.8}$$

ここで，$p_1 + p_2 + \cdots + p_n = 1$，すなわち，$\sum_{k=1}^{n} p_k = 1$ である．

**[例 23.3]**　表 23.2 のくじの賞金の期待値は，つぎのようになる．

$$2000 \times \frac{3}{100} + 500 \times \frac{10}{100} + 200 \times \frac{30}{100} + 0 \times \frac{57}{100} = 170 \ [\text{円}]$$

**【例題 23.3】**　おこづかいをもらう方法として，つぎのどちらを選んだ方が得かを答えよ．

①　毎日 500 円ずつもらう．

②　毎日さいころを 1 回投げて，1 か 6 の目が出たら 800 円，それ以外の目のときは 300 円もらう．

**【解】**

1 日当たりのおこづかいを確率変数とすると，①の期待値は 500 円である．②の期待値は，

$$800 \times \frac{2}{6} + 300 \times \frac{4}{6} = 466.66\cdots \fallingdotseq 467 \ [\text{円}]$$

となる．したがって，①の方が得である．

### 23.4.3　分散と標準偏差

同じ平均値（期待値）をもつ確率変数でも，いろいろな確率分布がある．そこで，確率分布の散らばり具合を測る方法を考える．

確率変数 $X$ の確率分布が表 23.1 で与えられ，$X$ の平均値が $m$ のとき，$X$ のとる値 $x_1, x_2, \cdots, x_n$ と平均値との差の二乗

$$(x_1 - m)^2, (x_2 - m)^2, \cdots, (x_n - m)^2 \tag{23.9}$$

もまた確率変数である．それぞれの値をとる確率は $p_1, p_2, \cdots, p_n$ であり，この平均値を $X$ の**分散**といい，$V(X)$ であらわす．

$$V(X) = \sum_{k=1}^{n} (x_k - m)^2 p_k \tag{23.10}$$

また，$\sqrt{V(X)}$ を $X$ の**標準偏差**といい，$\sigma(X)$ であらわす（$\sigma$ はギリシャ文字でシグマとよぶ．和をあらわす $\Sigma$ の小文字である）．

$$\sigma(X) = \sqrt{V(X)} \tag{23.11}$$

このように，分散と標準偏差は各値と平均値との差の二乗和をとることから，確率変数 $X$ の確率分布の散らばり具合を意味する．

**[例 23.4]**　確率変数 $X, Y$ の確率分布が表 22.3 で与えられている．このとき，それぞれの平均値と分散を比較する．

**表 23.3**　確率変数 $X$, $Y$ の確率分布

| $X$ | 1 | 2 | 3 | 4 | 5 |
|---|---|---|---|---|---|
| $P$ | $\frac{4}{50}$ | $\frac{8}{50}$ | $\frac{26}{50}$ | $\frac{8}{50}$ | $\frac{4}{50}$ |

| $Y$ | 1 | 2 | 3 | 4 | 5 |
|---|---|---|---|---|---|
| $P$ | $\frac{5}{50}$ | $\frac{12}{50}$ | $\frac{16}{50}$ | $\frac{12}{50}$ | $\frac{5}{50}$ |

$$E(X) = 1 \times \frac{4}{50} + 2 \times \frac{8}{50} + 3 \times \frac{26}{50} + 4 \times \frac{8}{50} + 5 \times \frac{4}{50} = 3$$

$$E(Y) = 1 \times \frac{5}{50} + 2 \times \frac{12}{50} + 3 \times \frac{16}{50} + 4 \times \frac{12}{50} + 5 \times \frac{5}{50} = 3$$

$X, Y$ の平均値 $E(X)$, $E(Y)$ はいずれも 3 である．

確率分布をみると，$X$ は平均値近くに集まり，$Y$ は全体に散らばっている．$X$ と $Y$ の分散を比較すると，つぎのようになる．

$$V(X) = \sum_{k=1}^{5} (x_k - 3)^2 p_k = (-2)^2 \frac{4}{50} + (-1)^2 \frac{8}{50} + 0^2 \frac{26}{50} + 1^2 \frac{8}{50} + 2^2 \frac{4}{50}$$
$$= \frac{24}{25}$$

$$V(Y) = \sum_{k=1}^{5} (x_k - 3)^2 p_k = (-2)^2 \frac{5}{50} + (-1)^2 \frac{12}{50} + 0^2 \frac{16}{50} + 1^2 \frac{12}{50} + 2^2 \frac{5}{50}$$
$$= \frac{32}{25}$$

したがって，$V(X) < V(Y)$ である．このように，散らばっている確率分布の方が

分散は大きくなる.

PC(EXCEL) を使った演習

1 枚の硬貨を 3 回投げるとき，表の出る回数を $X$ とする．$X$ の分散を EXCEL を用いて求めよ．

解答はホームページ http://www.morikita.co.jp/soft/73471/index.html 参照.

## 演習問題

〈23.1〉 $A, B, C$ を三つの事象とするとき，つぎの事象を $A, \overline{A}, B, \overline{B}, C, \overline{C}$ を用いてあらわせ．
(1) $A$ だけが起こる　(2) 少なくとも二つの事象が起こる
(3) ちょうど二つの事象が起こる

〈23.2〉 $P(A \cup B) = 1$, $P(A) = 0.7$, $P(B) = 0.7$ のとき，$P(A \cap B)$ を求めよ．

〈23.3〉 $P(A) = 1/3$, $P(A \cup B) = 1/2$, $P(A \cap B) = 1/4$ のとき，$P(B)$ を求めよ．

〈23.4〉 4 本の当たりくじの入った 12 本のくじがある．1 人が 1 本引いた後でもとに戻し，つぎの人が 1 本引く．この要領で，A,B,C の 3 人がこの順番にくじを引くとき，つぎの確率を求めよ．
(1) C だけが当たりくじを引く確率　(2) 少なくとも 1 人は当たりくじを引く確率

〈23.5〉 5 枚のコインを同時に投げた．少なくとも 2 枚以上表が出たことがわかっているとき，3 枚表が出た確率を求めよ．

〈23.6〉 箱 A には当たりくじ 100 枚とはずれくじ 100 枚，箱 B には，当たりくじ 800 枚だけで，はずれくじは入っていないとする．箱を等しい確率で選び，くじを引くことにする．
(1) 当たりくじを引く確率を求めよ．
(2) 当たりくじを引いたことがわかっているとき，箱 A を選んだ確率を求めよ．

〈23.7〉 R 市の市民の男女比は 7 対 3 である．男性の 7 割，女性の 3 割がタバコを吸う．タバコを吸う人をランダムに選ぶとき，選ばれた人が女性である確率を求めよ．

〈23.8〉 工場で生産している製品のロットの 1/3 が不良品であるという．この工場からあるロットを選び，そのなかから 5 個を選んだ．
(1) すべて良品である確率を求めよ．
(2) 良品が 3 個ある確率を求めよ．
(3) 良品が 2 個ある確率を求めよ．
(4) 少なくとも 1 個が不良品である確率を求めよ．

〈23.9〉 数字 1,2,3 と書かれたカードが，それぞれ 2 枚，6 枚，4 枚ある．この 12 枚のなかから 1 枚を取り出すとき，記入された数字を確率変数 $X$ として，$X$ の確率分布の表を作成せよ．

〈23.10〉 二つの袋 A,B がある．A には赤玉 2 個，白玉 3 個．B には赤玉 3 個，白玉 1 個が入っている．A,B から一つずつ取り出すとき，取り出した 2 個のうちの赤玉の個数を確率変数 $X$ とする確率分布の表を作成せよ．

**〈23.11〉** 3 枚の 10 円硬貨を投げて，表が出た硬貨を受け取れるものとする．受け取れる金額の期待値を求めよ．

**〈23.12〉** 1 から 5 までの数字が書かれたカードが，それぞれ数字の数だけある．このなかから 1 枚を取り出すとき，つぎのどちらを選ぶ方が得かを答えよ．

① 出た数と同じ枚数の 10 円硬貨をもらえる．

② 5 の番号が出たときだけ 100 円をもらえる．

**〈23.13〉** 表 23.4～23.6 に示される確率変数 $X$ の確率分布について，平均値と標準偏差を求めよ．

(1)

**表 23.4**　確率分布 (1)

| $X$ | 0 | 1 | 2 | 3 | 計 |
|---|---|---|---|---|---|
| 確　率 | $\frac{1}{8}$ | $\frac{2}{8}$ | $\frac{3}{8}$ | $\frac{2}{8}$ | 1 |

(2)

**表 23.5**　確率分布 (2)

| $X$ | 0 | 1 | 2 | 3 | 4 | 計 |
|---|---|---|---|---|---|---|
| 確　率 | $\frac{1}{5}$ | $\frac{1}{5}$ | $\frac{1}{5}$ | $\frac{1}{5}$ | $\frac{1}{5}$ | 1 |

(3)

**表 23.6**　確率分布 (3)

| $X$ | 0 | 1 | 計 |
|---|---|---|---|
| 確　率 | $q$ | $p$ | 1 |

＊ $q = 1 - p$ とする．

**〈23.14〉** 一つのさいころを投げるとき，出る目の数の平均値と標準偏差を求めよ．

**〈23.15〉** 赤玉 5 個，白玉 3 個入っている箱のなかから 3 個を取り出すとき，赤玉の個数の二乗の平均値と標準偏差を求めよ．

**〈23.16〉** 確率変数 $X$ の確率分布が表 23.7 で与えられているとき，$X$ の標準偏差を求めよ．

**表 23.7**　確率分布

| $X$ | 0 | 1 | 2 | 3 | 計 |
|---|---|---|---|---|---|
| 確　率 | $q^2$ | $pq$ | $pq$ | $p^2$ | 1 |

＊ $q = 1 - p$ とする．

# 第24章　統　計

電気電子工学では，実験で得られた多数のデータを処理するのに，本章で述べる統計を用いる．そのほかにも，統計はいろいろな場合に利用することが多いので，理解しておくことが望まれる．

学習の目標
- □統計データから，平均値と標準偏差を求められるようになる
- □確率変数が正規分布に従い，平均値と標準偏差が与えられた場合の任意の変数の範囲における確率が計算できるようになる

## 24.1 度数分布表とヒストグラム

統計調査によって得られた資料を分析する方法に，**度数分布表**と**ヒストグラム**がある．

**度数分布表**とは，たとえば資料を表24.1のように整理するとき，区切られた各区間を**階級**，区間の幅を**階級の幅**，各階級にふくまれる資料の数を**度数**といい，これらを表にまとめたものである．度数分布表の階級の幅は，資料全体の傾向がもっともよくあらわされるように，適切な大きさを選ぶことが大切である．また，階級の中央の値を**階級値**といい，その階級に属する資料は階級値で代表される．

**表 24.1**　度数分布表と相対度数分布表

| 階　級 | 度　数 | 相対度数 |
|---|---|---|
| 1 ～ 10 | 0 | 0 |
| 11 ～ 20 | 2 | 0.04 |
| 21 ～ 30 | 3 | 0.06 |
| 31 ～ 40 | 4 | 0.08 |
| 41 ～ 50 | 10 | 0.20 |
| 51 ～ 60 | 14 | 0.28 |
| 61 ～ 70 | 13 | 0.26 |
| 71 ～ 80 | 3 | 0.06 |
| 81 ～ 90 | 1 | 0.02 |
| 91 ～ 100 | 0 | 0 |
| 計 | 50 | 1 |

**ヒストグラム**とは，度数分布を柱状のグラフにしたものである．とくに，ヒストグラムの柱の中点を順に結んで得られるグラフを**度数折れ線**という．

また，度数の総和が異なる二つの集合の度数分布を比較する場合は，度数を度数の総和で割り，全体に対する各階級の割合をあらわす相対度数を用いる方法がよく使われる．相対度数であらわした度数分布表を**相対度数分布表**という．表24.1に度数分布表と相対度数分布表を，図24.1にそのヒストグラムを示す．図24.1(a)には，度数折れ線も加えて表示した．図24.1(b)には，相対度数分布表のヒストグラム(縦軸は割合の単位 [%]) を表示した．

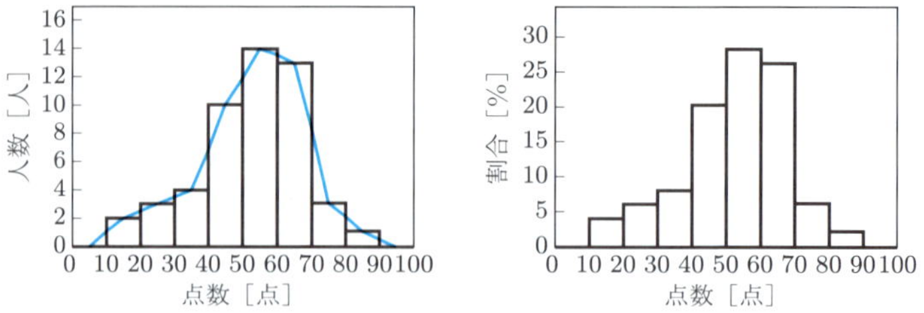


（a）度数分布表のヒストグラムおよび度数折れ線　（b）相対度数分布表のヒストグラム

**図 24.1**　ヒストグラム

## 24.2 データの代表値

一つの統計資料の値全体を代表させるものを代表値というが，代表値のなかでもっともよく用いられるのが，平均値である．平均値は値全体の和を資料の個数で割って得られ，単に平均ともよぶ．変量 $x$ が $N$ 個の値 $x_1, x_2, \cdots, x_N$ をとるとき，その平均値 $\overline{x}$ はつぎのようになる．

$$\overline{x} = \frac{1}{N}(x_1 + x_2 + \cdots + x_N) = \frac{1}{N}\sum_{k=1}^{N} x_k \tag{24.1}$$

**[例 24.1]**　変量 $x$ が 10 個の値 $\{4, 9, 7, 5, 10, 3, 9, 6, 4, 10\}$ のとき，その平均値 $\overline{x}$ は，つぎのようになる．

$$\overline{x} = \frac{1}{10}(4 + 9 + 7 + 5 + 10 + 3 + 9 + 6 + 4 + 10) = 6.7$$

## 24.3 分散と標準偏差

統計資料において，値の散らばり具合について考える．変量の値 $x_k$ から平均値 $\overline{x}$ を引いた差 $x_k - \overline{x}$ を偏差とよぶ．偏差の総和は 0 となり，散らばり具合を示す指標にならないので，偏差の二乗 $\left(x_k - \overline{x}\right)^2$ の平均を考える．

$$\sigma^2 = \frac{1}{N}\{(x_1 - \overline{x})^2 + (x_2 - \overline{x})^2 + \cdots + (x_N - \overline{x})^2\} = \frac{1}{N}\sum_{k=1}^{N}(x_k - \overline{x})^2 \tag{24.2}$$

この $\sigma^2$ を**分散**とよび，23.4 節で説明した確率分布から求めた分散 (式 (23.10)) と等価である．

この分散 $\sigma^2$ の正の平方根 $\sigma$ を**標準偏差**とよび (23.3 節で説明した式 (23.11) と等価)，資料の散らばり具合を計る目安として使われる．

$$\sigma = \sqrt{\frac{1}{N}\sum_{k=1}^{N}(x_k - \overline{x})^2} \tag{24.3}$$

なお，確率分布では総数に相当するものが $\sum_{k=1}^{n} p_k = 1$ になっている点に注意すること．

**【例題 24.1】** つぎのデータは，あるコンビニ店での 30 日分の 1 日の売り上げ高 [単位：万円] である．

| | | | | | | | |
|---|---|---|---|---|---|---|---|
| 48.50 | 37.60 | 59.00 | 42.50 | 35.65 | 41.25 | 59.50 | 26.35 |
| 43.60 | 44.50 | 48.86 | 53.10 | 28.90 | 32.25 | 22.50 | 56.32 |
| 38.95 | 54.35 | 46.01 | 49.80 | 45.89 | 37.40 | 65.60 | 57.80 |
| 41.10 | 46.70 | 36.40 | 57.20 | 39.50 | 30.54 | | |

(1)　階級の幅が 10 万円の度数分布表を作り，ヒストグラムを描け．
(2)　データの平均値を求めよ．
(3)　(1) で作成した度数分布表の階級値を使って平均値を求めよ．
(4)　分散と標準偏差を求めよ．

**【解】**

(1)　度数分布表は表 24.2 のように，ヒストグラムは図 24.2 のようになる．

**表 24.2**　度数分布表

| 階　級 | 度　数 |
|---|---|
| 10 ～ 20 万未満 | 0 |
| 20 ～ 30 万未満 | 3 |
| 30 ～ 40 万未満 | 8 |
| 40 ～ 50 万未満 | 11 |
| 50 ～ 60 万未満 | 7 |
| 60 ～ 70 万未満 | 1 |
| 計 | 30 |

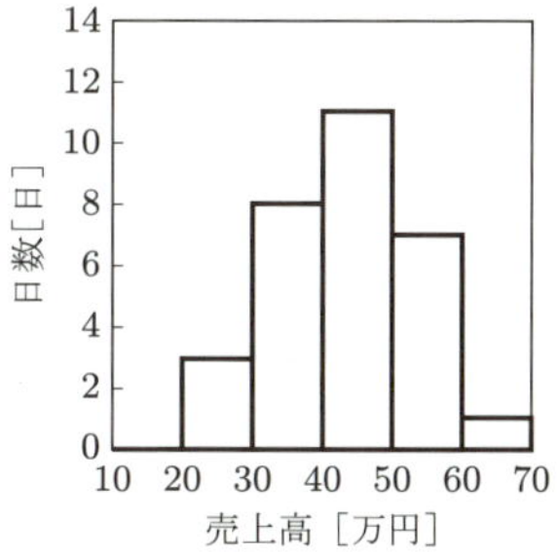


**図 24.2**　ヒストグラム

(2)　式 (24.1) より，平均値 $\overline{x} \fallingdotseq 44.25$ [万円]である．
(3)　度数分布表の階級値を使うと，25 万円が 3 回，35 万円が 8 回，45 万円が 11 回，55 万円が 7 回，65 円万が 1 回となるから，つぎのようになる．

$$\overline{x} = \frac{1}{30}(25 \times 3 + 35 \times 8 + 45 \times 11 + 55 \times 7 + 65 \times 1)$$

$$= \frac{1300}{30} = 43.333\cdots \fallingdotseq 43.33 \text{ [万円]}$$

(4) 分散と標準偏差はつぎのようになる.

$$\sigma^2 = \frac{1}{30}\left\{\left(25-\frac{130}{3}\right)^2 \times 3 + \left(35-\frac{130}{3}\right)^2 \times 8 + \left(45-\frac{130}{3}\right)^2 \times 11 + \left(5-\frac{130}{3}\right)^2 \times 7 + \left(65-\frac{130}{3}\right)^2 \times 1\right\}$$

$$= \frac{27150}{270} = 100.555\cdots \fallingdotseq 100.56 \text{ [万円]}$$

$$\sigma = \sqrt{100.555\cdots} = 10.0277\cdots \fallingdotseq 10.03 \text{ [万円]}$$

**【例題 24.2】** つぎの 2 種類の 5 個のデータの平均 $\overline{x}$, 分散 $\sigma^2$, 標準偏差 $\sigma$ を求めよ.

(1) 21, 32, 13, 45, 79　　(2) 37, 39, 38, 35, 41

**【解】**

(1) $\overline{x} = \dfrac{21+32+13+45+79}{5} = 38$

$$\sigma^2 = \frac{\{(21-38)^2+(32-38)^2+(13-38)^2+(45-38)^2+(79-38)^2\}}{5} = 536$$

$$\sigma = \sqrt{536} \fallingdotseq 23.15$$

(2) $\overline{x} = \dfrac{(37+39+38+35+41)}{5} = 38$

$$\sigma^2 = \frac{\{(37-38)^2+(39-38)^2+(38-38)^2+(35-38)^2+(41-38)^2\}}{5} = 4$$

$$\sigma = \sqrt{4} = 2$$

二つのデータは, 平均値は同じであるが, (2) と比較して (1) の方が分散や標準偏差が大きく, データの散らばり方が大きい.

## 24.4 正規分布

### 24.4.1 正規分布

実験における測定誤差の分布やヒストグラムは, 試料数を増やすと, 図 24.3 のような左右対称の山形の曲線に近づくことが知られている. この曲線は次式であらわされ, 正規分布曲線という.

$$y = \frac{1}{\sqrt{2\pi}\sigma} e^{-(x-m)^2/(2\sigma^2)} \qquad (24.4)$$

ここで，$m$ は平均，$\sigma^2$ は分散である．正規分布曲線は，つぎの性質をもっている．

① 直線 $x=m$ に関して対称で，$x$ 軸を漸近線としている．

② この曲線と $x$ 軸とではさまれた部分の面積は 1 である．

③ $\sigma$ が大きくなると，曲線の山が低くなり，横に広がる．

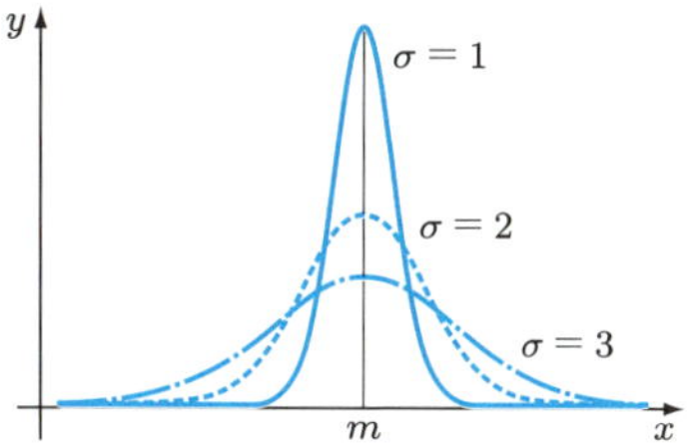


**図 24.3**　正規分布

確率変数 $X$ の分布曲線が式 (24.4) であらわされるとき，$X$ は正規分布 $N\ (m, \sigma^2)$ に従うという．

### 24.4.2　標準正規分布

正規分布 $N\ (0, 1)$ を標準正規分布といい，標準正規分布曲線の方程式は次式となる．

$$y = \frac{1}{\sqrt{2\pi}} e^{-x^2/2} \tag{24.5}$$

### 24.4.3　正規分布の標準化

正規分布 $N(m, \sigma^2)$ に従う確率変数 $X$ に対して，

$$Z = \frac{x - m}{\sigma}$$

で与えられる確率変数 $Z$ は標準正規分布 $N\ (0, 1)$ に従う．

標準正規分布は縦軸に対して対称であり，図 24.4 の灰色の部分の面積を $N(z)$ とおくと，

$$N(z) = P \quad (0 \leqq Z \leqq z)$$

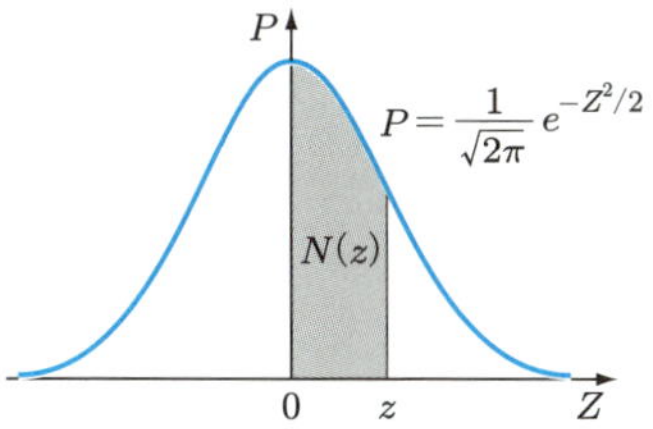


**図 24.4**　標準正規分布

**表 24.3**　正規分布表

| $z$ | $N(z)$ |
|---|---|
| 0.0 | 0.0000 |
| 0.5 | 0.1915 |
| 1.0 | 0.3413 |
| 1.5 | 0.4332 |
| 2.0 | 0.4772 |
| 2.5 | 0.4938 |
| 3.0 | 0.4987 |

であり，区間 $[0, z]$ の発生確率を意味する．$N(z)$ の値を表にしたものが正規分布表である．表 24.3 に，$z$ が 3.0 までの正規分布表の一部を示す．

**[例 24.2]** 確率変数 $Z$ が標準正規分布 $N\ (0, 1)$ に従うとき，表 24.3 の正規分布表から，つぎの各区間の発生確率は以下のように計算される．

$$P(0 \leqq Z \leqq 1.5) = N(1.5) = 0.4332$$

$$P(-1 \leqq Z \leqq 2) = P(0 \leqq Z \leqq 1) + P(0 \leqq Z \leqq 2) = N(1) + N(2)$$
$$= 0.3413 + 0.4772 = 0.8185$$

$$P(-2 \leqq Z \leqq -1) = P(0 \leqq Z \leqq 2) - P(0 \leqq Z \leqq 1) = N(2) - N(1)$$
$$= 0.4772 - 0.3413 = 0.1359$$

$$P(1.5 \leqq Z) = 0.5 - N(1.5) = 0.5 - 0.4332 = 0.0668$$

図 24.5 に示した灰色の部分の面積が各確率変数 $Z$ の範囲における発生確率をあらわす．

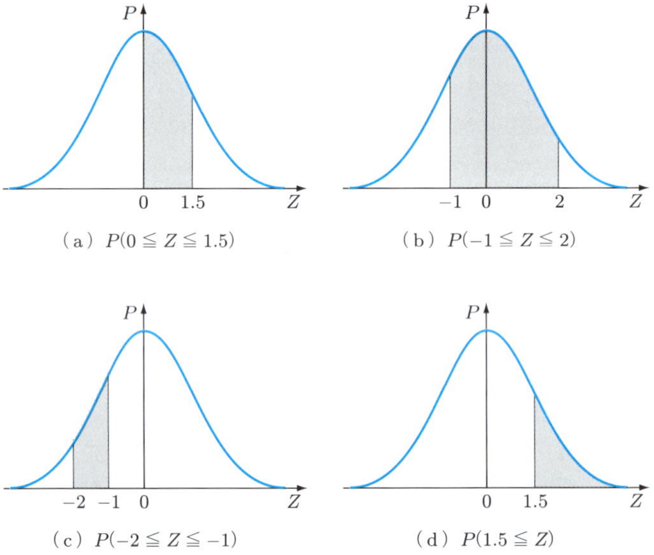


**図 24.5**　標準正規分布の面積 (各区間の発生確率)

**【例題 24.3】** 確率変数 $X$ が正規分布 $N(50, 10^2)$ に従うとき，表 24.3 の正規分布表を用いて，確率 $P(30 \leqq x \leqq 70)$ を求めよ．

**【解】**

$Z = (x-50)/10$ が標準正規分布 $N(0,1)$ に従うから，つぎのようになる．

$$P(30 \leqq x \leqq 70) = P\left(\frac{30-50}{10} \leqq Z \leqq \frac{70-50}{10}\right) = P(-2 \leqq Z \leqq 2)$$
$$= N(2) + N(2) = 0.4772 + 0.4772 = 0.9544$$

**【例題 24.4】** ある工場で大量に生産されている製品の重量の分布は，平均が 5.2 kg，標準偏差が 0.1 kg の正規分布であった．4.9〜5.5 kg の範囲の製品は検査で合格としている．生産された製品の合格の割合は何%かを，表 24.3 の正規分布表を用いて答えよ．

**【解】**

$Z = (x-5.2)/0.1$ が標準正規分 $N(0,1)$ に従うから，

$$P(4.9 \leqq x \leqq 5.5) = P\left(\frac{4.9-5.2}{0.1} \leqq Z \leqq \frac{5.5-5.2}{0.1}\right) = P(-3 \leqq Z \leqq 3)$$
$$= N(3) + N(3) = 0.4987 + 0.4987 = 0.9974$$

したがって，99.74%となる．

正規分布 $N(m, \sigma^2)$ に従う確率変数 $X$ については，平均値 $m$ を中心とした標準偏差の定数倍の範囲の発生確率はつぎのようになる．

$$P(m-\sigma \leqq x \leqq m+\sigma) = P(-1 \leqq Z \leqq 1) = N(1) + N(1) = 0.6826 \quad (24.6)$$

$$P(m-2\sigma \leqq x \leqq m+2\sigma) = P(-2 \leqq Z \leqq 2) = N(2) + N(2) = 0.9544 \quad (24.7)$$

$$P(m-3\sigma \leqq x \leqq m+3\sigma) = P(-3 \leqq Z \leqq 3) = N(3) + N(3) = 0.9974 \quad (24.8)$$

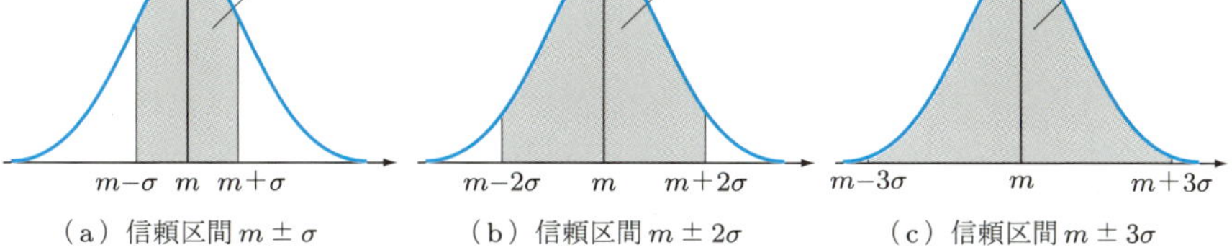


**図 24.6**　正規分布の各区間の発生確率

式 (24.6)～(24.8) のそれぞれの意味を図 24.6 に示す．

【例題 24.4】では，製品合格範囲がちょうど平均値 5.2 kg を中心として標準偏差 0.1 kg の 3 倍分の範囲であったため，式 (24.8) にそのままあてはまり，合格範囲 (信頼区間) は 99.74%となる．

PC(EXCEL) を使った演習

(1) つぎの 5 個のデータの平均 $x$，分散 $\sigma^2$，標準偏差 $\sigma$ を EXCEL を用いて求めよ．

$$\{27, 49, 18, 55, 61\}$$

(2) 【例題 24.1】のコンビニ店の 30 日分の 1 日の売り上げのデータについて，EXCEL を用いてヒストグラムを描け．

解答はホームページ http://www.morikita.co.jp/soft/73471/index.html 参照．

## 演習問題

**〈24.1〉** ある大学の[力学]の試験の 10 人の点数 [点] が下記の通りであった．この試験の平均値 $\overline{x}$，分散 $\sigma^2$，標準偏差 $\sigma$ を求めよ．

$$\{51,\ 48,\ 84,\ 51,\ 69,\ 59,\ 28,\ 65,\ 51,\ 54\}$$

**〈24.2〉** ある社員 9 人の月収[万円]が下記の通りであった．月収について，平均値 $\overline{x}$，分散 $\sigma^2$，標準偏差 $\sigma$ を求めよ．

$$\{24,\ 28,\ 22,\ 27,\ 27,\ 35,\ 20,\ 24,\ 27\}$$

**〈24.3〉** ある母集団から任意に抽出された大きさ 10 の標本が以下の通りであった．これらから，平均値と標準偏差を求めよ．

$$\{1,\ 5,\ 7,\ 9,\ 10,\ 11,\ 12,\ 12,\ 12,\ 21\}$$

**〈24.4〉** ある母集団から任意に抽出された大きさ 5 の標本が以下の通りであった．これらから，平均値と標準偏差を求めよ．

$$\{3.2,\ 4.8,\ 5.1,\ 5.3,\ 5.6\}$$

**〈24.5〉** 確率変数 $X$ が正規分布 $N(10, 5^2)$ に従うとき，表 24.3 の正規分布表を用いて，以下の確率を求めよ．

(1) $P(X \leqq 5)$　(2) $P(10 \leqq X \leqq 20)$

(3) $P(5 \leqq X \leqq 15)$　(4) $P(X \geqq 10)$

**〈24.6〉** 確率変数 $X$ が $N(2, (1/3)^2)$ に従うとき，表 24.3 の正規分布表を用いて，以下の問いに答えよ．

(1) 確率 $P(2 \leqq X \leqq 3)$ を求めよ．　(2) 確率 $P(X \geqq 2.5)$ を求めよ．

(3) $P(2 - x_0 \leqq X \leqq 2 + x_0) = 0.9544$ となる正数 $x_0$ を求めよ．

**〈24.7〉** ある学校の生徒 240 人の身長が，平均 162.5 [cm]，標準偏差 5.3 [cm] の正規分布に従うものとする．このとき，身長が 157.2〜167.8 [cm] にある生徒はおおよそ何人かを表 24.3 の正規分布表を用いて答えよ．

**〈24.8〉** ある地域の小学校高学年 10000 人の身長は，平均 141.4 [cm] の正規分布をなしている．このうち身長 143.7 [cm] 以上の生徒が 1587 人いるという．身長が 146.0 [cm] 以上の生徒はおおよそ何人かを表 24.3 の正規分布表を用いて答えよ．

# 演習問題解答

## 第1章　整式の計算

〈**1.1**〉 (1) $a^2+4ab+4b^2$　(2) $x^2-2x-15$　(3) $10x^2-3x-1$
(4) $x^2-9$　(5) $x^4-5x^2+4$　(6) $x^3+1$
(7) $x^3-8$　(8) $x^3+9x^2+27x+27$　(9) $8x^3-12x^2+6x-1$
(10) $x^3-3x^2y+2xy-6y^2$

〈**1.2**〉 (1) $(x-3)(x-4)$　(2) $(x+2)(x+4)$　(3) $(x-3)(x+2)$
(4) $(x-7)(x-2)$　(5) $x(x+3)(x+2)$　(6) $(2x-3)(x+1)$
(7) $(2x-1)(x+3)$　(8) $(4x-3y)(2x-5y)$　(9) $(3x+2y)(2x-3y)$
(10) $(x^2+1)(x+1)(x-1)$　(11) $(x-3)(x^2+3x+9)$
(12) $(x^2+2)(x^4-2x^2+4)$

〈**1.3**〉 (1) $2x^2+5x+6$，余り $-1$　(2) $2x^2-2$，余り 11
(3) $ax+a+b$，余り $a+b+c$　(4) $x^2+2xy-y^2$，余り $4y^3$
(5) $2x^2-x-7$，余り $-x+8$

〈**1.4**〉 (1) $F(-2)=-19$　(2) $F(3)=-17$　(3) $F(-1/2)=0$

〈**1.5**〉 (1) $(x+1)(x-1)(x+4)$　(2) $(x+1)(x+2)(x-3)$
(3) $(2x+1)^2(x-1)$　(4) $(x+1)(x+2)(x+3)$
(5) $(x-2)^2(x+3)$　(6) $(x+1)(x-1)(x^2+x+1)$
(7) $(x-1)^2(x^2+x+1)$　(8) $(x+2)(2x-1)^2$

## 第2章　数と式

〈**2.1**〉 (1) 2/9　(2) 9/20　(3) 2/3　(4) 50/501　(5) 5　(6) $R/3$
(7) $\dfrac{R_1R_2R_3}{R_2R_3+R_1R_3+R_1R_2}$　(8) 1/4　(9) $\dfrac{R_1+R_2}{R_1R_2+R_1R_3+R_2R_3}$

〈**2.2**〉 (1) $(\sqrt{6}-\sqrt{3})/3$　(2) $(2\sqrt{3}+\sqrt{7})/5$　(3) $(\sqrt{3}+\sqrt{5})(2\sqrt{2}+\sqrt{7})$
(4) $(\sqrt{3}-1)/2$　(5) $a\left(\sqrt{a^2+1}-\sqrt{a^2-1}\right)/2$　(6) $-4\sqrt{2}$

〈**2.3**〉 (1) $-5-j2$　(2) $3+j5$　(3) $-2$
(4) $-j3$　(5) $-2+j\sqrt{2}$　(6) $1/2+j\sqrt{3}/2$

〈**2.4**〉 (1) $3+j2$　(2) $-j9$　(3) $-7$　(4) $-1-j2$
(5) $7(1+j)/10$　(6) $(-1-j2\sqrt{3})/3$

〈**2.5**〉 (1) $-2+j16$　(2) $-4+j7$　(3) $8-j6$　(4) $7+j9$　(5) 5
(6) $1/2-j/2$　(7) $1/2+j/2$　(8) $-j2$　(9) $(8+j)/5$　(10) $(-3-j)/5$

〈**2.6**〉 (1) $1/2,\ -3$　(2) $(1 \pm \sqrt{10})/3$　(3) $-1 \pm j\sqrt{2}$　(4) $(-1 \pm \sqrt{33})/8$
(5) $-1/3$　(6) $3/2$

〈**2.7**〉 (1) $3 - 5/(x+1)$　(2) $1/2 + 3/\{2(2x-1)\}$　(3) $2x + 3 + 4/(x-1)$

〈**2.8**〉 (1) $R_{\mathrm{ab}} = (r_{\mathrm{V}} r_A + r_{\mathrm{A}} R + R r_{\mathrm{V}})/(r_{\mathrm{V}} + R)$
(2) $I = (r_{\mathrm{V}} + R)E/(r_{\mathrm{V}} r_{\mathrm{A}} + r_{\mathrm{A}} R + R r_{\mathrm{V}})$　(3) $V = R r_{\mathrm{V}} E/(r_{\mathrm{V}} r_{\mathrm{A}} + r_{\mathrm{A}} R + R r_{\mathrm{V}})$
(4) $R_{\mathrm{m}} = R r_{\mathrm{V}}/(R + r_{\mathrm{V}})$　(5) $V = 9.90$ [V], $I = 0.991$ [A], $R_{\mathrm{m}} = 9.99$ [Ω]

## 第3章　部分分数分解

〈**3.1**〉 (1) $A = 1,\ B = -1$　(2) $A = 3,\ B = -2$

〈**3.2**〉 (1) $\dfrac{1}{2(x+1)} + \dfrac{1}{2(x+3)}$　(2) $\dfrac{-1}{x-1} + \dfrac{1}{x-2}$　(3) $\dfrac{-1}{x+3} + \dfrac{2}{x-1}$
(4) $\dfrac{5}{x+2} - \dfrac{3}{x+3}$　(5) $\dfrac{1}{x+1} - \dfrac{1}{x+4}$　(6) $-\dfrac{1}{x+4} + \dfrac{1}{x+2}$

〈**3.3**〉 (1) $-\dfrac{1}{x+2} + \dfrac{2}{x+1}$　(2) $\dfrac{2}{x-4} + \dfrac{1}{x+2}$　(3) $\dfrac{1}{x-5} - \dfrac{1}{x+1}$
(4) $\dfrac{1}{x-4} - \dfrac{1}{x+1}$　(5) $\dfrac{1}{x-2} + \dfrac{2}{x-3}$　(6) $\dfrac{3}{x+3} - \dfrac{1}{x+2}$

〈**3.4**〉 (1) $A = -1,\ B = 1,\ C = 1$　(2) $A = -2,\ B = -1, C = 2$

〈**3.5**〉 (1) $\dfrac{1}{x} - \dfrac{x}{x^2+3}$　(2) $\dfrac{3}{2(x-1)} + \dfrac{-x+1}{2(x^2+1)}$　(3) $\dfrac{2}{x+2} + \dfrac{x-1}{x^2+2x-1}$
(4) $\dfrac{1}{x-1} - \dfrac{x+2}{x^2+x+1}$　(5) $\dfrac{1}{x-1} - \dfrac{1}{x+1} - \dfrac{2}{x^2+1}$　(6) $-\dfrac{3}{x+1} + \dfrac{x+2}{x^2-3x+1}$

〈**3.6**〉 (1) $\dfrac{1}{4x} + \dfrac{1}{2(x-2)^2} - \dfrac{1}{4(x-2)}$　(2) $-\dfrac{1}{x^2} + \dfrac{2}{x} - \dfrac{2}{x+1}$
(3) $\dfrac{2}{(x-1)^2} - \dfrac{1}{x-1} + \dfrac{1}{x+2}$　(4) $\dfrac{1}{(x+1)^2} - \dfrac{2}{x+1} + \dfrac{2}{x-1}$
(5) $\dfrac{1}{2x^2} + \dfrac{5}{4x} - \dfrac{2}{x-1} + \dfrac{3}{4(x-2)}$　(6) $\dfrac{2}{x+1} - \dfrac{3}{(x+2)^2} - \dfrac{1}{x+2}$

〈**3.7**〉 (1) $\dfrac{1}{x-2} + \dfrac{2}{4x-3}$　(2) $\dfrac{1}{x} + \dfrac{1}{x+2} - \dfrac{1}{x+3}$　(3) $-\dfrac{1}{x} + \dfrac{1}{x+1} + \dfrac{1}{x+2}$
(4) $\dfrac{-2}{3(x+1)} + \dfrac{2x-1}{3(x^2-x+1)}$　(5) $\dfrac{3}{2(x-1)} + \dfrac{-x+1}{2(x^2+1)}$
(6) $\dfrac{1}{x} - \dfrac{2}{x+1} + \dfrac{1}{x+2}$　(7) $\dfrac{1}{x^2} + \dfrac{1}{x} - \dfrac{x+1}{x^2+1}$
(8) $\dfrac{1}{x+1} + \dfrac{2}{3(x-1)} - \dfrac{5}{3(x+2)}$
(9) $\dfrac{1}{100}\left\{\dfrac{25}{x-2} - \dfrac{1}{x+2} + \dfrac{20}{(x-3)^2} - \dfrac{24}{x-3}\right\}$

## 第4章　関数と平面図形

**⟨4.1⟩** (1) $-\infty < x < \infty$ $(x \neq 0)$, $-\infty < y < \infty$ $(y \neq 0)$

(2) $0 < x < \infty$, $-\infty < y < \infty$

(3) $-\infty < x < \infty$, $-5 \leqq y \leqq 5$

(4) $x \leqq -2$ あるいは $2 \leqq x$, $0 \leqq y$

(5) $-1 \leqq x \leqq 1$, $0 \leqq y \leqq 1$

(6) $-\infty < x < \infty$ $(x \neq -2)$, $-\infty < y < \infty$ $(y \neq -1)$

(7) $-\infty < x < \infty$, $-31/4 \leqq y$

(8) $-\infty < x < \infty$, $y \leqq 73/8$

**⟨4.2⟩** (1) $y = \dfrac{6}{5}x + \dfrac{23}{5}$　(2) $y = -4x + 2$　(3) $y = \dfrac{2}{3}x + \dfrac{13}{3}$　(4) $y = -\dfrac{5}{4}x - \dfrac{1}{40}$

**⟨4.3⟩** (1) $y = -2$ を通り，$x$ 軸と平行な直線.

(2) $x = 3$ を通り，$y$ 軸と平行な直線.

(3) $y = 3x/2 - 3$，$(0,\ -3)$ と $(2,\ 0)$ を通る直線.

(4) $y = -3x/4 + 3$，$(0,\ 3)$ と $(4,\ 0)$ を通る直線.

(5) $y = x^2/2 - 1$，頂点が $(0,\ -1)$ で下に凸の放物線．$x$ 軸と $\pm\sqrt{2}$ で交わる.

(6) $y = -2x^2 + 6$，頂点が $(0,\ 6)$ で上に凸の放物線．$x$ 軸と $\pm\sqrt{3}$ で交わる.

**⟨4.4⟩** (1) $y = 2(x-1)^2 + 1$，頂点が $(1,\ 1)$ で下に凸の放物線．$x = 0$ のとき $y = 3$.

(2) $y = -(x-1)^2/2 + 11/2$，頂点が $(1,\ 11/2)$ で，上に凸の放物線．$x = 0$ のとき $y = 5$.

(3) $(x+1)^2 + (y-1)^2 = 4$，中心が $(-1,\ 1)$ で，半径 2 の円.

(4) $(x-2)^2 + (y-1)^2 = 9$，中心が $(2,\ 1)$ で，半径 3 の円.

(5) $x^2/4 + y^2/9 = 1$，$x$ 軸と $\pm 2$，$y$ 軸と $\pm 3$ で交わる楕円.

(6) $\dfrac{x^2}{1/4} + \dfrac{y^2}{4/9} = 1$，$x$ 軸と $\pm\dfrac{1}{2}$，$y$ 軸と $\pm\dfrac{2}{3}$ で交わる楕円.

**⟨4.5⟩** (1) $y = 2x/3$，原点を通る傾き $2/3$ の直線.

(2) $y = 2x^2 + 1$，頂点が $(0,\ 1)$ で下に凸の放物線．$x = \pm 2$ のとき $y = 9$.

(3) $(x+1)^2 + y^2 = 1$，中心が $(-1,\ 0)$．半径 1 の円.

**⟨4.6⟩** (1) $x^2/4 + 4y^2 = 1$，$x^2/2^2 + y^2/(1/2)^2 = 1$ より $x$ 軸と $\pm 2$．$y$ 軸と $\pm 1/2$ で交わる楕円.

(2) $(x+2)^2/4 + (y-1)^2/9 = 1$，$x$ 軸と $\pm 2$，$y$ 軸と $\pm 3$ で交わる楕円を $x$ 方向に $-2$，$y$ 方向に $+1$ 平行移動させた楕円.

(3) $(x-1)^2/18 + (y-2)^2/8 = 2$，$(x-1)^2/36 + (y-2)^2/16 = 1$ より，$x$ 軸と $\pm 6$，$y$ 軸と $\pm 4$ で交わる楕円を $x$ 方向に $+1$，$y$ 方向に $+2$ 平行移動させた楕円.

**⟨4.7⟩** (1) $(x+1)^2 + (y-2)^2 = 4$，中心が $(-1,\ 2)$ で，半径 2 の円.

(2) $(x-1)^2 + (y-2)^2 = 5$，中心が $(1,\ 2)$ で，半径 $\sqrt{5}$ の円.

(3) $y = -(x+2)^2 - 1$，頂点が $(-2,\ -1)$ で上に凸の放物線.

(4) $(x-2)^2/2^2 + (y-1)^2/3^2 = 1$，$x$ 軸と $\pm 2$，$y$ 軸と $\pm 3$ で交わる楕円を $x$ 方向に $+2$，$y$ 方向に $+1$ 移動させた楕円.

(5) $x^2/9 + (y-1)^2/4 = 1$，$x$ 軸と $\pm 3$，$y$ 軸と $\pm 2$ で交わる楕円を $y$ 方向に $+1$ 平行移

動させた楕円.

(6) $(x-1)^2/2^2+y^2=1$, $x$ 軸と $\pm 2$, $y$ 軸と $\pm 1$ で交わる楕円を $x$ 方向に $+1$ 平行移動させた楕円.

**〈4.8〉** (1) $x^2+y^2=4^2$, 原点を中心とし, 半径 4 の円. $t=0$ のときの座標は (0, 4), 右回り.

## 第 5 章　三角関数 (その 1)

**〈5.1〉** (1) $\pi/4$　(2) $\pi/6$　(3) $\pi/3$　(4) $\pi/2$　(5) $2\pi/3$　(6) $5\pi/6$
(7) $5\pi/4$　(8) $210^\circ$　(9) $-135^\circ$　(10) $75^\circ$　(11) $-80^\circ$　(12) $540^\circ$

**〈5.2〉** (1) 1　(2) $\sqrt{2}/2$　(3) $\sqrt{2}/2$　(4) $\sqrt{2}/2$　(5) $-\sqrt{2}/2$　(6) $1/2$　(7) $-1/2$
(8) $-\sqrt{3}/2$　(9) $-1/2$　(10) $-\sqrt{3}$　(11) $-\sqrt{3}/3$　(12) $-1$　(13) $1/2$
(14) $\sqrt{3}/2$　(15) $\sqrt{3}/3$　(16) $\sqrt{2}/2$　(17) $-\sqrt{2}/2$　(18) $-1$　(19) $\sqrt{3}$
(20) 0

**〈5.3〉** (1) $\sqrt{2}/2$　(2) $\sqrt{3}/2$　(3) $-\sqrt{3}/3$　(4) $-1/2$　(5) $-1/2$　(6) 1
(7) $(\sqrt{2}/4)(\sqrt{3}-1)$　(8) $(\sqrt{2}/4)(1-\sqrt{3})$　(9) $-2-\sqrt{3}$

**〈5.4〉** (1) 第 1 象限, $\theta=\pi/6$　(2) 第 2 象限, $\theta=5\pi/6$
(3) 第 4 象限, $\theta=-\pi/4$　(4) 第 3 象限, $\theta=-2\pi/3$

**〈5.5〉** (1) $\cos\theta=4/5$　(2) $\tan\theta=3/4$　(3) $\cos(\theta/2)=3\sqrt{10}/10$
(4) $\sin 2\theta=24/25$　(5) $\cos 2\theta=7/25$

**〈5.6〉** (1) $\sqrt{3}\cos\theta$　(2) $-\sin\theta$　(3) 1　(4) $\tan\theta$

**〈5.7〉** $p=ie=IE\sin\omega t\sin(\omega t-\phi)=-(IE/2)\{\cos(2\omega t-\phi)-\cos\phi\}$
$=(1/2)IE\{\cos\phi-\sin(2\omega t+\pi/2-\phi)\}$

**〈5.8〉**
$$\begin{aligned}v_{\mathrm{am}}&=(V_{\mathrm{s}}+V_{\mathrm{cm}})\sin 2\pi f_{\mathrm{c}}t\\&=(V_{\mathrm{sm}}\cos 2\pi f_{\mathrm{s}}t+V_{\mathrm{cm}})\sin 2\pi f_{\mathrm{c}}t\\&=V_{\mathrm{sm}}\sin 2\pi f_{\mathrm{c}}t\cdot\cos 2\pi f_{\mathrm{s}}t+V_{\mathrm{cm}}\sin 2\pi f_{\mathrm{c}}t\\&=V_{\mathrm{cm}}\sin 2\pi f_{\mathrm{c}}t+(V_{\mathrm{sm}}/2)\sin 2\pi(f_{\mathrm{c}}-f_{\mathrm{s}})t+(V_{\mathrm{sm}}/2)\sin 2\pi(f_{\mathrm{c}}+f_{\mathrm{s}})t\end{aligned}$$

## 第 6 章　三角関数 (その 2)

**〈6.1〉** (1) $\pi/4$　(2) $\pi/6$　(3) $\pi/3$　(4) $-\pi/3$　(5) $2\pi/3$　(6) $-\pi/6$　(7) $\pi/2$
(8) $\pi$　(9) $-\pi/4$

**〈6.2〉** (1) 最大値 = 3 [V], 角周波数 $\omega=100$ [rad/s], 周期 $T=\pi/50$ [s], 初期位相角 $\phi=\pi/2$ [rad]
(2) 最大値 = 2 [A], 角周波数 $\omega=1$ [rad/s], 周期 $T=2\pi$ [s], 初期位相角 $\phi=-\pi/4$ [rad]

**〈6.3〉** (1) $\sin\omega t+\cos\omega t$　(2) $(1/4)\sin\omega t-(\sqrt{3}/4)\cos\omega t$
(3) $-(3/2)\sin\omega t+(\sqrt{3}/2)\cos\omega t$　(4) $\sqrt{2}\sin\omega t-\sqrt{2}\cos\omega t$
(5) $-\sin\omega t+\sqrt{3}\cos\omega t$　(6) $(3\sqrt{3}/2)\sin\omega t-(3/2)\cos\omega t$

(7) $-\sin\omega t+\{(1-\sqrt{3})/2\}\cos\omega t$　(8) $(\sqrt{3}+3/2)\sin\omega t+(1-3\sqrt{3}/2)\cos\omega t$

**〈6.4〉** (1) 第 1 象限 $\theta=\pi/6$　(2) 第 2 象限 $\theta=2\pi/3$　(3) 第 4 象限 $\theta=-\pi/4$

**〈6.5〉** (1) $2\sin(\omega t+\pi/2)$　(2) $2\sin(\omega t+\pi/6)$　(3) $2\sin(\omega t-\pi/6)$
(4) $2\sin(\omega t-5\pi/6)$　(5) $\sqrt{2}\sin(\omega t-\pi/4)$　(6) $2\sqrt{2}\sin(\omega t+3\pi/4)$
(7) $\sqrt{3}\sin(\omega t+5\pi/6)$　(8) $\sin(\omega t+\pi/3)$　(9) $2\sin(\omega t-5\pi/6)$
(10) $2\sin(\omega t+2\pi/3)$

**〈6.6〉**

(1)

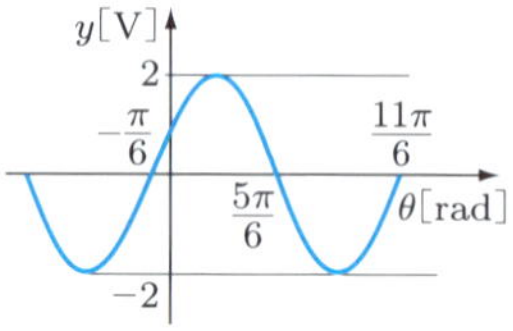


**図 a.1**　(1) の解答波形

(2)

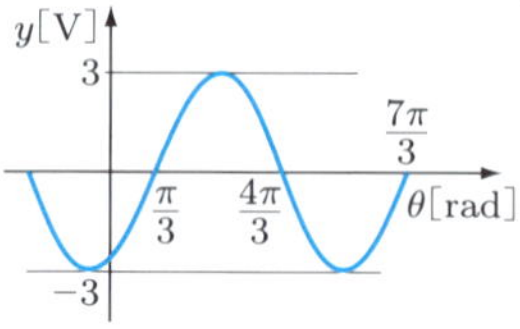


**図 a.2**　(2) の解答波形

(3)

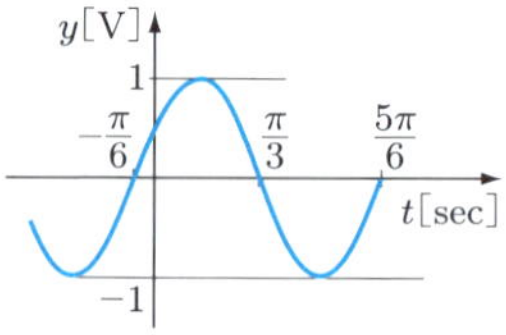


**図 a.3**　(3) の解答波形

**〈6.7〉** (1) $i_R(t)=2\sin 100t$ [A],　$i_C(t)=2\cos 100t$ [A]

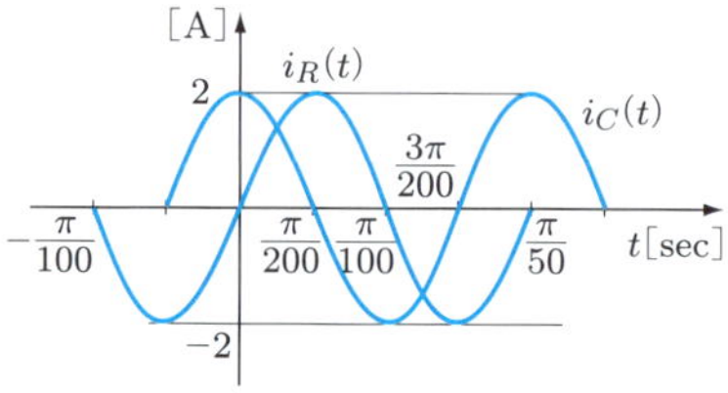


**図 a.4**　$i_R(t)$ と $i_C(t)$ の波形

(2) $i(t)=i_R(t)+i_C(t)=2\sqrt{2}\sin(100t+\pi/4)$

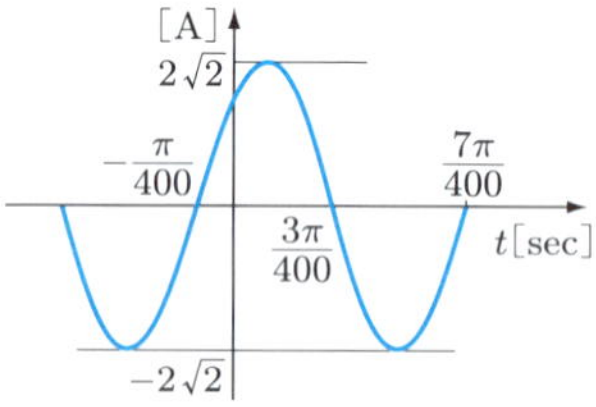


**図 a.5**　$i(t)$ の波形

## 第 7 章　指数関数と対数関数

**〈7.1〉** (1) $a^2$　(2) $a^4$　(3) $a^2$　(4) $a^{5/4}$　(5) 24　(6) $2^{15/4}$　(7) $a^{-1/3}b^{-7/6}c^{7/6}$
(8) $6\times 10^4$　(9) $(1/2)\times 10^{-7}$　(10) $(\sqrt{5}/4)\times 10^3$

**〈7.2〉** (1) $\dfrac{3\times 10^3}{3\times 10^8}=1\times 10^{-5}$ [s]　(2) $\dfrac{1.5\times 10^8\times 10^3}{3.0\times 10^8}=0.5\times 10^3=500$ [s]

**〈7.3〉** (1) 1　(2) 0　(3) 2　(4) −1　(5) 1　(6) 1　(7) 3

〈7.4〉 (1) $-2$　(2) $5/2$　(3) $9$　(4) $-1/125$　(5) $2$　(6) $4$　(7) $e^2-1$　(8) $1,\ e^3$

〈7.5〉 (1) $a+b$　(2) $3a+b$　(3) $a-b$　(4) $a+b+1$　(5) $2a+b+1$　(6) $1-a$
(7) $b-a-1$　(8) $(a+2b+1)/a$　(9) $b/a$

〈7.6〉 (1) 20 [dB]　(2) 16 [dB]　(3) $-6$ [dB]　(4) 0 [dB]
(5) 17 [dB]　(6) 24.4 [dB]　(7) $-20$ [dB]　(8) $-3$ [dB]

〈7.7〉 (1) 46 [dB]　(2) 38 [dB]　(3) 54 [dB]　(4) $-35.6$ [dB]
(5) $-34$ [dB]　(6) $-3$ [dB]　(7) 60 [dB]　(8) 80 [dB]

〈7.8〉 (1) 11.8 [dB]　(2) 14 [dB]　(3) 43.6 [dB]　(4) 0.5 [W]　(5) 0.5 [W]
(6) 300 [W]　(7) 1 [W]　(8) 13 [dB]　(9) 0.3 [mV] 以下

〈7.9〉 (1) $\omega_0 = 1\times 10^7$ [rad/s]

(2) $$X = \omega L - \frac{1}{\omega C} = \frac{\omega^2 LC - 1}{\omega C} = \frac{(\omega^2/{\omega_0}^2)-1}{\omega C} = \frac{1}{\omega_0 C}\left(\frac{\omega}{\omega_0} - \frac{\omega_0}{\omega}\right)$$
$$= 10^3(\omega/\omega_0 - \omega_0/\omega)$$

(3) $$Z = \sqrt{R^2+X^2} = \sqrt{R^2 + 10^6\left(\frac{\omega}{\omega_0} - \frac{\omega_0}{\omega}\right)^2} = \sqrt{4\times 10^6 + 10^6\left(\frac{\omega^2}{{\omega_0}^2} - 2 + \frac{{\omega_0}^2}{\omega^2}\right)}$$
$$= \sqrt{10^6\left(\frac{\omega^2}{{\omega_0}^2} + 2 + \frac{{\omega_0}^2}{\omega^2}\right)} = \sqrt{10^6\left(\frac{\omega}{\omega_0} + \frac{\omega_0}{\omega}\right)^2} = 10^3\left(\frac{\omega}{\omega_0} + \frac{\omega_0}{\omega}\right)$$

## 第8章　複素数

〈8.1〉 $\overline{A} = 1 + j\sqrt{3}$,　$\overline{B} = \sqrt{3} - j$
$\overline{C} = -1 - j$

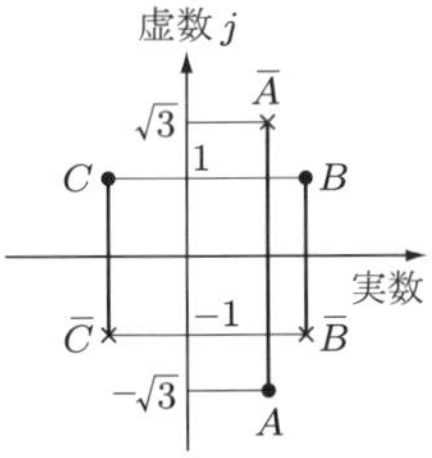


**図 a.6**　複素平面図

〈8.2〉 (1) $j6,\ 6$　(2) $1+j,\ \sqrt{2}$　(3) $-\dfrac{1}{4} - j\dfrac{11}{6},\ \dfrac{\sqrt{493}}{12}$
(4) $8e^{j\pi},\ 8$　(5) $2e^{-j\pi/3},\ 2$　(6) $\dfrac{3}{8}e^{j(2/3)\pi},\ \dfrac{3}{8}$

〈8.3〉 (1) $|R + j\omega L| = 100\sqrt{2}$ [Ω]　(2) $\left|\dfrac{1}{R} + j\omega C\right| = \sqrt{5}\times 10^{-2}$ [S]

〈8.4〉 $f = 1/(2\pi\sqrt{LC})$ [Hz]

〈8.5〉 (1) $1+j\sqrt{3}$　(2) $1/\sqrt{2} + j/\sqrt{2}$　(3) $-1+j$
(4) $-1$　(5) $1-j\sqrt{3}$　(6) $j5$
(7) $-\sqrt{3}/2 - j3/2$　(8) $3$　(9) $-\sqrt{3}/2 + j3/2$

**〈8.6〉** (1) $1-j$　(2) $-1+j\sqrt{3}$　(3) $3\sqrt{3}/2+j3/2$
(4) $1/2-j\sqrt{3}/2$　(5) $j2$　(6) $-3/2-j\sqrt{3}/2$

**〈8.7〉** (1) $2e^{j\pi/3}$, $2\angle 60^\circ$　(2) $5e^{-j\pi}$, $5\angle-180^\circ$　(3) $e^{j\pi/2}$, $1\angle 90^\circ$
(4) $2e^{j(2/3)\pi}$, $2\angle 120^\circ$　(5) $2e^{j\pi/2}$, $2\angle 90^\circ$　(6) $6\sqrt{3}e^{j\pi/3}$, $6\sqrt{3}\angle 60^\circ$
(7) $2e^{j(3/4)\pi}$, $2\angle 135^\circ$　(8) $\sqrt{2}e^{-j\pi/4}$, $\sqrt{2}\angle-45^\circ$　(9) $e^{-j(2/3)\pi}$, $1\angle-120^\circ$

**〈8.8〉** (1) $e^{-j\pi/2}$, $1\angle-90^\circ$, $-j$　(2) $e^{j\pi/6}/2$, $(1/2)\angle 30^\circ$, $\sqrt{3}/4+j/4$
(3) $e^{-j(2\pi/3)}/2$, $(1/2)\angle-120^\circ$, $-1/4-j\sqrt{3}/4$
(4) $e^{j(3/4)\pi}/(2\sqrt{2})$, $(1/2\sqrt{2})\angle 135^\circ$, $-1/4+j/4$
(5) $2\sqrt{3}e^{j\pi/2}$, $2\sqrt{3}\angle 90^\circ$, $j2\sqrt{3}$　(6) $e^{-j(2/3)\pi}/2$, $(1/2)\angle-120^\circ$, $-1/4-j\sqrt{3}/4$
(7) $e^{j\pi/6}/2$, $(1/2)\angle 30^\circ$, $\sqrt{3}/4+j/4$

**〈8.9〉**

**表 a.1**

| | 極表示 $re^{j\theta}$ | 極表示 $r\angle\theta$ | 直交表示 |
|---|---|---|---|
| $A$ | $2e^{j(2/3)\pi}$ | (a) $2\angle 120^\circ$ | (b) $-1+j\sqrt{3}$ |
| $B$ | (c) $\sqrt{2}\,e^{-j\pi/6}$ | $\sqrt{2}\angle-30^\circ$ | (d) $\dfrac{\sqrt{6}}{2}-j\dfrac{\sqrt{2}}{2}$ |
| $\overline{A}$ | (e) $2e^{-j(2/3)\pi}$ | (f) $2\angle-120^\circ$ | (g) $-1-j\sqrt{3}$ |
| $\overline{B}$ | (h) $\sqrt{2}\,e^{j\pi/6}$ | (i) $\sqrt{2}\angle 30^\circ$ | (j) $\dfrac{\sqrt{6}}{2}+j\dfrac{\sqrt{2}}{2}$ |

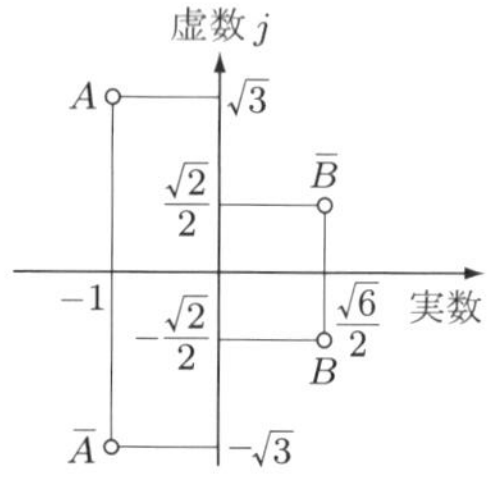


**図 a.7**　複素平面

**〈8.10〉** (1) $1/8+j\sqrt{3}/8$　(2) $\sqrt{6}/2+j\sqrt{6}/2$　(3) $\sqrt{6}/2-j\sqrt{2}/2$
(4) $(\sqrt{2})^n e^{-j(n/4)\pi}$　(5) $e^{-j(n/4)\pi}$　(6) $e^{-j(2n/3)\pi}$

## 第 9 章　行列と行列式

**〈9.1〉** (1) $\begin{pmatrix} 1 & -2 \\ 5 & -2 \end{pmatrix}$　(2) $\begin{pmatrix} -3 & 6 \\ 3 & 4 \end{pmatrix}$　(3) $\begin{pmatrix} 4 & -8 \\ 11 & -7 \end{pmatrix}$

(4) $\begin{pmatrix} -7 & 14 \\ 10 & 9 \end{pmatrix}$　(5) $\begin{pmatrix} 5/2 & -5 \\ 7/2 & -4 \end{pmatrix}$　(6) $\begin{pmatrix} 13/6 & -13/3 \\ -23/12 & -35/12 \end{pmatrix}$

(7) $\begin{pmatrix} 0 & -2 \\ 9 & -19 \end{pmatrix}$　(8) $\begin{pmatrix} -18 & 0 \\ -13 & -1 \end{pmatrix}$　(9) $\begin{pmatrix} 0 & 2 \\ -9 & 19 \end{pmatrix}$

(10) $\begin{pmatrix} 0 & -12 \\ 54 & -114 \end{pmatrix}$　(11) $\begin{pmatrix} 9 & 0 \\ 0 & 9 \end{pmatrix}$　(12) $\begin{pmatrix} 0 & 4 \\ -1 & 5 \end{pmatrix}$

(13) $\begin{pmatrix} 9 & -4 \\ 1 & 4 \end{pmatrix}$　(14) $\begin{pmatrix} -9 & -2 \\ -21 & 22 \end{pmatrix}$　(15) $\begin{pmatrix} 27 & -6 \\ 23 & -14 \end{pmatrix}$

**〈9.2〉** (1) $\begin{pmatrix} 0 & 10 \\ 3 & 13 \end{pmatrix}$　(2) $\begin{pmatrix} 17 & -9 & 17 \\ 17 & -2 & 0 \\ 7 & 0 & -2 \end{pmatrix}$　(3) $\begin{pmatrix} 11 & 1 & -11 \\ -1 & -9 & 8 \\ -2 & 24 & -17 \\ 12 & -18 & 3 \end{pmatrix}$

(4) $\begin{pmatrix} 21 & -5 \\ 17 & 1 \end{pmatrix}$　(5) $\begin{pmatrix} 1 & 3a \\ 0 & 1 \end{pmatrix}$　(6) $\begin{pmatrix} 1 & 0 & 0 \\ 0 & 1 & 0 \\ 0 & 0 & 1 \end{pmatrix}$

(7) $\begin{pmatrix} \cos 2\theta & \sin 2\theta \\ -\sin 2\theta & \cos 2\theta \end{pmatrix}$　(8) $\begin{pmatrix} 1 & 0 \\ 0 & 1 \end{pmatrix}$

**⟨9.3⟩** (1) $\begin{pmatrix} -11 & 5 \\ 3 & 5 \end{pmatrix}$　(2) $\begin{pmatrix} -5 & 13 \\ 5 & 1 \end{pmatrix}$

**⟨9.4⟩** (1) $\begin{pmatrix} 0 & j \\ j & 0 \end{pmatrix}$　(2) $\begin{pmatrix} 2+1/\sqrt{2}+j & j(1+1/\sqrt{2}) \\ -1+j(1+1/\sqrt{2}) & 1+1/\sqrt{2} \end{pmatrix}$

(3) $\dfrac{1}{\sqrt{2}}\begin{pmatrix} 1 & j2 \\ -2+j3 & 0 \end{pmatrix}$　(4) $\dfrac{1}{\sqrt{2}}\begin{pmatrix} 1+j & -1+j3 \\ -1+j2 & -j \end{pmatrix}$

**⟨9.5⟩** (1) $\begin{pmatrix} 1 & 2Z \\ 0 & 1 \end{pmatrix}$　(2) $\begin{pmatrix} 1+ZY & Z \\ Y & 1 \end{pmatrix}$　(3) $\begin{pmatrix} 1+ZY/2 & Z+Z^2Y/4 \\ Y & 1+ZY/2 \end{pmatrix}$

(4) $\begin{pmatrix} 1+ZY/2 & Z \\ Y+ZY^2/4 & 1+ZY/2 \end{pmatrix}$

**⟨9.6⟩** (1) $-\dfrac{1}{9}\begin{pmatrix} 1 & -2 \\ -4 & -1 \end{pmatrix}$　(2) $-\dfrac{1}{2}\begin{pmatrix} -3 & 4 \\ -1 & 2 \end{pmatrix}$　(3) $\begin{pmatrix} \cos\theta & \sin\theta \\ -\sin\theta & \cos\theta \end{pmatrix}$

(4) $\begin{pmatrix} 1 & -j \\ -1+j & 2+j \end{pmatrix}$

**⟨9.7⟩** (1) $-4$　(2) 1　(3) 1　(4) 0　(5) 1　(6) $1-2a^2+a^4$　(7) $-1$
(8) $-9$　(9) $-20$　(10) $3abc-a^3-b^3-c^3$

**⟨9.8⟩** (1) $1\times\begin{vmatrix} 5 & 6 \\ 8 & 9 \end{vmatrix} - 2\times\begin{vmatrix} 4 & 6 \\ 7 & 9 \end{vmatrix} + 3\times\begin{vmatrix} 4 & 5 \\ 7 & 8 \end{vmatrix} = 0$

(2) $\begin{vmatrix} 1 & a^2 \\ a & 1 \end{vmatrix} - a\times\begin{vmatrix} a & a \\ a^2 & 1 \end{vmatrix} + a^2\times\begin{vmatrix} a & 1 \\ a^2 & a \end{vmatrix} = 1-2a^2+a^4$

(3) $5\times\begin{vmatrix} 1 & 2 & 5 \\ 0 & 1 & 3 \\ 2 & -1 & 2 \end{vmatrix} -0+0-4\times\begin{vmatrix} 0 & 1 & 2 \\ -2 & 0 & 1 \\ 6 & 2 & -1 \end{vmatrix} = 5(2+12-10+3)-4(6-8-2) = 51$

**⟨9.9⟩** (1) $-2\times\begin{vmatrix} 4 & 6 \\ 7 & 9 \end{vmatrix} + 5\times\begin{vmatrix} 1 & 3 \\ 7 & 9 \end{vmatrix} - 8\times\begin{vmatrix} 1 & 3 \\ 4 & 6 \end{vmatrix} = 0$

(2) $-a\times\begin{vmatrix} a & a \\ a^2 & 1 \end{vmatrix} + \begin{vmatrix} 1 & a^2 \\ a^2 & 1 \end{vmatrix} - a\times\begin{vmatrix} 1 & a^2 \\ a & a \end{vmatrix} = 1-2a^2+a^4$

(3) $-0+1\times\begin{vmatrix} 5 & 0 & 4 \\ -2 & 1 & 3 \\ 6 & -1 & 2 \end{vmatrix} -0+2\times\begin{vmatrix} 5 & 0 & 4 \\ 0 & 2 & 5 \\ -2 & 1 & 3 \end{vmatrix} = 10+8-24+15+2(30+16-25) = 51$

## 第 10 章　連立方程式

**〈10.1〉** (1) $x = 2,\ y = 5$　(2) $x = 9,\ y = -1$　(3) $x = -1,\ y = 2$
(4) $x = 3,\ y = -2$　(5) $x = 4,\ y = 2,\ z = 1$　(6) $x = -5,\ y = 2,\ z = 3$

**〈10.2〉** (1) $x = -2,\ y = 1$　(2) $x = 9,\ y = -1$

**〈10.3〉** (1) $\begin{pmatrix} -2 & 1 & 1 \\ 4 & -1 & -2 \\ 3 & -1 & -1 \end{pmatrix}$　(2) $-\dfrac{1}{9}\begin{pmatrix} -8 & -1 & 10 \\ -1 & 1 & -1 \\ 11 & -2 & -16 \end{pmatrix}$

**〈10.4〉** (1)$x = 5,\ y = 3,\ z = -3$　(2)$x = -2,\ y = 3,\ z = 4$

**〈10.5〉** (1) $x = 2,\ y = 4,\ z = 5$　(2) $x = -3,\ y = 2,\ z = 1$　(3) $x = 1,\ y = 2,\ z = 3$
(4) $x = 1,\ y = 2,\ z = -1$　(5) $x = 2,\ y = -1,\ z = -2$

**〈10.6〉** (1) $x = -2,\ y = 1$　(2) $x = 9,\ y = -1$　(3) $x = 2,\ y = 4,\ z = 5$
(4) $x = 1,\ y = 2,\ z = 3$　(5) $x = -1,\ y = 1,\ z = 3$

**〈10.7〉** (1) $x = 2,\ y = 4,\ z = 5$　(2) $x = -3,\ y = 2,\ z = 1$　(3) $x = 1,\ y = 2,\ z = 3$
(4) $x = 1,\ y = 2,\ z = -1$　(5) $x = 2,\ y = -1,\ z = -2$

**〈10.8〉** $I_1 = 42/17$ [A], $I_2 = 20/17$ [A], $I_3 = 8/17$ [A]

## 第 11 章　関数の極限

**〈11.1〉** (1) $-1$　(2) $1/2$　(3) $1$　(4) $0$　(5) $1/3$　(6) $2/5$　(7) $1/2$　(8) $1/2$
(9) $5$　(10) $2$　(11) $-1/9$　(12) $6$　(13) $1/4$　(14) $1/2$　(15) $1$
(16) $0$

**〈11.2〉** (1) $R_2$　(2) $E$　(3) $0$　(4) $E/R$

**〈11.3〉** (1) $3$　(2) $2/3$　(3) $0$　(4) $1$

**〈11.4〉** この関数は $x > 1$ でも $x < 1$ でも連続である．$x = 1$ では，$\lim_{x \to 1} f(x) = 2,\ f(1) = 0$ である．したがって，$f(x)$ は $x = 1$ では連続ではない．

**〈11.5〉** $x$ は実数なので，その定義域は $x \geqq 0$ である．よって，$\lim_{x \to 0} \sqrt{x} = \lim_{x \to +0} \sqrt{x} = 0$ である．したがって，$f(x)$ は定義域ではすべて連続である．

**〈11.6〉** $\lim_{x \to -1} f(x) = \lim_{x \to -1} (2x^2 + 1) = 3$，$\lim_{x \to +1} f(x) = \lim_{x \to +1} 3x^3 = 3$ より，$\lim_{x \to -1} f(x) = \lim_{x \to +1} f(x)$ であるので，極限値 $\lim_{x \to 1} f(x) = 3$ は存在する．

**〈11.7〉** $\lim_{x \to -0} f(x) = \lim_{x \to -0} (x + 1) = 1$，$\lim_{x \to +0} f(x) = \lim_{x \to +0} x = 0$ である．一方，$f(0) = 1/2$，$\lim_{x \to -0} f(x) \neq \lim_{x \to +0} f(x)$ であるので，極限値 $\lim_{x \to 0} f(x)$ は存在しない．

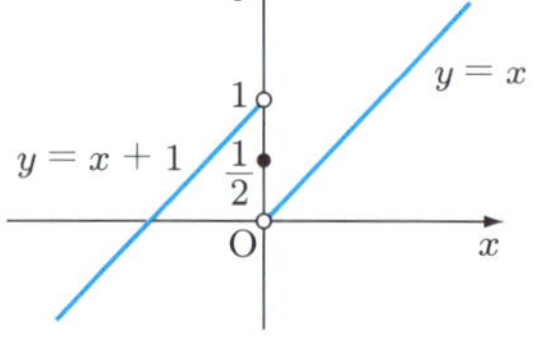


**図 a.8**　演習問題〈11.4〉の関数のグラフ

## 第12章　微分計算法

〈12.1〉 (1) 6　(2) $-3$　(3) $6-h$　〈12.2〉 $c=5/3$

〈12.3〉 (1) $f'(x)=6x$　(2) $f'(x)=6x+1$　(3) $f'(x)=2x-2$
(4) $f'(x)=2x+2$　(5) $f'(x)=1/(3\sqrt[3]{x^2})$　(6) $f'(x)=-\sin x$
(7) $f'(x)=3/(2\sqrt{3x+2})$　(8) $f'(x)=\cos 2x$　(9) $f'(x)=x/\sqrt{x^2-3}$

〈12.4〉 (1) $y'=4x$　(2) $y'=6x^2+10x$　(3) $y'=2x-2$　(4) $y'=2/(x+1)^2$
(5) $y'=-2(x+2)(x-1)/(x^2+2)^2$　(6) $y'=-4\sin 2x$　(7) $y'=1/(x+2)$
(8) $y'=2e^{2x-1}$　(9) $y'=-1/\sin^2 x$　(10) $y'=e^{-4x}(\cos x-4\sin x)$
(11) $y'=e^{-x}(-\sin ax-\cos bx+a\cos ax-b\sin bx)$　(12) $y'=6x(x^2+1)^2$
(13) $y'=3x^5(x-2)/(x-1)^4$　(14) $y'=(3x^2-5)/(x^3-5x+3)$
(15) $y'=2x\log x$　(16) $y'=\pm 1/\sqrt{1-x^2}$ ($y$ が 1, 2 象限のとき $-$, 3, 4 象限のとき $+$)
(17) $y'=\mp 1/\sqrt{1-x^2}$ ($y$ が 1, 4 象限のとき $+$, 2, 3 象限のとき $-$)
(18) $y'=1/(1-\sin x)$　(19) $y'=e^{ax}(a\cos bx-b\sin bx)$　(20) $y'=a\cos 2ax$
(21) $y'=xe^{-3x}(2-3x)$　(22) $y'=-1/\{(x-1)\sqrt{x^2-1}\}$
(23) $y'=1/\{(x^2+1)\sqrt{x^2+1}\}$　(24) $y'=(1/\sqrt{x+1}+1/\sqrt{x-1})/4$
(25) $y'=1-x/\sqrt{x^2-1}$　(26) $y'=x^x(\log x+1)$　(27) $y'=a^{3x}(1+3x\log a)$

〈12.5〉 (1) $y'=3x^2,\ y''=6x,\ y^{(3)}=6$
(2) $y'=x^{-1/2}/2,\ y''=-1/(4x\sqrt{x}),\ y^{(3)}=3/(8x^2\sqrt{x})$
(3) $y'=4x^3-12x^2+1,\ y''=12x^2-24x,\ y^{(3)}=24x-24$
(4) $y'=8x^3-3x^2,\ y''=24x^2-6x,\ y^{(3)}=48x-6$
(5) $y'=2e^{2x},\ y''=4e^{2x},\ y^{(3)}=8e^{2x}$
(6) $y'=-\sin 2x,\ y''=-2\cos 2x,\ y^{(3)}=4\sin 2x$
(7) $y'=x^3e^x(4+x),\ y''=x^2e^x(x^2+8x+12),\ y^{(3)}=xe^x(x^3+12x^2+36x+24)$
(8) $y'=e^{-2x}(1-2x),\ y''=4e^{-2x}(x-1),\ y^{(3)}=4e^{-2x}(3-2x)$
(9) $y'=\cos 2x,\ y''=-2\sin 2x,\ y^{(3)}=-4\cos 2x$
(10) $y'=1/x,\ y''=-1/x^2,\ y^{(3)}=2/x^3$
(11) $y'=x(2\log x+1),\ y''=2\log x+3,\ y^{(3)}=2/x$
(12) $y'=2x\cos x-x^2\sin x,\ y''=-x^2\cos x+2\cos x-4x\sin x$
$y^{(3)}=x^2\sin x-6x\cos x-6\sin x$

〈12.6〉 (1) $4^ne^{4x}$　(2) $a^ne^{ax}$　(3) $n!$　(4) $2^x(\log 2)^n$　(5) $a^x(\log a)^n$
(6) $\sin(x+n\pi/2)$　(7) $\cos(x+n\pi/2)$　(8) $(-1)^{n-1}(n-1)!/x^n$

## 第13章　微分の応用 (その 1)

〈13.1〉 (1) 接線 $y=2x-1$，法線 $y=-x/2+3/2$
(2) 接線 $y=9x-6$，法線 $y=-x/9+28/9$
(3) 接線 $y=x/2+1/2$，法線 $y=-2x+3$
(4) 接線 $y=-x/2$，法線 $y=2x-5$

(5) 接線 $y=-3x+11$，法線 $y=x/3+13/3$
(6) 接線 $y=-x+1$，法線 $y=x+1$
(7) 接線 $y=-\sqrt{2}x+\sqrt{2}(\pi/4+1)$，法線 $y=\sqrt{2}x/2+\sqrt{2}(1-\pi/8)$
(8) 接線 $y=-x/2+5/2$，法線 $y=2x$

**⟨13.2⟩** (1) 接線 $y=-2x+2$，法線 $y=x/2+2$
(2) 接点 $(-1,e)$，接線 $y=-ex$，法線 $y=x/e+e+1/e$
(3) 接点 $(e,1)$，接線 $y=x/e$，法線 $y=-ex+e^2+1$

**⟨13.3⟩** (1) $y=2x$　(2) $1/2$　(3) $y=-x/2+5/4$

**⟨13.4⟩**

**表 a.2**　演習問題⟨13.4⟩の各関数の極大値，極小値，最大値，最小値

| | 極大値 | 極小値 | 最大値 | 最小値 | | 極大値 | 極小値 | 最大値 | 最小値 |
|---|---|---|---|---|---|---|---|---|---|
| (1) | なし | $1-4\sqrt{2}$ | 6 | $1-4\sqrt{2}$ | (7) | $-\frac{1}{6}$ | $-\frac{1}{3}$ | $-\frac{1}{6}$ | $-\frac{41}{3}$ |
| (2) | 6 | 2 | 6 | 2 | (8) | 1 | $-\frac{1}{2}$ | 1 | $-\frac{1}{2}$ |
| (3) | 16 | $-16$ | 16 | $-16$ | (9) | 2 | なし | 2 | 0 |
| (4) | 1 | $-3$ | 17 | $-3$ | (10) | 1 | $-1$ | 1 | $-1$ |
| (5) | $-\frac{22}{27}$ | $-2$ | 1 | $-11$ | (11) | $\frac{e^{-\pi/4}}{\sqrt{2}}$ | $-\frac{e^{-5\pi/4}}{\sqrt{2}}$ | $\frac{e^{-\pi/4}}{\sqrt{2}}$ | $-\frac{e^{-5\pi/4}}{\sqrt{2}}$ |
| (6) | $\frac{58}{27}$ | 2 | $\frac{19}{8}$ | $-\frac{59}{8}$ | (12) | $\frac{1}{e}$ | なし | $\frac{1}{e}$ | $-2e^2$ |

**⟨13.5⟩** $x=R/2$

## 第 14 章　微分の応用 (その 2)

**⟨14.1⟩** (1) 2　(2) $p+q-3$　(3) $2e-2$　(4) 0

**⟨14.2⟩** (1) $f(x)=\sum_{n=0}^{\infty} a^n x^n/n!$　(2) $f(x)=\sum_{n=0}^{\infty} x^n(\log a)^n/n!$
(3) $f(x)=\sum_{n=1}^{\infty}(-1)^{n-1}(2x)^{2n-1}/(2n-1)!$　(4) $f(x)=\sum_{n=0}^{\infty} x^n$
(5) $f(x)=-\sum_{n=1}^{\infty}(2x)^n/n$

**⟨14.3⟩** (1) $1+x+x^2/2+x^3/6$　(2) $1-x+x^2-x^3$　(3) $-1+2x-2x^2+2x^3$
(4) $x-x^2/2+x^3/3$　(5) $x+x^3/3$　(6) $x+x^2+x^3/3$
(7) $1+x+x^2+x^3/3$　(8) $1-x/2+3x^2/8+3x^3/16$

**⟨14.4⟩** (1) $x-x^2+x^3/3-x^5/30$　(2) $2x+2x^3/3+2x^5/5$

**⟨14.5⟩** $f(x)=\log(1+x)$ より，$f'(x)=1/(1+x)$，$f''(x)=-1/(1+x)^2$，$f^{(3)}(x)=2!/(1+x)^3,\cdots$，$f^{(n)}(x)=(-1)^{n-1}(n-1)!/(1+x)^n$ であるので，
$f(0)=\log 1=0$，$f'(0)=1$，$f''(0)=-1$，$f^{(3)}(0)=2!$，$f^{(n)}(0)=(-1)^{n-1}(n-1)!$
したがって，$\log(1+x)=x-x^2/2+x^3/3-\cdots+(-1)^{n-1}x^n/n+\cdots$

**〈14.6〉** $f(x) = (a+x)^k$ より，$f'(x) = k(a+x)^{k-1}$，$f''(x) = k(k-1)(a+x)^{k-2}, \cdots$，$f^{(n)}(x) = k(k-1)\cdots(k-n+1)(a+x)^{k-n}$ であるので，
$f'(0) = ka^{k-1}$，$f''(0) = k(k-1)a^{k-2}, \cdots$，$f^{(n)}(0) = k(k-1)\cdots(k-n+1)a^{k-n}$
したがって，$(a+x)^k = a^k + ka^{k-1}x + \{k(k-1)/2!\}a^{k-2}x^2 + \cdots + \{k(k-1)\cdots(k-n+1)/n!\}a^{k-n}x^n + \cdots$

**〈14.7〉** (1) $j32$
(2) $z^2 = -1/2 + j\sqrt{3}/2$, $z^3 = -1$, $z^4 = -1/2 - j\sqrt{3}/2$, $z + z^2 + z^3 = -1 + j\sqrt{3}$

**〈14.8〉** 10.049875　　**〈14.9〉** (1) 1030　(2) 1.998　(3) 0.00995　(4) $9.99\dot{3}$

## 第 15 章　偏微分とその応用

**〈15.1〉** (1) $f_x = 2x$, $f_y = 2y$　(2) $f_x = 3x^2 + 2y^2$, $f_y = 4xy - 3y^2$
(3) $f_x = 1/y$, $f_y = -x/y^2$　(4) $f_x = -e^{-x}\sin^2 y$, $f_y = 2e^{-x}\sin y\cos y$
(5) $f_x = 1/(x\log y)$, $f_y = -\log x/\{y(\log y)^2\}$
(6) $f_x = \dfrac{2xy + 4y^2}{2\sqrt{x^2 + 4xy + y^2}}, f_y = \dfrac{x^2 + 6xy + 2y^2}{\sqrt{x^2 + 4xy + y^2}}$
(7) $f_x = \{-6(x^2 - 4y^2)\sin 2x + x\cos 2x\}\dfrac{\cos^2 2x}{\sqrt{x^2 - 4y^2}}$, $f_y = \dfrac{-4y\cos^3 2x}{\sqrt{x^2 - 4y^2}}$

**〈15.2〉** (1) $f_x = 6x^2$, $f_{xx} = 12x$, $f_y = 3y^2$, $f_{yy} = 6y$, $f_{xy} = f_{yx} = 0$
(2) $f_x = 3x^2 - 3y^2$, $f_{xx} = 6x$, $f_{xy} = f_{yx} = -6y$, $f_y = -6xy + 6y^2$, $f_{yy} = -6x + 12y$
(3) $f_x = 4xy$, $f_{xx} = 4y$, $f_y = 2x^2 - 3y^2$, $f_{yy} = -6y$, $f_{xy} = f_{yx} = 4x$
(4) $f_x = 2x/y^2$, $f_{xx} = 2/y^2$, $f_{xy} = f_{yx} = -4x/y^3$, $f_y = -2x^2/y^3$, $f_{yy} = 6x^2/y^4$
(5) $f_x = y\cos xy$, $f_{xx} = -y^2\sin xy$
$f_y = x\cos xy$, $f_{yy} = -x^2\sin xy$, $f_{xy} = f_{yx} = \cos xy - xy\sin xy$
(6) $f_x = 2e^{2x}\sin 3y$, $f_{xx} = 4e^{2x}\sin 3y$, $f_y = 3e^{2x}\cos 3y$, $f_{yy} = -9e^{2x}\sin 3y$
$f_{xy} = f_{yx} = 6e^{2x}\cos 3y$
(7) $f_x = -3e^{-2y}\sin 3x$, $f_{xx} = -9e^{-2y}\cos 3x$, $f_{xy} = f_{yx} = 6e^{-2y}\sin 3x$
$f_y = -2e^{-2y}\cos 3x$, $f_{yy} = 4e^{-2y}\cos 3x$
(8) $f_x = xe^{-xy}(2 - xy)$, $f_{xx} = e^{-xy}(2 - 4xy + x^2y^2)$
$f_y = -x^3e^{-xy}$, $f_{yy} = x^4e^{-xy}$, $f_{xy} = f_{yx} = x^2e^{-xy}(xy - 3)$
(9) $f_x = -y^3e^{-xy}$, $f_{xx} = y^4e^{-xy}$, $f_{xy} = f_{yx} = (xy^3 - 3y^2)e^{-xy}$
$f_y = (2y - xy^2)e^{-xy}$, $f_{yy} = (x^2y^2 - 4xy + 2)e^{-xy}$
(10) $f_x = \dfrac{y}{x^2}\sin\dfrac{y}{x}$, $f_{xx} = -\dfrac{y}{x^4}\left(2x\sin\dfrac{y}{x} + y\cos\dfrac{y}{x}\right)$
$f_y = -\dfrac{1}{x}\sin\dfrac{y}{x}$, $f_{yy} = -\dfrac{1}{x^2}\cos\dfrac{y}{x}, f_{xy} = f_{yx} = \dfrac{1}{x^2}\left(\sin\dfrac{y}{x} + \dfrac{y}{x}\cos\dfrac{y}{x}\right)$
(11) $f_x = 2x/(x^2 - y^2)$, $f_{xx} = -2(x^2 + y^2)/(x^2 - y^2)^2$
$f_{xy} = f_{yx} = 4xy/(x^2 - y^2)^2$, $f_y = -2y/(x^2 - y^2)$
$f_{yy} = -2(x^2 + y^2)/(x^2 - y^2)^2$

〈15.3〉 (1) $f_x = 2xy + z^2,\ f_y = x^2 + 2yz,\ f_z = y^2 + 2xz$
(2) $f_x = 3x^2yz^2 + y^3z^3,\ f_y = x^3z^2 + 3xy^2z^3,\ f_z = 2x^3yz + 3xy^3z^3$

〈15.4〉 $\dfrac{\partial z}{\partial x} = \dfrac{2x}{x^2+y^2},\ \dfrac{\partial^2 z}{\partial x^2} = \dfrac{2(y^2-x^2)}{(x^2+y^2)^2},\ \dfrac{\partial z}{\partial y} = \dfrac{2y}{x^2+y^2}\quad \dfrac{\partial^2 z}{\partial y^2} = \dfrac{2(x^2-y^2)}{(x^2+y^2)^2}$
したがって，つぎのようになる．

$$\frac{\partial^2 z}{\partial x^2} + \frac{\partial^2 z}{\partial y^2} = \frac{2(y^2-x^2)}{(x^2+y^2)^2} + \frac{2(x^2-y^2)}{(x^2+y^2)^2} = 0$$

〈15.5〉 $\partial z/\partial x = (y/x^2)\sin(y/x),\ \partial z/\partial y = -(1/x)\sin(y/x)$ であるから，

$$\begin{aligned} y(\partial z/\partial x) + x(\partial z/\partial y) &= x(y/x^2)\sin(y/x) + y(-1/x)\sin(y/x) \\ &= (y/x)\sin(y/x) - (y/x)\sin(y/x) = 0 \end{aligned}$$

〈15.6〉 0　　〈15.7〉 $I_{\mathrm{C}} = 0.1686V_{\mathrm{CE}} + 5.516$ [mA]

〈15.8〉 $a = 0.501,\ b = 0.013$
EXCEL のグラフはホームページ参照．
http://www.morikita.co.jp/soft/73471/index.html

## 第 16 章　不定積分

〈16.1〉 (1) $x + K$　(2) $x^3/3 + K$　(3) $x^4 + K$
(4) $2x^3 + K$　(5) $-x^3/3 + K$　(6) $x^2 + 3x + K$
(7) $2x^2 - 3x + K$　(8) $x^3/3 + x^2/2 + K$　(9) $x^3/3 - x^2 + 3x + K$
(10) $-x^3 + 5x^2/2 - x + K$　(11) $x^3 + 2x^2 - 5x + K$
(12) $-2x^3/3 - x^2/2 + 2x + K$　(13) $5x^3/3 + 3x^2/2 - 2x + K$
(14) $2x^3/3 - 3x^2/2 + x + K$　(15) $x^3/3 - x^2/2 + K$
(16) $x^3/3 - x^2 - 3x + K$　(17) $2x^3/3 + 7x^2/2 + 3x + K$
(18) $4x^3/3 + 6x^2 + 9x + K$　(19) $5x^3 + x^2/2 - 2x + K$
(20) $x^5/5 + 2x^3 + 9x + K$
(21) $x^4/4 - 2x^3 + 6x^2 - 8x + K$ あるいは $(x-2)^4/4 + K$
(22) $x^4 + 2x^3 - x^2 - 3x + K$　(23) $x^3 + K$　(24) $-1/x + K$
(25) $-1/(2x^2) + K$　(26) $3x^{4/3}/4 + K$　(27) $2\sqrt{x} + K$
(28) $3x - 1/x + K$　(29) $5\log|x| + 3/x + K$　(30) $2x^2 - 2\sqrt{x^3}/3 + K$
(31) $2\sqrt{x} + \log|x| + K$　(32) $4\sqrt{x^3}/3 + 6\sqrt{x} + K$　(33) $(\sin 2x + 2x)/4 + K$
(34) $-\cos x + 2\sin x + K$
(35) $(-1/2)[\sin\{(a+b)x\}/(a+b) - \sin\{(a-b)x\}/(a-b)]$

〈16.2〉 (1) $f(x) = x^2 + 3x + 1$　(2) $f(x) = x^3 - x^2 - x + 3$

〈16.3〉 (1) $-e^{-x} + K$　(2) $(x+3)^6/6 + K$　(3) $(1/2)\log|2x+1| + K$
(4) $2(3x-1)^{3/2}/9 + K$　(5) $2\sqrt{3x-1}/3 + K$　(6) $\sqrt{2x+1} + K$
(7) $\sqrt{2x-1} + K$　(8) $-1/(x+3) + K$　(9) $-(\cos 3x)/3 + K$
(10) $(\sin 2x)/2 + K$　(11) $(2/3)(1+x)\sqrt{1+x} - 2\sqrt{1+x} + K$
(12) $(2/5)(x-2)(x+3)\sqrt{x+3} + K$　(13) $\{(x^2+4)\sqrt{x^2+4}\}/3 + K$
(14) $(3/7)(1+x)^2\sqrt[3]{(1+x)} - (3/4)(1+x)\sqrt[3]{(1+x)} + K$　(15) $\log(1+e^x) + K$

(16) $(1/3)\sin(x^3-1)+K$　(17) $(\sin^{-1}x - x\sqrt{1-x^2})/2+K$
(18) $(1/a^2)\sqrt{1-a^2/x^2}+K$　(19) $2\log|e^x+1|-x+K$

**〈16.4〉** (1) $xe^x - e^x + K$　(2) $-e^{-x}(x+1)+K$　(3) $-xe^{-3x}/3 - e^{-3x}/9+K$
(4) $(x+2)e^x+K$　(5) $-x\cos x+\sin x+K$　(6) $x\sin x+\cos x+K$
(7) $x\log x - x+K$　(8) $x^2(2\log x-1)/4+K$　(9) $(x+1)\log(x+1)-x+K$
(10) $(1/3)x^3\log x - x^3/9+K$　(11) $(1/4)x^4\log x - x^4/16+K$
(12) $(2x+1)\sin x+2\cos x+K$　(13) $e^x(\cos x+\sin x)/2+K$
(14) $-(1/4)\cos^4 x+K$　(15) $(1/2)(x^2-1)\log(1+x)-x^2/4+x/2+K$

**〈16.5〉** (1) $x^2+x+2\log|x-1|+K$　(2) $-(1/6)\log|x+5|+(1/6)\log|x-1|+K$
(3) $(1/2a)\log|(x-a)/(x+a)|+K$　(4) $\log|x|-(1/2)\log(x^2+1)+K$
(5) $-(1/3)\log|x|+(1/4)\log|x+1|+(1/12)\log|x-3|+K$
(6) $-\log|x|+(1/2)\log|x+1|+(1/2)\log|x-1|+K$
(7) $(1/6)\log|(x-3)/(x+3)|+K$
(8) $(1/3)\log|x+1|-(1/3)\log|x-1|-(5/12)\log|x+2|+(5/12)\log|x-2|+K$
(9) $4\log|x-2|-4\log|x-1|+3/(x-1)+K$

**〈16.6〉** (1) $x^2e^x-2xe^x+2e^x+K$　(2) $-x^2\cos x+2x\sin x+2\cos x+K$
(3) $e^{-x}/2(\sin x-\cos x)+K$

## 第 17 章　定積分

**〈17.1〉**

| | | | | |
|---|---|---|---|---|
| (1) 5 | (2) 4 | (3) $-4$ | (4) 5 | (5) 2 |
| (6) 15/2 | (7) 14/3 | (8) 2 | (9) $-4$ | (10) 0 |
| (11) $-12$ | (12) 21/2 | (13) 3/2 | (14) $-16$ | (15) $-21/2$ |
| (16) 17/2 | (17) $-295/12$ | (18) 3 | (19) 15 | (20) 415/6 |
| (21) $-32/3$ | (22) 64/3 | (23) $-14/3$ | (24) $-9/8$ | (25) 56 |
| (26) 33 | (27) $(1/2)\log(3/2)$ | | (28) $e-1$ | (29) $1/\sqrt{2}$ |
| (30) 1/4 | (31) $1/2+\sqrt{3}$ | (32) $\sqrt{2}-1$ | (33) 0 | (34) 17/2 |
| (35) 25/2 | (36) 2 | (37) 7 | (38) 5 | |

**〈17.2〉** (1) 29/6　(2) 11/6　**〈17.3〉** $a=-92/15,\ b=11/5$　**〈17.4〉** $a=3/5,\ b=0$

**〈17.5〉**

| | | | |
|---|---|---|---|
| (1) $\log(5/3)$ | (2) 200 | (3) $-7/2$ | (4) 20/3 |
| (5) $-18/35$ | (6) $2\log 2-1$ | (7) $\pi/4$ | (8) $\pi a^2/4$ |
| (9) $\pi/2$ | (10) $\pi/3+\sqrt{3}/2$ | (11) $9\pi/4$ | (12) $\pi/6$ |
| (13) $\pi$ | (14) $-2$ | (15) $-1/(e+3)+1/4$ | (16) 1 |
| (17) $(1/2)\log 10$ | (18) $\log(3/2)$ | (19) 2/5 | (20) 5/3 |
| (21) $\pi/4$ | | | |

**〈17.6〉**

| | | | |
|---|---|---|---|
| (1) $1-2/e$ | (2) 1 | (3) $(e^2+1)/4$ | (4) 4 |
| (5) $2\log 2-1$ | (6) $\pi/2-1$ | (7) $\pi/2$ | (8) 2 |
| (9) $-1/4$ | (10) $\pi^2/4-2$ | (11) $(1-\log 2)/2$ | (12) $2e^3/9+4/(9e^3)$ |

**〈17.7〉** (1) $A$ で $x=\pi/2-t$ とおいて置換積分すると，$B$ に一致する．
(2) $2A=A+B=\int_0^{\pi/2}dx=\pi/2$ である．したがって，$A=\pi/4$ となる．

## 第18章 積分の応用

**〈18.1〉** (1) $125/6$ (2) $9/2$ (3) $27/4$ (4) $108$ (5) $37/12$

**〈18.2〉** (1) $9/2$ (2) $9$ (3) $32/3$ (4) $27/2$ (5) $343/24$
(6) $7/6$ (7) $1/2$ (8) $1/6$ (9) $2\sqrt{2}$ (10) $e-1$

**〈18.3〉** (1) $1/2$ (2) $8$ (3) $4$ **〈18.4〉** $a=\pm 6$ **〈18.5〉** $a=4-\sqrt[3]{16}$

**〈18.6〉** $\pi ab$ **〈18.7〉** $I_{\mathrm{a}}=2I_{\mathrm{m}}/\pi$ **〈18.8〉** $V=V_{\mathrm{m}}/\sqrt{2}$ **〈18.9〉** $(E_{\mathrm{m}}I_{\mathrm{m}}\cos\phi)/2$

**〈18.10〉** 平均値 $1/2$，実効値 $\sqrt{3}/3$

## 第19章 微分方程式 (その1)

**〈19.1〉** (1) $dy/dx-y/x=0$ (2) $y+d^2y/dx^2=0$ (3) $dy/dx-1/e^y=0$
(4) $(x^2-3y^2)(dy/dx)-2xy=0$

**〈19.2〉** (1) $y=2x^3+K$ (2) $y=-2x^2/3+K$ (3) $y=\sin x-\cos x+K$
(4) $x^2+y^2/2=K$ (5) $y=Ke^{(3/2)x^2}$ (6) $y=-1/(3x+K)$
(7) $y=-\log|-e^x-K|$ (8) $y=K/(x+3)^2$ (9) $y=\log(-ae^{-x}+K)$

**〈19.3〉** (1) $y=Ke^{-2x}$ (2) $y=Ke^{-3x}+5/3$ (3) $y=Ke^{(1/2)x}-2x/3-3$
(4) $y=Ke^{3x}-x/3+5/9$ (5) $y=Ke^{2x}-e^x$
(6) $y=Ke^{-4x}-(4/17)\sin x+(1/17)\cos x$
(7) $y=Ke^{-3x}+(1/5)\sin x+(3/5)\cos x$
(8) $y=Ke^{(4/3)x}+(1/13)e^{2x}(2\sin x-3\cos x)$

**〈19.4〉** (1) $y=e^{3x}$ (2) $y=2e^{-2x/3}$
(3) $y=7e^{-2x+2}/8+x/4-1/8$ (4) $y=(11/81)e^{-9x/2}+x/9-11/81$
(5) $y=\sin x+\cos x-1$ (6) $y=\sin x-\cos x+1$

## 第20章 微分方程式 (その2)

**〈20.1〉** (1) $y=Ke^{x/2}-6$ (2) $y=Ke^{2x}-5/4$
(3) $y=Ke^{-(3/2)x}+3x-2$ (4) $y=Ke^{-7x}+2x/7+19/49$
(5) $y=(2x+K)e^{-x}$ (6) $y=Ke^{4x}-(2/17)(\cos x+4\sin x)$
(7) $y=Ke^{2x}+(3/10)(2\cos x-\sin x)$ (8) $y=Ke^{-4x}+(1/26)(\sin x+5\cos x)e^x$
(9) $y=K/x^6-x^2/8$ (10) $y=Kx-2$
(11) $y=x(3x+K)$ (12) $y=x(4\log x+K)$
(13) $y=x(2e^x+K)$

**〈20.2〉** (1) $y=ke^{3x}$ (2) $y=(3x+k)e^{3x}$ (3) $y=(3x+2)e^{3x}$

**〈20.3〉** (1) $y=(\log x+1)x$ (2) $y=(2\log x+3)x$
(3) $y=(\sin x+3\cos x-3e^{-3x})/10$ (4) $y=(e^x-e)/x$
(5) $y=(e^{5x}-e^{2x+3})/3$ (6) $y=(x-1)e^{3x}$

〈**20.4**〉 $i = -CE \cdot \left(-\frac{1}{RC}\right) \cdot e^{-(1/RC)t}$

$$= \frac{E}{R} e^{-(1/RC)t}$$

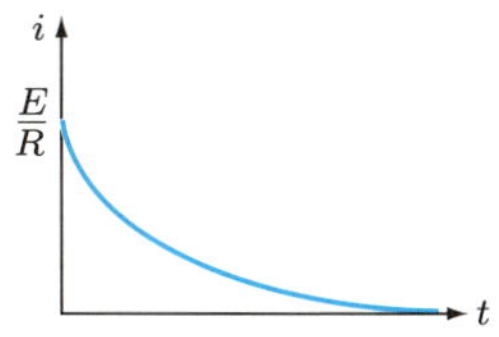


**図 a.9**　R-C 直列回路の電流 $i$ の過渡応答特性

## 第 21 章　離散数学入門

〈**21.1**〉 解析解を示す.
(1) $x = 2, 3$　(2) $x = (1 \pm \sqrt{5})/2$　(3) $x = \pi/4,\ 5\pi/4$　(4) $x = -4$

〈**21.2**〉 解析解は $x = e = 2.7182\cdots$
EXCEL の表はホームページ参照.
http://www.morikita.co.jp/soft/73471/index.html

〈**21.3**〉 $\sqrt[3]{2} = 1.2959\cdots$
EXCEL の表はホームページ参照.
http://www.morikita.co.jp/soft/73471/index.html

〈**21.4**〉 前進差分のとき 3.0301，中心差分のとき 3.0001，後退差分のとき 2.9701

〈**21.5**〉 (1)$f'(x_1) = 3x_1^2 + h^2$ すなわち，$h^2$ だけ大きくなる.
(2)$f'(x_1) = (\sin h/h)\cos x_1$ すなわち，$\sin h/h$ をかけた値になる.

〈**21.6**〉 (1)　前進差分の場合：$f'(2.0) = 6.1$
後退差分の場合：$f'(2.0) = 5.9$
中心差分の場合：$f'(2.0) = 6.0$
(2)　EXCEL の表はホームページ参照.
http://www.morikita.co.jp/soft/73471/index.html

〈**21.7**〉 (1) 0.25　(2) 0.2525　(3) 0.25　〈**21.8**〉 (1) 0.693147　(2) 0.695635　(3) 0.693254

〈**21.9**〉 (1)　台形法：$\int_0^1 f(x)\,dx = 1.34375$
シンプソン法：$\int_0^1 f(x)\,dx = 4/3 = 1.3333\cdots$
(2)　EXCEL の表はホームページ参照.
http://www.morikita.co.jp/soft/73471/index.html

〈**21.10**〉 解析解を示す.
(1) $y = x^2$　(2) $y = x^3 + x^2 + 1$　(3) $y = 1/(1-x)$　(4) $y = (3e^x - e^{-x})/2$

〈**21.11**〉 EXCEL の表はホームページ参照.
http://www.morikita.co.jp/soft/73471/index.html

## 第 22 章　ベクトル算法

〈**22.1**〉 (1) $-\boldsymbol{i}2 + \boldsymbol{j}4 + \boldsymbol{k}6$　(2) $-\boldsymbol{i} - \boldsymbol{j} + \boldsymbol{k}5$　(3) $\boldsymbol{i}2 - \boldsymbol{j}13$　(4) $\sqrt{14}$

**⟨22.2⟩** (1) $\boldsymbol{A}+\boldsymbol{B}=(4,6)$, $\boldsymbol{A}-\boldsymbol{B}=(-2,-2)$, $\boldsymbol{B}-\boldsymbol{A}=(2,2)$, $3\boldsymbol{A}+2\boldsymbol{B}=(9,14)$

(2) $\boldsymbol{A}+\boldsymbol{B}=(3,3,7)$, $\boldsymbol{A}-\boldsymbol{B}=(-1,3,1)$, $\boldsymbol{B}-\boldsymbol{A}=(1,-3,-1)$, $3\boldsymbol{A}+2\boldsymbol{B}=(7,9,18)$

(3) $\boldsymbol{A}+\boldsymbol{B}=(0,4,6)$, $\boldsymbol{A}-\boldsymbol{B}=(4,2,2)$, $\boldsymbol{B}-\boldsymbol{A}=(-4,-2,-2)$, $3\boldsymbol{A}+2\boldsymbol{B}=(2,11,16)$

(4) $\boldsymbol{A}+\boldsymbol{B}=(3,-2,1)$, $\boldsymbol{A}-\boldsymbol{B}=(7,4,3)$, $\boldsymbol{B}-\boldsymbol{A}=(-7,-4,-3)$, $3\boldsymbol{A}+2\boldsymbol{B}=(11,-3,4)$

**⟨22.3⟩**

**表 a.3** 各二つのベクトルの和，差，内積，外積

| | $\boldsymbol{A}+\boldsymbol{B}$ | $\boldsymbol{A}-\boldsymbol{B}$ | $\boldsymbol{A}\cdot\boldsymbol{B}$ | $\boldsymbol{A}\times\boldsymbol{B}$ |
|---|---|---|---|---|
| (1) | $-\boldsymbol{i}+\boldsymbol{j}-\boldsymbol{k}6$ | $\boldsymbol{i}7-\boldsymbol{j}5-\boldsymbol{k}2$ | $-10$ | $\boldsymbol{i}16+\boldsymbol{j}22+\boldsymbol{k}$ |
| (2) | $\boldsymbol{i}7-\boldsymbol{j}3+\boldsymbol{k}2$ | $-\boldsymbol{i}3-\boldsymbol{j}3+\boldsymbol{k}6$ | $2$ | $\boldsymbol{i}6+\boldsymbol{j}24+\boldsymbol{k}15$ |
| (3) | $-\boldsymbol{i}2+\boldsymbol{k}2$ | $\boldsymbol{i}4+\boldsymbol{j}4+\boldsymbol{k}4$ | $-10$ | $\boldsymbol{i}4-\boldsymbol{j}8+\boldsymbol{k}4$ |

**⟨22.4⟩** (1) 8　(2) $-\boldsymbol{i}10-\boldsymbol{k}10$　(3) $-\boldsymbol{i}70-\boldsymbol{k}70$

**⟨22.5⟩** (1) $\boldsymbol{A}$ の単位ベクトルは $\left(\dfrac{1}{\sqrt{6}},\dfrac{1}{\sqrt{6}},\dfrac{2}{\sqrt{6}}\right)$，$\boldsymbol{B}$ の単位ベクトルは $\left(\dfrac{-1}{\sqrt{6}},\dfrac{2}{\sqrt{6}},\dfrac{1}{\sqrt{6}}\right)$

(2) $\theta=\pi/3$

**⟨22.6⟩** (1) 3　(2) 3　(3) 8/9

**⟨22.7⟩**

**表 a.4** 各二つのベクトルの大きさ，内角，なす角，外積

| | $\lvert\boldsymbol{A}\rvert$ | $\lvert\boldsymbol{B}\rvert$ | $\boldsymbol{A}\cdot\boldsymbol{B}$ | $\cos\theta$ | $\theta$ | $\boldsymbol{A}\times\boldsymbol{B}$ | $\boldsymbol{B}\times\boldsymbol{A}$ |
|---|---|---|---|---|---|---|---|
| (1) | $\sqrt{14}$ | $\sqrt{14}$ | 14 | 1 | 0 | $(0,0,0)$ | $(0,0,0)$ |
| (2) | $\sqrt{29}$ | $\sqrt{13}$ | 0 | 0 | $\dfrac{\pi}{2}$ | $(8,12,-13)$ | $(-8,-12,13)$ |
| (3) | $\sqrt{29}$ | $\sqrt{13}$ | 0 | 0 | $\dfrac{\pi}{2}$ | $(-8,-12,-13)$ | $(8,12,13)$ |
| (4) | $\sqrt{3}$ | $\sqrt{3}$ | 1 | $\dfrac{1}{3}$ | $\mathrm{Cos}^{-1}\dfrac{1}{3}$ $(70.5^\circ)$ | $(2,0,-2)$ | $(-2,0,2)$ |

**⟨22.8⟩** (1) 44　(2) $(-34,8,11)$　(3) $(18,-28,12)$

**⟨22.9⟩** $(-1/\sqrt{69},\ 2/\sqrt{69},\ 8/\sqrt{69})$　**⟨22.10⟩** $\boldsymbol{D}=3\boldsymbol{A}+5\boldsymbol{B}-2\boldsymbol{C}$

**⟨22.11⟩** $(\pm6/7,\pm2/7,\mp3/7)$ [複合同順]　**⟨22.12⟩** $\sqrt{233}$

**⟨22.13⟩** (1) $6\sqrt{5}$　(2) $3\sqrt{2}$　(3) $10\sqrt{2}$　**⟨22.14⟩** 7/2

**⟨22.15⟩** $\boldsymbol{A}$，$\boldsymbol{B}$ のなす角を $\theta(0\leqq\theta\leqq\pi)$ とすれば，つぎのようになる．

$$S=|\boldsymbol{A}|\,|\boldsymbol{B}|\sin\theta$$

$$S^2=|\boldsymbol{A}|^2|\boldsymbol{B}|^2\sin^2\theta=|\boldsymbol{A}|^2|\boldsymbol{B}|^2(1-\cos^2\theta)=|\boldsymbol{A}|^2|\boldsymbol{B}|^2-|\boldsymbol{A}|^2|\boldsymbol{B}|^2\cos^2\theta$$
$$=|\boldsymbol{A}|^2|\boldsymbol{B}|^2-(\boldsymbol{A}\cdot\boldsymbol{B})^2$$

$$\therefore\ S=\sqrt{|\boldsymbol{A}|^2|\boldsymbol{B}|^2-(\boldsymbol{A}\cdot\boldsymbol{B})^2}$$

〈22.16〉 $\boldsymbol{A}\times(\boldsymbol{B}+\boldsymbol{C})=\begin{vmatrix}\boldsymbol{i} & \boldsymbol{j} & \boldsymbol{k}\\ A_z & A_y & A_x\\ B_x+C_x & B_y+C_y & B_z+C_z\end{vmatrix}=\begin{vmatrix}\boldsymbol{i} & \boldsymbol{j} & \boldsymbol{k}\\ A_z & A_y & A_x\\ B_x & B_y & B_z\end{vmatrix}+\begin{vmatrix}\boldsymbol{i} & \boldsymbol{j} & \boldsymbol{k}\\ A_z & A_y & A_x\\ C_x & C_y & C_z\end{vmatrix}$

$=\boldsymbol{A}\times\boldsymbol{B}+\boldsymbol{A}\times\boldsymbol{C}$

(なお，二つの行列式に分離できるのは，“任意の行の要素が $n$ 個の数の和であれば $n$ 個の行列式の和にあらわせる” という行列式の性質を用いることによる)

〈22.17〉 $\boldsymbol{A}\cdot(\boldsymbol{B}\times\boldsymbol{C})=(A_x,A_y,A_z)\cdot(B_yC_x-B_zC_y,B_zC_x-B_xC_z,B_xC_y-B_yC_x)$

$$
\begin{aligned}
&=A_x(B_yC_x-B_zC_y)+A_y(B_zC_x-B_xC_z)+A_z(B_xC_y-B_yC_x)\\
&=C_x(A_yB_z-A_zB_y)+C_y(A_zB_x-A_xB_z)+C_z(A_xB_y-A_yB_x)\\
&=\boldsymbol{C}\cdot(\boldsymbol{A}\times\boldsymbol{B})
\end{aligned}
$$

また，

$$
\begin{aligned}
\boldsymbol{A}\cdot(\boldsymbol{B}\times\boldsymbol{C})&=B_x(C_yA_z-C_zA_y)+B_y(C_zA_x-C_xA_z)+B_z(C_xA_y-C_yA_x)\\
&=\boldsymbol{B}\cdot(\boldsymbol{C}\times\boldsymbol{A})
\end{aligned}
$$

〈22.18〉 $\boldsymbol{A}\times(\boldsymbol{B}\times\boldsymbol{C})=\begin{vmatrix}\boldsymbol{i} & \boldsymbol{j} & \boldsymbol{k}\\ A_z & A_y & A_x\\ B_yC_z-B_zC_y & B_zC_x-B_xC_z & B_xC_y-B_yC_x\end{vmatrix}$

ここで，$x$ 成分を考えると，

$$
\begin{aligned}
x\text{ 成分}&=A_y(B_xC_y-B_yC_x)-A_z(B_zC_x-B_xC_z)\\
&=B_x(A_yC_y+A_zC_z)-C_x(A_yB_y+A_zB_z)\\
&=B_x(A_xC_x+A_yC_y+A_zC_z)-C_x(A_xB_x+A_yB_y+A_zB_z)\\
&=B_x(\boldsymbol{A}\cdot\boldsymbol{C})-C_x(\boldsymbol{A}\cdot\boldsymbol{B})
\end{aligned}
$$

$y,z$ 成分も同様の計算を行うと，

$$
y\text{ 成分}=B_y(\boldsymbol{A}\cdot\boldsymbol{C})-C_y(\boldsymbol{A}\cdot\boldsymbol{B}),\quad z\text{ 成分}=B_z(\boldsymbol{A}\cdot\boldsymbol{C})-C_z(\boldsymbol{A}\cdot\boldsymbol{B})
$$

となる．したがって，

$$
\begin{aligned}
&\boldsymbol{A}\times(\boldsymbol{B}\times\boldsymbol{C})\\
&\quad=\boldsymbol{i}\{B_x(\boldsymbol{A}\cdot\boldsymbol{C})-C_x(\boldsymbol{A}\cdot\boldsymbol{B})\}+\boldsymbol{j}\{B_y(\boldsymbol{A}\cdot\boldsymbol{C})-C_y(\boldsymbol{A}\cdot\boldsymbol{B})\}\\
&\qquad+\boldsymbol{k}\{B_z(\boldsymbol{A}\cdot\boldsymbol{C})-C_z(\boldsymbol{A}\cdot\boldsymbol{B})\}\\
&\quad=(\boldsymbol{i}B_x+\boldsymbol{j}B_y+\boldsymbol{k}B_z)(\boldsymbol{A}\cdot\boldsymbol{C})-(\boldsymbol{i}C_x+\boldsymbol{j}C_y+\boldsymbol{k}C_z)(\boldsymbol{A}\cdot\boldsymbol{B})\\
&\quad=\boldsymbol{B}(\boldsymbol{A}\cdot\boldsymbol{C})-\boldsymbol{C}(\boldsymbol{A}\cdot\boldsymbol{B})
\end{aligned}
$$

## 第23章　確　率

〈23.1〉 (1) $A\cap\overline{B}\cap\overline{C}$　　(2) $(A\cap B)\cup(B\cap C)\cup(C\cap A)$

(3) $(A\cap B\cap\overline{C})\cup(B\cap C\cap\overline{A})\cup(C\cap A\cap\overline{B})$

〈23.2〉 $P(A\cap B)=P(A)+P(B)-P(A\cup B)=0.7+0.7-1=0.4$

〈**23.3**〉 $P(B) = P(A \cap B) + P(A \cup B) - P(A) = 1/4 + 1/2 - 1/3 = 5/12$

〈**23.4**〉 (1) $P(C) = (4/12)(8/12)^2 = 4/27$ (2) $P = 1 - (8/12)^3 = 19/27$

〈**23.5**〉 5/13 〈**23.6**〉 (1) 3/4 (2) 1/3 〈**23.7**〉 $9/58 = 0.1551\cdots$

〈**23.8**〉 (1) $P_1 = (2/3)^5 = 32/243$
(2) $P_2 = {}_5C_3(1/3)^2(2/3)^3 = \{(5\cdot4\cdot3)/(3\cdot2\cdot1)\} \times (1/9) \times (8/27) = 80/243$
(3) $P_3 = {}_5C_2(1/3)^3(2/3)^2 = \{(5\cdot4)/(2\cdot1)\} \times (1/27) \times (4/9) = 40/243$
(4) $P_4 = 1 - P_1 = 211/243$

〈**23.9**〉

**表 a.5** 演習問題〈23.9〉確率分布

| $X$ | 1 | 2 | 3 | 計 |
|---|---|---|---|---|
| 確　率 | $\frac{1}{6}$ | $\frac{1}{2}$ | $\frac{1}{3}$ | 1 |

〈**23.10**〉

**表 a.6** 演習問題〈23.10〉確率分布

| $X$ | 0 | 1 | 2 | 計 |
|---|---|---|---|---|
| 確　率 | $\frac{3}{20}$ | $\frac{11}{20}$ | $\frac{6}{20}$ | 1 |

〈**23.11**〉 15 [円] 〈**23.12**〉 ①の方が得である．

〈**23.13**〉 (1) 平均値：7/4，標準偏差：$\sqrt{15}/4$ (2) 平均値：2，標準偏差：$\sqrt{2}$
(3) 平均値：$p$，標準偏差：$\sqrt{pq}$ （$\sqrt{p(1-p)}$ や $\sqrt{q(1-q)}$ でもよい）

〈**23.14**〉 平均値：7/2，標準偏差：$\sqrt{105}/6$

〈**23.15**〉 平均値：225/56，標準偏差：$3\sqrt{2495}/56$

〈**23.16**〉 $\sqrt{5pq}$

## 第24章 統　計

〈**24.1**〉 $\overline{x} = 56,\quad \sigma^2 = 197,\quad \sigma = \sqrt{197} = 14.0356\cdots$

〈**24.2**〉 $\overline{x} = 26,\quad \sigma^2 = 148/9 = 16.4444\cdots,\quad \sigma = \sqrt{148}/3 = 4.0551\cdots$

〈**24.3**〉 平均値と標準偏差は，それぞれ 10 と 5

〈**24.4**〉 平均値と標準偏差は，それぞれ 4.8 と $\sqrt{0.708} = 0.8414\cdots$

〈**24.5**〉 (1) 0.1587 (2) 0.4772 (3) 0.6826 (4) 0.5

〈**24.6**〉 (1) 0.4987 (2) 0.0668 (3) $x_0 = 2/3 = 0.6666\cdots$

〈**24.7**〉 $240 \times 0.6826 = 163.824 \fallingdotseq 164$ [人] 〈**24.8**〉 228 [人]

# 索　引

## た 行



## な 行



## は 行

## ま 行



## や 行



## ら 行



## わ 行

## 著 者 略 歴


森　武昭（もり・たけあき）

1969 年　芝浦工業大学大学院修士課程修了
1970 年　上智大学助手
1981 年　幾徳工業大学講師
1983 年　幾徳工業大学助教授
1987 年　幾徳工業大学（現 神奈川工科大学）教授
現　在　神奈川工科大学名誉教授・工学博士

奥村　万規子（おくむら・まきこ）

1982 年　慶應義塾大学卒業
1982 年　(株) 東芝入社
2000 年　神奈川工科大学助教授
2004 年　神奈川工科大学教授
現　在　神奈川工科大学教授・博士（工学）

武尾　英哉（たけお・ひでや）

1986 年　神奈川大学大学院修士課程修了
1986 年　富士写真フイルム (株) (現 富士フイルム (株)) 入社
2005 年　東京農工大学大学院博士課程修了
2006 年　神奈川工科大学助教授
2007 年　神奈川工科大学准教授
2009 年　神奈川工科大学教授
2023 年　神奈川工科大学名誉教授・博士（工学）



電気電子数学入門




2010 年 10 月 29 日　第 1 版第 1 刷発行
2024 年 3 月 29 日　第 1 版第 8 刷発行




著　　者　森武昭・奥村万規子・武尾英哉
発 行 者　森北博巳
発 行 所　**森北出版株式会社**
東京都千代田区富士見 1-4-11（〒 102-0071）
電話 03-3265-8341 ／ FAX 03-3264-8709
https://www.morikita.co.jp/
日本書籍出版協会・自然科学書協会　会員
JCOPY ＜(一社) 出版者著作権管理機構 委託出版物＞

落丁・乱丁本はお取替えいたします　　印刷 / エーヴィス・製本 / 協栄製本

**Printed in Japan ／ ISBN978-4-627-73471-5**